JN218364

材料，技術（生産設備・機械），労働力，情報，管理という生産と労働に関わる生産諸要素の結合システムとして，第2に，循環の側面，つまり，製品開発，受注，調達，製造，流通，販売という経営循環過程における諸機能，いわば生産過程・流通過程の循環システムとして，つまりバリューチェーンの発想を有し，第3に，第1・第2の主体的側面，いわば「機能」が現実に「展開」する客体的条件を規定する，市場，産業，労働，社会という4種の構造から捉える。

その際，特定の生産システムが創造・展開される空間性，すなわち，その生産システムが創り出され，展開する地域性と，特定の生産システムが技術を中核として創造・展開される時代性，すなわち，その生産システムが創り出され，展開される歴史性にも配慮する。

以上の視点で，これまでにわれわれは生産システムを歴史的に捉えて，自立分散型生産システム，垂直統合型生産システム，柔軟統合型生産システム，分散統合型生産システムというように生産システムが発展してきたと考える。

第1の自立分散型生産システムとは，近代的生産システム成立となったイギリス産業革命期に確立したものである。生産に関して，蒸気機関製造業のように大規模に一貫生産する業種もあったが，一般的には特定の製品，部品に専門化して加工生産するなど小規模な企業が中心で，販売については既存の流通組織にゆだねるものだった。市場は顧客の嗜好に対応して多様化しており，そうした市場条件に適合するものだった。多くの試行錯誤を踏まえながら，徐々につくられたシステムだったことから，経験主義を盲信したこと，資本家，経営者が貴族への成り込みを目標とするなど，その後のビジネスの発展には限界があった。

第2の垂直統合型生産システムとは，アメリカにおける大量生産，大量販売の時代に確立した。生産について，アメリカ型産業革命を背景に，作業，工程を標準化し，部品も互換性のある標準品を開発し，機械化生産を進めるとともに，ベルトコンベアーを導入して同期化生産を実現した。販売については，マーケティング戦略が立てられ工夫されて，主に欧州からの移民で構成されたアメリカ合衆国において画一的で大規模な市場が誕生し大量販売が実現した。以上の大量生産，大量販売を高度な計画性のもとでシステム化するため，経営階層制の構築，専門経営者の登用，職能制組織や事業部制組織が整備された。この結果，社会に対して，安価に大量に商品を提供し得たが，労働者の主体性は奪われ，大量生産品は巨大な資源の消費となって資源枯渇につながっただけではなく，自然環境問題を生んだ。

第3の柔軟統合型生産システムとは，石油危機後，世界的な市場の収縮，多様化が進展するなか，ニーズの多様化とコストの低下をうまく両立した日本の生産システムを模範とするものである。モノの流れと情報の流れを分離し，ニーズを出発点にジャスト・イン・タイムという「必要なときに，必要な物を，必要な量だけ」供給しうるフレキシブル同期化を実現した。なお，頻繁な作業の切り替えや作業内容の変更などが生まれるため（フレキシビリティコストの増大），そのコストを低下させようと段取り替え時間の短縮，自働化，多工程持ち方式やそのためのQCサークルの結成，活発化などの工夫が必要となった。また，サプライヤーを包摂することも必要だった。労働者の主体性は一定程度回復され，ジャスト・イン・タイムにより，一定のムダの排除にはつながった。しかし，フレキシビリティコスト回避のシステムの構築は企業文化とも関連して簡単ではなく，コーポレートガバナンスとしては親企業，本社の影響力が機能するヒエラルキー構造の堅持が求められた。

第4の分散統合型生産システムとは，1990年代以降に日本のバブル経済崩壊に端を発する日本的生産システムの影響力の低下の一方で，経済システムのグローバル化の下でアメリカを中心に発展したコンピューター，IT産業のあり方をモデルと考えるものである。製品や生産工程，そして企業組織は構成要素としてのモジュールと考えられ，バリューチェーンで連結されるものとして統合が志向される。ある生産主体は特定の生産部門にさえ従事すればいいことから，参入者の範囲はグローバルに広がり，大幅に増加して競争が激しくなることから，資源問題，環境問題は軽視され危機的なものとなる。ここでは，低コストとスピードが求められる。同時に，生産拠点は先進国本国から海外へと分散して，雇用の喪失，地域経済の喪失，コミュニティの崩壊につながる。

そこで，現在，地球温暖化問題をはじめとする地球環境問題や企業倫理等，企業の社会的責任が一層問われるようになってきて，生産システムは大量生産・大量消費・大量廃棄を前提としたものから持続可能な社会の構築につながるものへの転換が志向されるのである。そのためには，社会との連携を進めながら環境技術を活用して「動脈流」と「静脈流」を統合することが求められる。あわせて固有の地域性を活かして，地域内で価値循環することで地域創生に寄与しうる。だからこそ，環境統合型生産システムの構築が必要なのである。

以上のことは，ヒト，モノ，カネ，情報，エネルギー，資源を循環する生産システムの構築を課題とする。いわば経営学の1つの発展系といえよう。

さて，ただし，上述の環境統合型生産システムの構築を研究するとはいえ，バーチャルな世界での想像の域を出なかった。われわれは，そうした壁にぶつかっているとき，環境モデル都市として着目されている長野県飯田市に出会った。

飯田市は，環境文化都市構想をかかげ，自治体としては初めて環境ISO14001を認証取得し，条例において「再生可能エネルギーの導入による持続可能な地域づくりに関する条例」（地域環境権条例）＝エネルギー自治権を表明し，自治体，NPO，市民が連携して創エネ・省エネにとりくみ，太陽光発電，小水力発電，バイオディーゼル燃料精製実験等を行っている。これと連動して，地域の中核企業が中心となり「地域ぐるみ環境ISO研究会」を立ち上げ，ISO14001に準拠する地域版環境マネジメントシステム「南信州いいむす21」を取得させ，各企業に環境経営を積極的に位置づける取り組みを行っている。一方で，地域産業政策の1つの柱として，地域中核企業を中心に航空産業クラスターの形成を中核事業として産業構造の転換を図ろうとしている。

もちろん，現在の飯田市のあり方がそのまま次代の生産システムだとは言えない。しかし，現実に存在する飯田市という地域を目の当たりにして，具体的なイメージをもつことが可能となり，課題が明確となって研究が進められてきた。

本書は以上の流れのもとで3部で構成されている。まず，第1部では，「生産システムの現代的課題と環境革命」と題して本書の理論研究をまとめている。第1章では，環境統合型生産システムの分析視角と理論的・実践的課題を検討し，第2章では，静脈企業・産業の経営学上の特徴について論じ，第3章では，環境統合型生産システムを地域と関連させて検討する。第2部では，

「環境統合型生産システムの産業展開」と題して各産業における環境統合型生産システムの進展度合いを議論している。第4章では，日本企業におけるCSR経営の進展を明らかにし，第5章では，環境統合型生産システム時代における電気事業経営のあり方を論じ，第6章では，新日鉄関係の環境技術部門が地域連携を通じて「食品廃棄物エタノール化」技術を開発し実用化するプロセスを分析し，第7章では，半導体産業で起きている環境問題と人体被害の関連性について考察している。第8章では，日本自動車企業は競争力強化の枠内で廃棄物を抑制してきたことを明らかにし，第9章では，静脈産業における企業ネットワークの意義について論じ，第10章では，PETボトルリサイクルの先駆的取り組みを扱い，第11章では，廃石膏ボードを事例に建設リサイクルの発展要因に関し考察している。第3部では，「環境統合型生産システムと地域創生の取り組み（地域展開）」と題して，前述の環境経営の進展を踏まえて長野県飯田市のあり方を議論している。第12章では下伊那地域と上伊那地域を比較し90年代の産業構造の違いが環境活動の違いをもたらしていることを明らかにし，第13章では，飯田下伊那地域の航空宇宙産業の展開から，地域創生のための新産業創出の事例を理解し，第14章では，長野県飯田市における環境政策がどのように展開してきたのかを検討している。このように，本書では，生産システムの分析視角から環境経営と地域創生の課題に取り組んでいる。

編著者　中瀬哲史

注

1　なお，システムとして捉えようとするのは，（加護野・山田 2016）と同じ発想である。ただし，こちらは生産を中心としてのシステムを捉えている。

目　次

第2部　環境統合型生産システムの産業展開

第３部　環境統合型生産システムと地域創生の取り組み（地域展開）

第1部

生産システムの現代的課題と環境革命

第1章
環境統合型生産システムの現代的課題

第1節　はじめに

18世紀イギリス産業革命を画期とした資本主義的生産関係，そして機械制大工業の確立は生産力を飛躍的に高める生産様式を社会に定着させる。そしてアメリカフォード社において確立した大量生産・大量消費・大量廃棄を特徴とするマスプロダクションは20世紀を象徴する生産様式として先進資本主義諸国において定着する。そして21世紀に入り急速に進展するICT化の流れの中でものづくりの標準化が進み，アジア，アフリカ，南米，東欧を含め開発途上にあった諸国の工業化・資本主義化が一気に推し進められ，グローバル資本主義という様相を示す今日となっている。

人類における生産活動は物質代謝過程に他ならないが，自然環境との関係で人類社会は危機的な状況に直面しているといっても過言ではない。とりわけ資本主義的生産様式が確立して以降の生産の拡張は様々な生態学的な問題を引き起こしている。人口過剰，オゾン層の破壊，地球の温暖化，種の絶滅，酸性雨，核による汚染，熱帯林の乱伐，土壌の浸食，飢饉，ゴミ埋め立て地の拡大，有毒廃棄物による土壌汚染，地下水汚染，都市の過密，再生不可能な資源の枯渇など枚挙に暇がない。これらの諸問題は自然の危機であると同時に人類社会の危機である。今日人類が直面している環境破壊の主な原因は，生物的なものでもなく人間の個人的な選択の産物でもない。それは，社会的，歴史的なものであり，支配的な社会システムの特徴を示す生産関係や技術的要請，歴史的に条件づけられた人口の趨勢に根ざしている（フォスター 2001）。地球環境の危機の問題は，単に些末な技術的基盤をいじくりまわすだけでは根本的な解決にはならない。危機が社会的に根ざしている以上，環境の悪化の社会的基盤を変革していくことが必要である。

21世紀に入り,「持続可能な社会」や「循環型社会」という考え方が社会に定着してきている。資源環境の変化と社会構造の変化によって経済成長と拡大型文明の終焉が明らかになってきたからである。日本においても2000年に「循環型社会形成推進基本法」が制定されて以降，企業レベル，個人レベルで様々な環境負荷低減の活動が行われるようになってきている。ここで言われている「循環」はリデュース（発生抑制)，リユース（再使用)，リサイクル（再生利用）による「物質循環」をその内容としている。経済のグローバル化に伴い，この物質循環もグローバルな規模で展開される中で，気候変動枠組条約の誕生や京都議定書の国際的合意にみられるように，環境負荷低減という点では一定の成果が出てきている。しかし，一方で，国内経済に目を転じると，経済のグローバル化は「産業空洞化」論や「地方消滅」論が盛んに議論されるように国内経済基盤をどう確立していくかという問題を焦眉の課題として我々に突きつけている。「持続可能な社会」や「循環型社会」を確立するには，国内あるいは地域内で「価値循環」が展開される経済基盤が確立される必要がある。すなわち,「物質循環」だけでなく「価値循環」も含めて統一的に「持続可能な社会」や「循環型社会」を構想し，国内・地域経済の再生・創生を考えていく必要がある。

企業の社会的責任（CSR：Corporate Social Responsibility）や共有価値の創出（CSV：Creating Shared Value）が叫ばれている21世紀において,「環境経営」という社会的共有価値の創造が企業の社会的責任を実現すると同時に地域創生にとっても不可欠な要素となってきている。動脈流と静脈流の統合，これを可能にする環境技術，企業理念，地域社会との連携によって実現する生産システムを「環境統合型生産システム」と捉え，地域内価値循環を実現し，地域創生に寄与する生産システムを構築するための理論的・実践的課題を本章では明らかにしていきたい。

第２節　生産システムの進化と公害・環境問題

1. 生産システムの分析視角

生産システムという概念は主体的・客観的条件のもとにおける企業活動にかかわる諸要因を統合的に理解する場合の表現である（坂本 2005）。すなわち物質的生産過程における技術と労働の結合関係という狭義の理解にとどまることなく，生産活動を行う企業のおかれた経済システム，社会システムという客観的条件，およびそれらを規定する歴史的諸条件も含めて理解する必要がある。例えば，JIT システムを軸とする日本的生産システムがいかに優れていようとも，それは日本の労働市場（内部労働市場，外部労働市場），雇用慣行・取引慣行を含めた経済システムや社会システムを前提にして成立しているシステムである。故に，経済のグローバル化に伴い，海外に生産移管しても進出先で簡単にこの生産システムを再現できないのは当該国の経済システムと社会システムと衝突するからに他ならない。故に，主体的・客観的諸条件を含めて生産システムを理解してはじめて生産システムの特殊性と原理としての普遍性を理解することができる。

具体的には以下の３つの諸側面から把握していく必要がある。第１に，生産要素的側面からの理解である。原材料，技術，労働力，情報，管理という生産と労働に関わる生産諸要素の結合システムとして理解する捉え方である。この視点は，労務管理や労使関係を重視する捉え方である。第２に，生産循環的側面からの理解である。製品開発，受注，調達，製造，流通，販売という経営循環過程における諸機能，生産過程・流通過程の循環システムとして理解する捉え方であり，モノと情報の流れをシステムとして捉える視点である。第３に，生産構造的側面からの理解である。市場，産業，労働，社会等，企業が生産活動を行う客観的条件を規定するシステムであり，１国の生産システムの特殊性を規定するモメントである。実際の企業の生産活動は，生産構造的側面に規定されながら生産要素的側面と生産循環的側面が空間的・時間的に多様な展開を示すものとして理解される。これが本書における生産システムの基本的な分析視角である。

2. 生産システムの進化

イギリス産業革命を契機とした資本主義的生産様式の確立以降，今日に至るまで資本主義はいくつかの技術的な画期を伴って発展してきている。その画期を生産システムの進化という視点で捉え返すと，図表1-1に示すように，以下の4つのフェーズで整理することができる。フェーズ1は，主たる生産手段が道具から機械へ発展し，J.ワットが開発した蒸気機関が動力として工場に普及し，機械制大工業が本格的に展開されていく資本主義初期の段階の生産システムである。この段階では，小規模の市場の個別的需要に対して個別的に生産する自律分散型生産システムが支配的な生産システムとなる。フェーズ2は，分化・最適化・再統合という方法論をもとに，製品・部品の単一化・標準化，専用機，コンベアシステムにより互換性の原理と経済性の原理を統一し，大量生産体制を実現した20世紀前半の生産システムである。フォード社は，資源・エネルギーの採取・生産から最終製品の生産と輸送までを同期化することによって生産システムを垂直的に統合することにより大量生産体制を実現した。この垂直統合型生産システムがアメリカのみならず20世紀資本主義の支配的

図表1-1　生産システムの進化

生産方式	少種少量 →	少種大量 →	多種大量 →	多種変量 →	適種適量
適時性 変動性 多様性 画一性 個別性	自律分散型（フェーズ1）	垂直統合型（フェーズ2）	柔軟統合型（フェーズ3）	分散統合型（フェーズ4）	循環統合型（フェーズ5）
社会的	道具・機械 →	自動機械 →	ME →	IT →	環境技術
技術的	点の技術	線の技術	面の技術	空間の技術	統合の技術

（出所）坂本（2009），63頁図4-3を転載。

な生産システムとなる。フェーズ3は，分化と統合の合意的調整を基本としながら，個別最適と全体最適を実現するという方法論にもとづく柔軟統合型生産システムである。1970年代の石油危機後のトヨタ生産方式を代表とする日本型生産システムの展開である。NC工作機械やフレキシブルトランスファーマシン，シーケンス制御された各種産業用ロボットなど生産工程へ徹底したME（Micro Electro）技術，メカトロニクス技術を導入すると同時に，徹底した少人化と多能工化をはかりフレキシブルな生産システムを実現する。JITシステムを基本としながら資源を効率的に利用し，市場の多様なニーズに対応していく多品種小ロット大量生産であり，リーン生産システムとして世界を席巻していった。フェーズ4は，製品や生産工程そして企業組織についても，これらを機能的・構造的部分（モジュール）から構成されるアーキテクチャとして捉えて，モジュール分割と各モジュールの最適化を行い，それらを統合化する分散統合型生産システムである。現在，中国，ASEAN諸国をはじめとして生産のアジア化とも呼べる現象が進展している。情報技術を媒介としたデジタル技術の発展は技術移転を容易にし，後発工業国の急速な発展を可能にしている。加えて，モジュール部品の機能的自律性の保証とインターフェースの標準化は製品開発，部品調達と生産工程，そして流通活動のサプライチェーン全体の分割と統合を実現可能にするため，これらの後発工業国を巻き込んだグローバルサプライチェーンのもとで世界最適調達を基本とする生産システムが支配的な生産システムとなっている（坂本 2009）。

3. 資本主義の発展，生産システムの進化と矛盾

人類の生産活動は，人間と自然の物質代謝過程に他ならない。物質代謝は，人間が外的自然を生体内に摂取して消化・血肉化し（同化），排泄（異化）する過程である。人類が他の動物と異なるようになったのは，この物質代謝過程に生産手段を媒介とする生産活動を挟み込み，この物質代謝過程を「迂回」させたことによる（坂本 2016）。すなわち，生産手段を独自に発達させることにより，自然界から合理的に人間生活に必要な物質を摂取するところに特徴がある。資本主義的生産様式が確立するに至り，この過程は利潤を最大化しようとする資本の論理と結びつき，一気に加速することになる。人類にとって必要な

生活物質が商品（価値と使用価値の統一物）という形態をまとうことにより資本（＝自己増殖する価値）となり，人類にとって必要以上の商品を生産することにより資本蓄積運動を経済法則として展開していくことになる。結果としてもたらされるのは「人間と自然の正常な物質循環の破壊」であり，K. マルクスがいうところの「物質代謝の攪乱」である。物質代謝の攪乱は，環境汚染物質や大量生産・大量消費・大量廃棄，自然の大規模な乱開発，有害な人工化学物質の摂取などによって引き起こされる。

資本主義的生産の一般的基礎である商品生産は，生産の目的を交換価値においているが，さらに資本主義的生産は，その推進的動機が利潤の追求にある。その利潤率＝剰余価値／（不変資本＋可変資本）を上げるのは，労働時間を延長するか，労働強度を強めるかして分子である剰余価値を増やすか，あるいは分母である商品生産に必要な不変資本の価値の減少による他はない。資本主義的生産関係の下で競争の強制法則が貫徹する限り，資本は「不変資本充用上の節約」を行う傾向にある。「不変資本充用上の節約」とは，生産で用いる原料や機械，設備などの不変資本をできるだけ節約することを意味する。そうすることが利潤をあげることにつながるからである。一般的に利潤率を低下させるような不変資本への投資は資本の生産的動機からみればその投資が利益を生まない限り資本自らが進んで行うことはない。資本は社会の利害関係者と法制度によって強制されない限り，環境・公害問題の防止技術の投資に対する節約を変更しない。不変資本充用上の節約の衝動にかられる資本の論理こそが環境破壊の原因である（岩佐・佐々木 2016）。

資本主義的市場経済の下では，常に生産の拡大と狭隘な市場という資本主義の基本矛盾である「生産と消費の矛盾」という資本蓄積上の限界が突きつけられる。この限界を時には戦争という破壊行為で市場をリセットすることにより，あるいはグローバル化することで市場を外延的に拡大することにより乗り越えてきている。個別資本・企業のレベルでは生産システムを進化させることで限界を乗り越えてきたといえる。これは矛盾の解決ではなく先送りに他ならないが，矛盾を抱えながらも資本の蓄積様式を進化させてきた結果である。

しかし，人類が物質代謝活動を行う条件である自然環境に対しては一方的に負荷を拡大しつづけてきた歴史である。第2次大戦後の垂直統合型生産システム＝大量生産・大量消費・大量廃棄システムの展開は，巨大な資源の消費と排出・廃棄の増加をもたらし，資源の枯渇と自然環境破壊の問題を引き起こす。1960年代には先進国の多くの地域で公害問題が頻発し，日本でも水俣病（熊本，新潟），四日市ぜんそく，イタイイタイ病の四大公害裁判が繰り広げられ公害基本法（1967年）が施行されるなど法的規制が国に対して迫られたり，公害防止技術の開発が原因企業に対して迫られる様になる。1970年代に入ると世界的に需要が低迷する中で，2度にわたる石油危機に見舞われ，徹底した省エネ，合理化が求められるなど生産システムの見直しが迫られる。そうした中で確立された柔軟統合型生産システムは徹底したムダの排除を原則としており，その意味では資源利用の効率化を追求している側面を有している。しかし，このシステムは多品種化により市場の多様なニーズに応えるシステムであり，商品多様化と商品サイクルの短期化により消費市場が拡大し，結果，生産量を絶対的に増加させていく。さらには，1980年代以降は，貿易摩擦の回避もあり，海外での生産を積極的に展開していく時期とも重なり，市場の外延的拡大とともに環境への負荷はさらに増大していく。そして，2000年代以降，支配的な生産システムとなっている分散統合型生産システムは，IT化，ICT化の急速な進展を背景として，発展途上国の急速な工業化と先進国へのキャッチアップの技術的条件ともなり地球規模での工業化を推し進め，まさにグローバル資本主義の段階を形成するに至っている。図表1-2は，1980年以降2017年までの地域別のGDPの推移をみたものである。特に2000年代以降，新興国のGDPの伸びが著しく，2000年代後半からはアジア新興国のGDPの成長が世界全体のGDPを押し上げていることが分かる。この間の世界全体の平均成長率は3.5％である。GDP総額でみると1980年の11兆1,340億USドルに対して2017年には80兆510億USドルに達し，この37年間におよそ7倍に増えている[1]。

工業化は，科学・技術の発展に依拠して，軽工業から重工業へ，さらに重化学工業へと発展し，それに伴って工業化に必要なエネルギーも木炭や風車・水車からダムや化石燃料，さらには原子力発電へと推移してきた。資本の論理による工業化は，労働者から収奪するだけでなく，自然から大規模に収奪し，環境汚染・環境破壊を不可避的に伴ってきた。とりわけ20世紀に入って以降の

図表 1-2　世界の GDP の推移

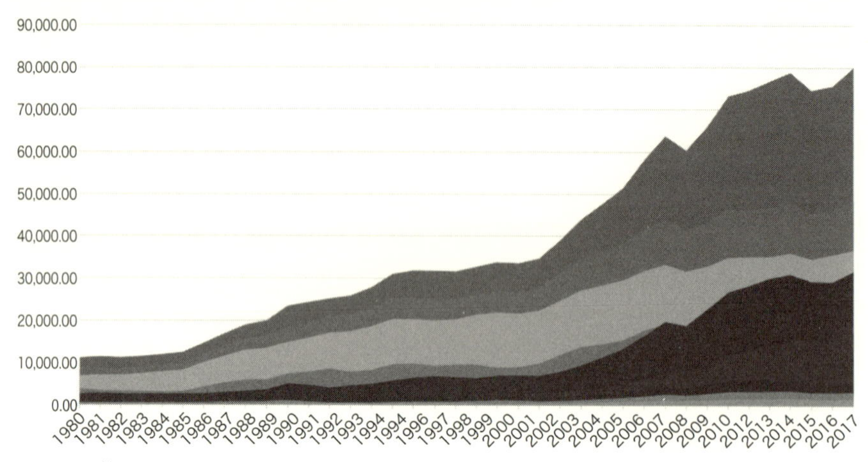

（注）単位は，10 億 US ドル。
（出所）International Monetary Fund, World Economic Outlook Database, October 2018 より筆者作成。

重化学工業は，資源においても，エネルギーにおいても，石炭や石油の化石資源・化石燃料に依存してきたところにその特徴がある。鉄鋼や金属などの重工業だけでなく，石炭や石油を資源とした化学工業も大量のエネルギーを消費する。大量のエネルギー消費は，化石燃料や巨大ダム，原子力発電によって賄われてきた。化石燃料は So_2，No_2 による環境汚染を引き起こし，Co_2 の増大は温暖化を引き起こす。原子力発電は，解決の展望のない放射性廃棄物を増やし続けるだけでなく，一度過酷な事故を起こせば，チェルノブイリや福島原発のように深刻な放射能汚染をもたらす（岩佐・佐々木 2016）。環境汚染・環境破壊が深刻化するなかで，人間と自然の物質代謝が攪乱され，我々は今，人類にとって深刻な岐路に立たされている。

資本主義の発展，そして生産システムの進化は資本主義的生産関係を地球規模で拡大することにより資本自らの蓄積基盤を外延的に拡大した原因であり結果である。資本主義の発展，生産システムの進化は，物質代謝の攪乱を地球規模でもたらし，資源・自然環境を破壊することにより，資本自らの蓄積基盤をそして人類の生活基盤を常に掘り崩しているという矛盾を内包した発展であり，進化である。

4. 資本主義の発展，生産システムの進化に内在するもう１つの法則

資本主義に内在する法則である「不変資本充用上の節約」のもう１つの法則の意義と限界について検討する。資本主義的競争下にある企業は，超過利潤を追求し，この超過利潤は費用価格（不変資本＋可変資本）の減少によって生み出される。企業は費用価格すなわち生産費の減少のために「不変資本充用上の節約」を追求する[2]。不変資本充用上の節約の内容は，主に以下の８点に集約される。第１に，生産上の廃棄物の利用。すなわち，生産上の廃棄物が同一産業部門なり他の産業部門の新たな生産要素に再転化することにより，原料費を軽減する可能性を秘めている。第２に，流通期間の短縮から生じる不変資本投下の節約。すなわち，交通手段・流通手段・通信手段の発達により流通期間を短縮し，資本の回転をはやめることによって利潤率を高めると同時に，原料価格を低下させ不変資本投下を節約する。第３に，機械の不断の改良から生ずる節約である。すなわち，① 機械そのものの材料の改良，② 機械製造一般の改良による機械類の低廉化，③ 既存機械がより安価により有効に作業することを可能にする特殊な諸改良，④ 機械の改良による廃棄物の減少等による不変資本投下の節約である。第４に，原料・補助材料による節約である。すなわち，廃棄する部分が少ない原材料や，機械への負荷の低減，あるいは資源としての再生可能性の向上等による不変資本投下の節約である。第５に，固定資本の損耗の減少による節約である。すなわち，機械の耐久性に関わり，不変資本投下を節約する。第６に，生産手段生産部門の生産力の発展による節約である。これは上述の５つによる節約を規定するものとしての不変資本そのものの生産力の発展による不変資本投下の節約である。第７に，生産条件（手段）の共同使用による節約である。すなわち，生産力の発展のもっとも基本的単位となる協業の側面であるが，労働の社会的結合（労働者の集合，共同作業）によ

る不変資本投下の節約である。第8に，生産要素の不純化による節約である。すなわち，粗悪生産要素の製造による節約である。生産物の不純化が，流動不変資本の価値を引き下げ，生産要素をその価値よりも高く売り利潤率を高めるものとして位置づけられる[3]（吉田 1976）。

資本の本性を「不変資本充用上の節約」とい観点からみると2つの傾向を示している。3項でも述べたように，環境・公害問題に対する防止技術のような利潤率を低下させるような追加的投資は利潤の最大化を目的とする資本の本性からして資本自ら進んで行うことはない。資本は社会の利害関係者と法制度によって強制されない限り，不変資本充用上の節約を変更しない。しかし，資本は一度この節約を止めることを強制されると「固定不変資本充用上の節約」を止めざるを得ないところからくる利潤率の低下に対して，リサイクルや発生抑制によって，「流動不変資本充用上の節約」を追求し，利潤率の低下を止めようとする傾向がある（吉田 1980）。しかし，一方で，上記8つのモメントで示したように利潤率を高めるために不変資本充用上の節約を不断に行っているという側面がある。すなわち，外的強制によらなくても上記，第1，第3，第4に関わって，内的本性として「流動不変資本の充用上の節約」の法則が貫徹している側面を有している。すなわち「不変資本充用上の節約」に関する資本主義的経済法則の2つの側面から生産システムの進化の意義と限界を捉える必要がある。

資源の有限性を前提としたグローバル競争の中で，資本は生産的消費における資源消費（原材料，エネルギー等）の効率性を競争の強制法則として求められる。ムダな在庫を持たないためのシステム（JIT システム），プラットフォームの共通化，車体構造の共通化等々，生産の効率化に関する事例に関しては枚挙に暇はない。生産コストを圧縮するための生産管理上の「改善」はいたるところで行われている。その典型的な生産システムは，トヨタシステムを代表とする柔軟統合型生産システム（フェイズ3）である。また，インターフェースの標準化を条件とするモジュール生産方式を基礎とする分散統合型生産システム（フェーズ4）においても，規格の標準化は「柔軟な相互交換可能な生産システム」の技術的条件であり，この意味では資源を有効かつ効率的に使う技術的条件であるという側面を有している。資本は，生産システムを進化させることで資本蓄積における市場的条件の限界を乗り越えて生産を拡大する一方で，その進化の内には「流動不変資本充用上の節約」の法則が貫徹している。これは，制度的強制ではなく，資源の有限性を前提とした競争による強制である[4]。例えば，伊丹（2013）では，電力生産性という概念で日本の製造業の生産性について言及している。1970年代のオイルショック以降，日本の製造業はエネルギー消費量を大きく減少させながら経済成長を達成させてきたことを評価している（図表1-3）。エネルギー多消費型産業から機械工業への産業構造の転換はもとより，この機械工業においても電力生産性の高さを指摘している[5]。これらの結果をもたらしているのは生産技術そのものである。

資源の有限性を前提とした物質代謝の過程において，生産的消費における資源＝流動不変資本の効率的利用に関する生産技術の発展は生産システムの進化の過程において内包されている。

しかし，「制約なき大量生産体制」のもとで生産量の絶対量が増えつづけ，甚大な公害・環境問題を生み出し続けている。科学・技術の発展およびその産

図表1-3　製造業のエネルギー消費指数

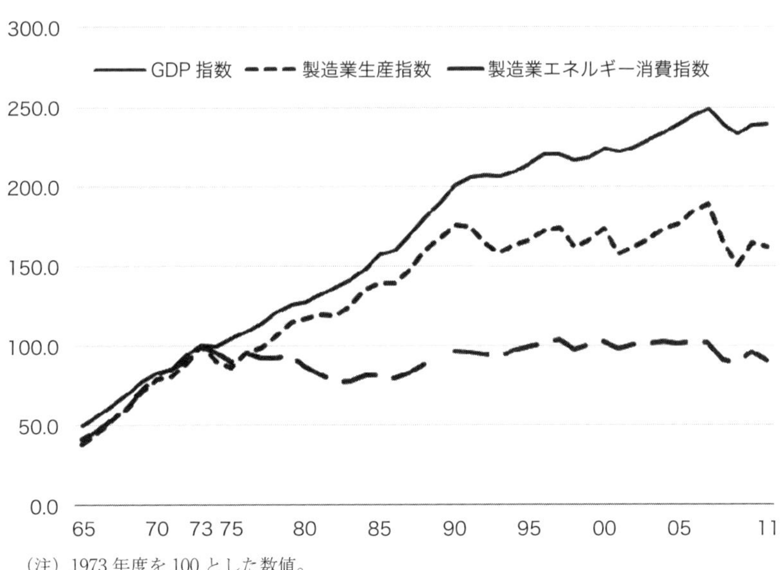

（注）1973年度を100とした数値。
（出所）「エネルギー白書2010」。

業的応用により流動不変資本の節約が行われたとしても，生産量が絶対的に拡大していく限りにおいて環境への負荷は決して減ることはない。技術至上主義の限界がここにある。また，今日支配的な生産システムである分散統合型生産システムは，発展途上国の急速な工業化＝資本主義化と先進国へのキャッチアップを実現する技術的条件ともなっており地球規模での工業化＝資本主義化，環境破壊の大きな要因である。資源を効率的・有効的に利用する技術の進歩がある一方で環境破壊が一層進むという矛盾を止揚する物質代謝の在り方を，外的に規制するだけでなく，資本主義という生産関係の中で内的法則として止揚するような生産システムを構築しなければ根本的な解決にはならない。

第3節　環境統合型生産システム

1. 理念型としての循環統合型生産システム

図表1-1で示したように，坂本（2009）は，21世紀に求められる生産システムとして循環統合型生産システムの概念を示している。坂本（2009）は，生態系と人類の循環システムを自然循環・生産循環・生命循環という3つの循環に区別しその相互関連を明示した上で，循環統合型生産システムの概念を示している。以下，その概要を簡潔に示しておく。

自然循環とは，地球において生成と消滅を根本とする物質の循環である。自然循環の一部としてその物質循環をつうじて生命循環を維持している。また，人間は，この物質循環過程に生産循環を介在させ，資源環境を媒介に自然循環を意識的に迂回・制御することによって，生命循環の拡大をはかってきた。生産循環とは，生産物の消費的消費を前提とする資源（自然）の生産的消費のプロセスであるが，この迂回による生産循環の自然循環への還元は，大量の排出物・廃棄物を自然に還元する現代の工業社会においては，その技術水準のゆえに物質循環の完結性は得られていない。むしろ，物質循環は，科学技術の発達による生産循環の急激な拡大とともにその循環性を失うことになる。自然の環境破壊をともなう生産循環の拡大が自然循環と物資循環との対立を引き起こし，資源環境の悪化すなわち資源の枯渇を生じさせるようになったからである。

以上のように「物質代謝の撹乱」を3つの循環の関係で捉えた上で，人類の生命循環の維持を目的とする自然循環・生産循環・生命循環の統合を目的とする「循環統合型生産システム」を提起する。生産システムは，これまで自然を消費する対象（資源）として前提にしていたのに対して，新たなシステムは自然との共生を前提にし，生産循環と環境諸要因（自然環境，資源環境，社会環境，経済環境）との統合をはかるシステムである。その3つのシステム原則について述べる。第1に，自然循環と対立しない資源制御システムおよび排出・廃棄制御システム，すなわち自然との共生システムであること。第2に，自然循環と調和が可能なシステムであること。すなわち，大量生産・大量消費・大量廃棄の経済システムからの脱却と適正な生産・消費，そして最小廃棄の経済システム，社会的適正生産の経済システムへの転換である。第3に，自然循環を維持保全する社会システムであること。すなわち世界の諸国の自然条件や発達段階の相違，宗教や言語，社会習慣の相違などに起因する社会システムを前提としつつ，グローバル共生の社会システムを構築することである。

経済のグローバル化の流れの中で各国に資本が相互浸透し，物質循環と価値循環は1国資本主義内で完結するようなものではなく，より複雑になっている。それ故，排出・廃棄物の制御システムも国際的に制御される必要があり，国家や地域の排他的利益を優先するのではなく，国際的互恵・共同発展の倫理を理念とする，相互依存・相互尊重・相互発展の3つの原則を指針とするグローバル共生型経済システムの構築，グローバル共生の社会システムの構築が前提となる。気候変動枠組条約[6]のもとで1997年に採択された京都議定書(COP3）や2015年のパリ協定（COP21）等による温室効果ガス削減の取り組み，2015年に示された，国連の「持続可能な開発目標」(SDGs)[7]による行動指針の提起は，こうした国際的な枠組形成の第1歩であり，個別企業も社会的責任（CSR）の一貫として様々な環境経営の取り組みを行うようになっている。しかし，パリ協定からのアメリカの離脱に象徴されるように各国の思惑が複雑にからみあい，事が単純には進まないのも現実である。自然循環・生産循環・生命循環を統合する循環統合型生産システムを実現するためには，既存の生産システムの上で，いかなる変革が必要であるのかを実践的に考えていく必要がある。

2. 実践型としての環境統合型生産システム

資本の推進的動機が利潤の追求である以上，資本主義的生産関係の下で競争の強制法則が働く限り，自然（資源）環境に対して無秩序な運動を繰り返す。1972年にローマクラブが資源と地球の有限性に着目して『成長の限界』を発表して以降，この半世紀あまりで市民社会の成熟もともない国民レベレルでの環境意識の高まりや，様々な国際的，国内的な社会的規制の中で資本の無秩序な運動が制限されてきていることも事実である。しかし，資本主義がグローバル化する中で，環境への負荷はむしろ増大している。循環統合型生産システムを構築していくためには，社会的規制だけでは限界があり，資本の運動の内的本性の中に様々な環境対策がビルトインされていく必要がある。上述した「流動不変資本充用上の節約」はその1側面である。「資源の枯渇」と「大量生産体制」の調和の課題，「地球温暖化」と「大量生産体制」の調和の課題に対して，環境対策が資本の生産活動の合理性の追求の原因であり結果となるような生産システムを構築していく観点が必要である。自然環境と人類の共存・共生，持続可能な社会を実現するための究極の目標である循環統合型生産システムに向けた，現段階における実践的システムを「環境統合型生産システム」と規定し，その現代的課題を明らかにしていきたい。

「環境統合型生産システム」とは，環境技術を活用して，企業が社会と連携を進めながら環境に配慮する経営，つまり，環境経営を統合した生産システムである。企業が合理的な生産活動を追求する要因となるような環境経営を統合した生産システムであり，「環境の市場化」を前提とすると同時に「環境の市場化」を創造・拡大していく実践的な生産システムである。

個別企業レベルでの環境経営の取り組みとしては，環境ISO 14001の取得や，3Rを通じたゼロエミッションの取り組み，グリーン調達，環境配慮型製品の開発，省エネ等，枚挙に暇がない。これらの一連の取り組みは，生産過程において環境技術と生産技術が融合される過程であり，資源の効率的利用に寄与するとともに生産効率を高め企業の競争力の1つの源泉になっている。しかし，図表1-4に示す通り，資本総体でみると廃棄物の排出・廃棄は増大してお

図表 1-4　世界の廃棄物量の推移（将来）

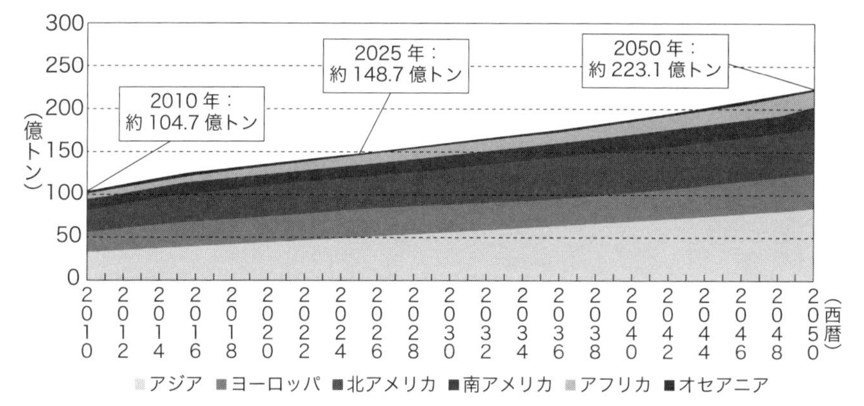

（注）元データは「世界の廃棄物発生量の推定と将来予測に関する研究」（田中勝 2011）。
（出所）「環境白書 2011」図 4-2-2 を転載。

り，今後も増え続けることが予想されていることからも根本的にこの問題を解決する必要がある。以下，2つの観点から環境統合型生産システム構築の課題を検討していく。

(1)　動脈流と静脈流の統合

図表 1-5 は 2015 年度における日本の物質フロー（マテリアルフロー）を示したものである。約 16 億トンの総物質投入量に対して，その 3 分の 1 にあたる量（5 億 6,000 万トン）が廃棄物として環境中に排出されている[8]。2000 年度の数値と比較すると，廃棄物の量はほぼ変化無く，最終処分にまわる分が約 3,000 トン減り，その分が循環利用に回っていると見てよい。しかし，循環利用は総物質投入量の約 1.5 割に過ぎない。地球環境問題を解決するための根本的方法としてこの廃棄物の削減および再資源化の仕組みを生産システムの枠組みで考えていく必要がある。

詳しくは第 2 章で検討するが，動脈流[9]および静脈流[10]と資源循環の関係を整理したものが図表 1-6 である。図中① および② は，動脈流の資源の流れで，資源の開発から資源の生産的消費および消費的消費の過程を表している。この循環における動脈流の課題は，新資源・代替資源の開発，生産過程における製

図表 1-5　日本の物質フロー（2015 年度）

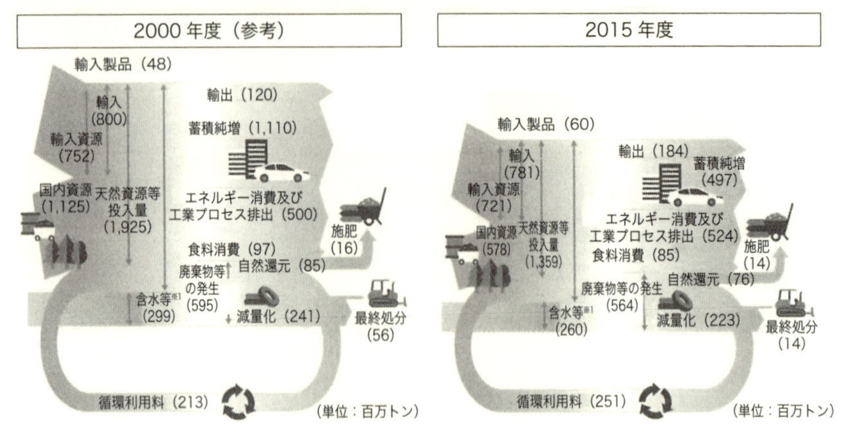

（出所）「環境・循環型社会・生物多様性白書 2018」159 頁の図 3-1-1 を転載。

図表 1-6　生産の循環構造（動脈流と静脈流）

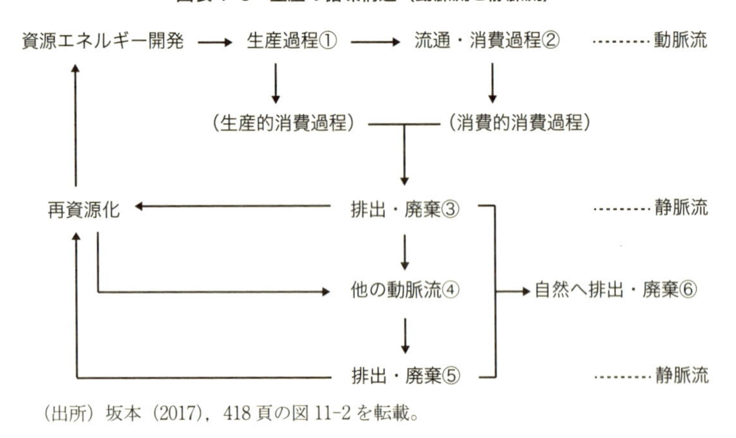

（出所）坂本（2017），418 頁の図 11-2 を転載。

品・製法のイノベーションや使用資源の削減（リデュース）による資源効率向上，資源の再利用（リユース）などによる資源の有効利用，そして，流通過程における流通・在庫の時間的・空間的効率向上などである。③は生産的消費および消費的消費からの排出・廃棄物の再処理による再資源化（リサイクル）の過程であり，静脈流としての再資源化の過程である。ここでの循環は，静脈流が動脈流からの排出・廃棄物を資源とすることにより動脈流のための再資源を生産する消費的生産ともいうべきものである。④は動脈流から排出・廃棄された物質を資源として新たな資源・製品の生産過程を形成する循環で動脈流間の資源循環を構成する。この新たに追加された生産過程からも排出・廃棄物が発生することになり（⑤），①～③の動脈流・静脈流と同様の資源循環が行われる（坂本 2016,2017）。

地球環境問題の生産システム上の課題は，動脈流における排出・廃棄物の削減とともに，この資源循環における静脈流との関係の中で考える必要がある。リサイクル産業の議論のみでは解決しない。動脈流と静脈流の統合，動脈流と静脈流の循環，生産的消費と消費的消費の統合という視点が必要である。実践的には，静脈流を新たな部門として動脈流産業部門と統合する生産システムの構築が必要となる。すなわち，静脈流の産業化および動脈流に再資源化された資源を供給する静脈産業の動脈産業化が必要となる。動脈産業化された静脈産業が成立するためにはある程度の規模の経済が必要である。排出・廃棄物の回収システムの問題，効率的に回収するための静脈企業間のネットワーク構築の必要性，再資源化するための技術構築の問題と課題は様々である。しかし，本書の第９章～第11章の個別事例で示すように静脈流部門において着目すべき動きが出てきている。動脈産業部門の補完的役割としての静脈産業部門ではなく，資本としての静脈産業部門の台頭である。このことの意味するところは静脈部門の市場化であり，「環境の市場化」の創造・拡大である。まさに，資本が合理的な生産活動を追求する要因ともなり結果として排出・廃棄物の削減に寄与するような実践的な環境統合型生産システム構築の１つの環として静脈部門の動脈産業化および動脈産業部門による静脈産業部門の統合がある[11]。

⑵　経済システムと社会システムの融合－社会的「共有価値」としての環境

労働によってつくられた生産物は，経済システムと社会システムを通じて人々に配分される。経済システムとは人々が継続的に物質的・精神的生活を営むための価値の生産と配分を制御するシステムであり，社会システムとは人間の生命循環の相互的・安定的維持を目的として秩序づけられた社会的価値を制御するシステムである（坂本 2016）。第２節の１項で示したように，生産システムは，生産構造的側面に規定されながら生産要素的側面と生産循環的側面が空間的・時間的に多様な展開を示す。この生産構造の機能的側面が経済システムであり社会システムである。「環境」は地域のステークホルダー（市民・国民，企業，自治体・国家）が共有できる価値である。市民は健康で安全に生命を維持する客観的条件として，企業は上述したように資源の効率的な利用による生産性の向上や新たな事業戦略の対象として「環境」は価値のあるものである[12]。自治体・国家は総括する対象である市民・国民と企業に対して様々な「環境政策」を通して生命循環・生産循環を保証することが機能的使命である。

「環境」というテーマを軸として経済システムと社会システムの融合を図ることが環境統合型生産システム構築の条件である。この融合には，市民・国民，企業，自治体・国家だけでなく，NPOやNGOなどの非営利組織と呼ばれる主体の果たす役割は少なくない（第3章参照）。なぜならば，経済的利害と社会的利害の対立をこうした非営利組織が埋める役割を果たすからである。本書第3部では，経済システムと社会システムの融合をはかる長野県飯田市を取り上げている。飯田市は自治体としてははじめて環境ISOを取得し，市民団体と協力し太陽光発電の普及や小水力発電の開発の取り組みを積極的に行うなどエネルギー自治を条例で謳い，環境文化都市を目指し，様々な取り組みを行っている。地域の中核企業である多摩川精機(株)が中心となり「地域ぐるみ環境ISO研究会」を組織し，そこに参加する飯田・下伊那地域の多種多様な事業所のISO取得のための活動支援を行うなど，市民，市民団体，NPO，企業，自治体が「環境」という共有価値のもとで様々な活動を行っている。また，グローバル化の影響で地域経済が衰退していく中で，飯田市は新しい産業基盤の構築を目的として航空宇宙産業クラスター形成の取り組みを多摩川精機(株)が中心となり2006年からスタートさせている[13]。このクラスターに参加している地元企業は，経営基盤を支える本業をもった上で参加している[14]。航空産業への参入は，国際的な工程認証プログラム「Nadcap」の認証取得が必要など高度な工程管理水準と最先端の技術が必要となる。こうした技術が航空宇宙産業関連分野の需要だけでなく，新たな需要をこの地域にもたらす可能性があり，このクラスターに参加しない地元企業への波及効果も期待されるものである。

航空宇宙産業クラスターの取り組みは，この地域に新しい産業基盤・経済基盤を構築することが目的であり，「環境」をテーマとした事業活動ではない。しかし，「環境」という共有価値を創造しようとしているこの地域で，その中心的役割を担ってきた中核企業が航空宇宙クラスターの中心にいることに意味がある。企業の活動は経済システムと社会システムに少なからず規定される。環境経営を前提とした産業基盤形成，生産システムの構築が動態的には期待される地域であるといえる。

以上検討したように，環境統合型生産システム構築のためには，動脈流と静脈流の統合および「環境」という共有価値の下で経済システムと社会システムの融合が図られることがその第一歩である。

第４節　おわりに

地球環境問題という人類社会における危機の拡大が資本主義という社会の根本的な生産関係に根ざしている以上，自然と社会の持続可能な関係を作り出していくためには，地球規模で歴史的な関係を変えていくような解決策が必要である。すなわち，人間の物質代謝の在り方を変革していくことが必要である。動脈流と静脈流の統合を軸とした新しい生産システムの構築は経済活動における静脈の産業化，静脈企業の動脈産業化という新しい活動主体の形成を前提とする。この形成を支援するような産業政策としての環境政策が今後求められる。こうした新たな主体形成は，既存生産システムにおけるサプライチェーンを変えていくことにもなる。

市場のグローバル化が進む昨今，旧来のものづくり一辺倒ではなく，ものづくりを前提としたコトづくりへの移行の必要性が叫ばれている。コトづくりとは，単に優れた製品を作るだけでなく，コンセプトやストーリー，ユーザーエクスペリエンスなどの高い付加価値が込められた製品を作ること，そのような付加価値を創出すること，あるいは，優れた製品を生み出すための活力となり得る夢や目標を設けることである。社会的要請の強いテーマであれば，その価値に参加できる人員も多くそれをテーマとしたコトづくりを始められる可能性が高い。地球温暖化や資源・食料枯渇，環境汚染といったテーマはそれにかなうものである（産業競争力懇談会 2013)。この解決（価値）を経験し実感することができれば新しい経済的価値観が形成され，新たなる経済システムおよび社会システムが構築されていくことにもつながっていく。飯田市の事例はそうした典型的な事例であろう。

環境統合型生産システムは，資本の内的本性に依拠しながら「環境」という新しい市場を基礎にものづくりを進めていく実践的な概念である。本書，第2部，第3部で扱われる具体的な事例の中に，その到達点と課題を見いだして頂きたい。

（田口直樹）

注

1　このうち工業生産高がどのくらい占めているかという問題はあるが，経済成長率が3%なら世界の工業生産高は23年毎に2倍に増加し，成長率が4%なら世界の工業生産高は18年毎に2倍に増加するという見方がある（フォスター 2001)。

2　「不変資本充用上の節約」には，厳密には2つの側面があり，「不変資本を生産する労働の節約」による側面と「不変資本そのものの充用上の節約」である。前者は生産手段生産部門における生産性の向上が，他の生産手段生産部門および消費手段生産部門における不変資本を節約することである。後者は部門を問わず，生産過程において不変資本そのものを節約することを意味している。

3　今日の有害食品問題は，その他の経緯によるものも含まれるが，生産要素の不純化として位置づけられるものが多い。

4　マスプロダクションを確立したフォードシステムは環境破壊の元凶のように扱われるが，坂本(2016）では，フォードの社会的責任論，無駄排除の哲学，経営理念をひもとき資源の開発・有効利用さらには廃棄・排出物のリサイクルシステムをフォードシステムにビルトインしていたことを明らかにし，先進的実践例としてフォードシステムを再検討する視点を提供している。

5　例えば，最近の事例では，油圧ショベルを製造するコマツの粟津工場は省エネ機器や太陽光など自然エネルギーを使った発電設備を導入し，年間の購入電力量を9割減らすという意欲的な取り組みを始めており，取り組み開始後の3年間で500億円のコスト削減を目指している。具体的な取り組みとしては，四季を通じて温度がほぼ一定の地下水を利用することで，冷暖房用の消費電力は市販のエアコンを使う場合よりもはるかに少なくなっている。また工場の天井を走るクレーンには，モノを降ろす時に発生する運動エネルギーを電気に転換し，つり上げる時にその電気をエネルギーに使い，節電につなげている。自家発電も導入するが，天然ガスや石油ではなく，近くの森林組合から調達する間伐材からつくった木材チップを燃やすので二酸化炭素の排出削減に寄与する（『日本経済新聞』2014年7月3日記事「会社研究：コマツ vs キャタピラー」)。

6　気候変動枠組条約（UNFCCC）とは，1992年6月3日から14日にリオデジャネイロで開催された国連環境開発会議（地球サミット）で採択された条約である。大気中の温室効果ガス濃度の安定化を最終的な目標とし，気候変動がもたらす悪影響を防止するための国際的な枠組みを定めている。

7　持続可能な開発のための17のグローバル目標と169のターゲット（達成基準）からなる国連の

開発目標である。2015年9月の国連総会で採択された『我々の世界を変革する：持続可能な開発のための2030アジェンダ』に示された具体的行動指針。地球上のすべてにおいて，あらゆる種類の人々，大学，政府，機関，組織は，ともにいくつかの目標にとりくむというものである。

8　金属などの資源採取の際に金属以外に採取される岩石や廃棄物などとして排出される「隠れたフロー」が，国内で約11億トン，国外では約28億トンの合計39億トンが生じている。特に，国外での「隠れたフロー」が多いのが日本の特徴である（吉田 2004）。

9　動脈産業とは，天然資源を採取・加工し，製品を製造・流通・販売する産業。経済や社会の発展に必要な商品を供給する役割を果たしていることから，これを動物の循環系で酸素や栄養分を運ぶ動脈になぞらえたものである。動脈流とはその物質の流れを指す言葉である。

10　静脈産業とは，ゴミ，産業廃棄物などの回収と再利用をはかる産業を指している。製造業など製品を供給する産業を「動脈」にたとえ，そのリサイクルを静脈に見立てた言葉である。静脈流とは排出・廃棄物の流れを指す言葉である。

11　静脈産業が資源再生化の画期的技術を確立し，結果，動脈企業が当該技術を内部化することは当然考えられるが，動脈産業内で資源が循環すれば，むしろそれは合理的な結果であるという側面がある。

12　M.ポーターが指摘するように，受動的CSRから戦略的CSRへの転換であり，共有価値の創造である（ポーター 2018）。

13　多摩川精機(株)の副会長である萩本範文氏によると，全国には40を超える航空宇宙産業クラスターの取り組みが行われているが，実質的に機能していると評価を受けているのは，飯田市，新潟市と松阪市のクラスターとのことである。

14　航空産業は設備投資が大きくなるため，一般的に回収するのに10年かかると言われている。故に，しっかりとした経営基盤のある企業でないと参加できない。

第2章
環境統合型生産システムにおける動脈・静脈循環

第1節　はじめに

自然環境問題と企業経営との関係を考察する上でしばしば用いられる用語が，本章のタイトルでも使用している「動脈産業（企業）」および「静脈産業（企業）」である。これは，動物の血液循環に，人類による生産活動および廃棄活動を模したものである。こうした用語の使用は，少なくとも1980年代にはみられる。例えば，1987年には『都市と廃棄物』誌において，あき缶処理対策協会が1986年6月に実施したアメリカ現地視察報告が「米国リサイクル新事情」として掲載されているが，そのサブタイトルとして，「静脈産業の優劣が国際経済を制する時代に」と表記されている。「動脈」「静脈」の定義に関しては，植田（1992）では，「ものを生産する，使うという活動を『動脈』の系統といい，廃棄物を適正に処理するとか，リサイクルをするという活動を『静脈』の系統と呼」（61頁）ぶとしている。本章においても，この定義に即して論を展開したい。ところで，植田（1992）は続いて重要な指摘を行っている。これまでの人類社会の歴史の中で実現してきた技術発展の方向性に関して，「『動脈』の系統は非常に発展したけれども，それに比して『静脈』の系統は十分発展しな」（61頁）いというような「アンバランスな技術発展」をしてきたというのである。

このように，「動脈」「静脈」は，まずは物質循環上の位置づけの違いということになり，その適切な循環が求められるのであるが，植田（1992）が指摘する通り，両産業・企業の発展は並行的には実現していない。つまり，「動脈」「静脈」という視角から議論する場合は，こうした違いがなぜ生じるのか，この違いがどのような問題をもたらしているのか，そして，いかに克服すべきなのかを問わなければならい。言い換えれば，経済学・経営学上，「動脈」「静脈」がいかなる相違点を有するのかということが重要な論点になると言える。

こうした観点からの，経済学における代表的な議論は，細田衛士による「バッズとグッズの経済学」であろう。例えば，細田（2015）では，「経済学はこれまで長きにわたって市場において有価で取引されるもの，すなわちグッズにだけ関心を寄せてきた」（51 頁）としたうえで，「経済学が長らくその存在を無視してきた」バッズを「あえて市場取引の対象にしようとするとマイナスの価格が付与されるもの（逆有償物）」と定義して，経済学の枠組みに入れて分析しようとしている。

では，経営学において静脈産業はいかに扱われてきたであろうか。経営学においても，経済学と同様にその研究対象の中心は動脈企業であった。貫（2005）は以下のように指摘している。

「いわゆる静脈産業に属する企業の経営について，経営学は動脈系企業の経営研究から得た知的手段（たとえば作業標準設定や在庫管理の技法）を通して貢献するとともに，エコビジネスの企画，立ち上げという起業初期段階，成長段階，安定期，撤収段階を含む環境関連企業のライフサイクルに即したマネジメント理論，技法の開発・提供が求められる。

そこでは，ごみ焼却灰を原料としてつくられるエコセメントのように，原料を引き取る側が引取り料をもらう逆有償取引がみられること，廃棄物を原料とするため形状や材質のばらつきが大きいこと，工程の中心が加工・組立ではなく解体・溶融であるなど，動脈系とは異なる特質がある。単に動脈系企業の経営研究から抽出された知識とは違った新たな理論・技法の創出も必要になる。」（106-7 頁）

すなわち，動脈企業の研究の成果を静脈企業の発展のために用いるとともに，静脈企業そのものを対象に，その独自の理論やマネジメント手法の分析が必要だとしているのである。

同様の指摘は，粟屋（2018）でもなされている。

「静脈市場は動脈市場と不可逆的な関係にある市場である。動脈市場を対象に誕生し発展した経営学である故，動脈市場では既存の理論が適用できないことも想定される。例えば，社会的費用を私的費用化する市場交換の手法，市場か企業かの境界，海外への流出が避けられないバッズへの対応，費用や利潤の解釈などである。よって今後は静脈市場を含んでの経営学研究の推進が急務であることは明白である。」(91頁)

このように，静脈企業を対象とした独自の経営学研究の必要性が，およそ15年の時を経て再び主張されているということは，静脈企業の経営学的考察がいまだ十分になされていないことを示すとともに，静脈企業を含み込んだ経営学の構築がますます必要になっている表れともいえる。静脈企業も動脈企業と同様に企業である以上，貫（2005）の指摘の通り動脈企業研究から得られた知見を静脈企業研究に生かすことは当然であるが，他方両者が指摘する通り，静脈企業は動脈企業と質的に違う点があるのであり，その違いを考慮に入れたうえで，静脈企業研究を行わなければならないのである。

第2節　動脈と静脈との循環不全としての自然環境問題

自然環境問題の発生要因を動脈産業と静脈産業との関係としてとらえるということは，動脈産業と静脈産業との間で適切な物質循環が行われていないことが自然環境問題の発生要因である，ととらえるということである。この不完全さは，質的不完全性と量的不完全性とに分けることができよう。質的不完全性とは，動脈企業が発生させる廃棄物を人や自然に影響を与えないように静脈企業が適切に処理することができないことをいう。これは，自然科学的に処理が困難な物質であるという場合と，処理のために静脈企業が支出するコストがあまりにも高く，その費用ねん出に苦労し，処理ができないという場合がある。この事態に対応するためには，社会的には，「環境税」に代表されるような諸制度の設計や法律による規制，自治体の果たす役割の精緻化や消費者の意識の向上などが必要であろう。また，個別企業に関して言えば，動脈企業にはこのような有害物質の使用・排出を抑制することや，静脈企業が処理しやすい製品設計とすることなどが求められる。静脈企業においては，こうした物質を適切に処理可能とする経営システムの構築やイノベーションが求められよう。

量的不完全性については，動脈企業が排出する廃棄物の処理に関して，一静脈企業としては，自然科学的・コスト的に処理可能であっても，動脈産業全体が排出する廃棄物の総量に対して，静脈産業全体で処理可能な廃棄物の総量が少ない場合に発生する。この場合，個々の物質のフローを見ると適切に処理されているように見えるが，総体としてみると，適切に処理されずに，何らかの形で人や自然に悪影響を与えることとなる。量的不完全性についての分析は，まずは適切に処理が行われている物質フロー，その中で動脈企業，静脈企業が具体的に果たしている役割について考察したうえで，そうした取り組みを社会全体にいかに広げるかを，政策的・制度的・経済学的・経営学的に議論することが必要になる。

第３節　静脈産業の分類

静脈産業を考察する際には，２つの側面から静脈産業を分類することが必要である。1つは，廃棄物処分プロセスとしての静脈産業と，リサイクルプロセスとしての静脈産業との分類であり，いわば物質循環上の静脈産業の位置づけに関わる分類である。廃棄物処分プロセスとは，プロセス後の物質を自然循環に返したのちも，われわれ人類や他の生命に悪影響を及ぼさないようにする過程のことである。他方のリサイクルプロセスは，プロセス後の物質を何らかの形で動脈産業に「返還」することが目的である。いわば，物質循環の観点から，静脈産業を経た物質が何らかの形で再び人類の生産循環に投入されるのか，そうではなく，自然循環に投入されるのかの違いである。細田（2015）は，この違いを以下のように整理している。「決定的に異なる側面は，処分プロセスは廃棄物処理というサービス以外に何ら生産物を産み出さないのに対して，リサイクルプロセスは廃棄物（バッズ）処理サービス以外に再生資源という生産物を産み出す点である。処分プロセスが廃棄物（バッズ）処理のみの性質を持つのに対し，リサイクルプロセスはその性質に加えて生産による付加価値の創出，つまり，廃棄物処理と生産という二面的な性格を持っているのである」（59-60頁）。

そしてもう1つは，有償取引か逆有償取引かといった，静脈企業による市場取引の性格の違いによる分類であり，いわば価値循環上の静脈産業の位置づけに関わる分類である。動脈企業が行う市場取引は原材料等を市場から手に入れる取引（入手）と生産した製品を他者に手渡す取引（譲渡）の2つがある。通常は，前者が購買，後者が販売であり，すべて有償取引，すなわち物質を手放す側が金銭を手に入れる。しかし，静脈産業においてはこの関係が複雑であり，かつ変動する。図表2-1は，入手・譲渡それぞれにおいてその取引が有償取引であるか逆有償取引であるかによって静脈産業を分類したものである。有償取引で入手したものを逆有償取引によって譲渡する場合，市場取引を通して当該企業は収益を獲得できないため，論理的にここに該当する企業は存在しえないため，3種類に分類される。① は入手・譲渡とも逆有償取引を行っている静脈企業であり，いわゆる廃棄物処理業者はここに入る。動脈によって創出された価値のうち，一定部分を廃棄物処理にまわすことによって適切な廃棄物処理を行うということである。動脈が排出した廃棄物を「そのまま」自然循環に戻した場合，人類の生命循環に悪影響が及ぶため，企業や自治体等がコストを支払って適切な処理を廃棄物処理業者が行うというわけである。「廃棄物処理に対して適切なコストを社会で負担する」という合意が社会的に形成されている場合には① に分類される静脈企業は適切に機能するが，資本主義社会においては常に競争の中でこうしたコストに対しては削減が要請される。このコスト低減圧力によって適切な廃棄物処理コストが支払われない場合，適切な廃棄物処理が行われない。その最悪の結末の1つが，豊島の不法投棄事件[1]であったり，ダイオキシンの問題[2]であった。

② ③ は何らかの形でリサイクルを行っている企業群である。③ は入手・譲

図表 2-1　取引関係から見る静脈企業の分類

		譲渡	
		有償	逆有償
入手	有償	③	
	逆有償	②	①

（出所）筆者作成。

渡ともに有償取引を行っている静脈企業である。ここに該当する企業は，入手する物質が何らかの廃棄物であるという点で静脈産業に位置づけられるものの，市場取引においては動脈企業とは何ら異ならない。その意味において，資本主義経済システムにおいては物質循環・価値循環ともに最もストレスがないと言えよう。

②に分類される静脈企業は，入手過程においても，譲渡過程においても収益を受け取ることとなる。一見するともっとも業績を上げやすい企業群に見えるが，必ずしもそうではない。次節で詳述するが，市場競争によって譲渡価格および入手価格の減少が生じ，場合によっては入手過程の逆有償取引が有償取引となることで，入手およびリサイクルにかかるコストを譲渡過程で回収することができなくなり，企業経営が破たんしてしまう場合もあるのである。

第４節　動脈産業との比較に見る静脈産業の特徴

以下では，静脈産業の動脈産業との比較における特徴を，①生産システム（廃棄物処理・リサイクルシステム）の観点，②市場取引の観点，③物流の観点から整理する。その上で，これらの特徴が静脈企業経営に，動脈企業経営とは異なる経営上の課題をいかにもたらすのかを整理する。

1．生産システムの観点からみた静脈産業の特徴

人類社会の発展にとって，生産活動の果たした意味は極めて大きい。坂本(2017)は以下のように述べている。「人間にとって生産活動は，物質的・精神的生活の根本となり，社会的価値の源泉となり，文化的発達の条件となった。こうして，生産活動の規模を拡大し，したがってその社会的性格を強めることを人類の歴史的必然とすることになったのである」(1頁)。そして，この生産活動を効率化させるために生産システムを構築し，また，経済環境，社会環境，自然環境という３つの環境に規定されながら，生産システムを進化させてきた。

この生産システム進化において大きな役割を果たすのが，標準化の原理であ

る。標準化の原理を追求し，大量生産システムの出発点となったのがフォードシステムである。坂本（2017）によると，フォードシステムにおける標準化の原理は，まず，製品の標準化である。「大衆車として圧倒的な高品質機能を有するT型車を開発することによって標準として固定し，これに対応する互換性部品，工具・機械などの生産諸要素を標準化することによって，T型車に生産を集中した意義がある」(254頁)。次に，この製品の標準化に対応した生産工程の標準化である。製品の標準化を前提に，「機械・工具，資材・部品，作業方法，生産工程，搬送方法の標準化，いわば製造工程全体の標準化に至るのである」(255頁)。フォードシステムにおけるきわめてリジッドな標準化は，製品，機械設備，労働力の固定化を生み出し，柔軟性を奪ってしまうのであり，それが1920年代におけるフォードとGMの逆転，あるいは生産システムにフレキシビリティを備えたトヨタシステムの世界的躍進へとつながるのではあるが，多様性・フレキシビリティを実現する上でも，フォードシステムにおける標準化の原理は重要な要素であり続けている。生産システムは，フォードシステムによる大量生産を出発点とすれば，少種大量から多種大量，多種変量へと進化してきたのであるが，それは言い換えるならば，標準化された原材料，部品をもとに，生産システムを通して多様で柔軟な製品をいかに生産するかが，フォードシステム以降の生産システム進化の1つの方向性であったと言えるであろう。そして，この生産システムの進化は，静脈産業に多種大量の廃棄物を処理することを求めることになった。

こうした多種大量廃棄物を最も簡単に処分する方法は，最低限の有害物質の除去を行った上で，「大量埋立」や「大量焼却」を行うことによって，私たちの生活する場から除去してしまうことであろう。そのため，静脈産業は，まずは図表2-1の①に分類される廃棄物処理業として発展することとなった。しかしながら，こうした廃棄物処理は，既述の通り新たな付加価値を生み出さずに企業あるいは税金からの社会的費用の投入によってのみ成り立つ。こうした社会的費用の投入に対しては常にコスト削減の要求が課され，それが様々な廃棄物問題を発生させてきた。また，たとえ「適切」な処理が行われるとしても，「大量埋立」には埋立地の残余年数の問題があり，「大量焼却」には二酸化炭素排出の問題や，残灰埋立の問題が残る。

こうした事情を背景に，静脈産業におけるリサイクル企業が近年重要な意味を持つようになった。そこでは，大量生産システムに見合った大量リサイクルシステムの構築が期待されるわけであるが，大量リサイクルシステム構築には，「標準化」の壁が立ちはだかることとなる。生産システムにおける標準化の導入に比較して，静脈企業におけるリサイクルシステムにおける標準化原理導入は非常に困難なのである。リサイクルシステムにおける原材料は，すなわち廃棄物であるが，静脈産業が処理する廃棄物は，実に雑多なものであるため，原材料の標準化が難しい。たとえ同一製品を１つの静脈企業が特化して処理する場合でも，その製品の使用頻度，年数，使われ方，廃棄のされ方，生産年等によって，廃棄物として排出される際の品質は異なる。さらに多様な製品をリサイクルシステムにおいて取り扱う場合は，この困難がさらに増す。このように原材料としての廃棄物に標準化を求められない以上，そのリサイクル工程の全過程を機械化することは難しく，いずれかの工程において，人の熟練による工程を入れざるを得ない。人の工程である以上，おのずからその作業量は制限され，そこがリサイクルシステムのボトルネックとなってしまう。

そして，こうしたリサイクルシステムにおける標準化の難しさは，動脈における生産システムの進化によってより深刻なものとなる。既述の通り，生産システムは少種大量から多種大量，そして多種変量へと進化したのであるが，これは，静脈企業が処理すべき廃棄物がより多様になる過程であったともいえるのである。

さて，この標準化にみられる生産システムとリサイクルシステムのシステム原理の違いは，リサイクルにおいて２つの問題を引き起こす。１つ目は，大量に廃棄された廃棄物に対して，量的に同等のリサイクルシステムの構築が難しいという問題である。大量生産の過程に発生する廃棄物，および大量生産された製品が消費過程を経て排出される廃棄物を適切にリサイクルするためには，大量生産システムに匹敵するだけの大量リサイクルシステムが構築されなければならないのであるが，それが難しいのである。２つ目は，動脈企業との競争の問題である。リサイクルシステムによって廃棄物から生産される物質は有価物として取引されるわけであるが，その際その物質はすでに動脈企業によって供給されており，動脈企業との競争に勝たなければならない。長年にわたる市場競争で鍛えられ，効率的な生産システムを構築してきた動脈企業に，現時点で静脈企業が競争で勝つのは相当難しいと言わざるを得ない。以上，2つの要因から，リサイクル企業は大規模化することが難しく，多くの場合中心的担い手は中小企業である。すなわち，大企業体制の下で大量生産され大量廃棄される物質を，中小企業を中心とした静脈産業がリサイクルを行っているということが多くみられるのである。

2. 市場取引の観点からみた静脈産業の特徴

3節で分類した通り，廃棄物処分プロセスとしての静脈産業は，その主な収益獲得の機会は廃棄物を動脈企業から引き取る際に受け取る廃棄物処理費用である。すなわち，これら企業は受け取った廃棄物処理費用から，自然環境にとって受け入れ可能な状態とする廃棄物処分プロセスの費用と，最終処分費用あるいは，別の静脈企業へ支出する廃棄物処理費用を差し引いた額が収益となる。このように，廃棄物処分プロセスは，その市場取引全体が逆有償取引となる。他方，リサイクルプロセスとしての静脈産業は，重要な収益獲得の機会として，リサイクルプロセスによって生産する物質の動脈企業への販売がある。有価物として販売（有償取引）する際には，既述の通り，同物質・製品の動脈企業との競争に勝たなければならない。

このように，ひとまずは廃棄物処分プロセスとしての静脈産業とリサイクルプロセスとしての静脈産業とを区別できるのであるが，その区別は決して固定的ではなく，流動的である。例えば，廃棄物処分プロセスとしての静脈企業が，処理後の廃棄物であったものを何らかの形で有価物とし，販売を行うことが考えられる。図表2-1における① から② への移行である。この場合，その企業は，廃棄物の受け入れによる逆有償取引と，有価物の販売による有償取引の2つの収益獲得機会を有することとなる。しかし，このような状況は市場競争によって当然類似の企業行動を起こす企業の参入を進める。市場競争が激しくなることによって，廃棄物の入手価格およびリサイクル製品の販売価格ともに低下し，その事態がさらに進めば，逆有償取引によって入手していた廃棄物が有価物を生産するための「原材料」となり，有償取引によって購入しなければならなくなり，リサイクル製品の販売による売り上げを，リサイクルコストと原材料購入費が上回った時，その企業は破たんすることとなる。例えば，小田（2016）は，ペットボトルリサイクルにおいて，容器包装リサイクル法改正によってある企業が1997年に廃ペットボトルリサイクル費用として財団法人日本容器包装リサイクル協会から4億3,000万円を受け取っていたものが，2006年に廃ペットボトル購入費として7,000万円支払うことになった事例を紹介している。ただし，このような市場競争のなかで破たんする企業が出る一方で，入手過程が有償取引となっても企業経営を成り立たせる企業が登場するのも事実である。その意味では，ある分野においては，①から③へと移行する際の媒介として②が機能すると言えるのかもしれない。

このような市場取引をめぐる産業の変化は，動脈産業にはみられない静脈産業特有のものである。産業の性質そのものを根本から変えるこうした特徴は，静脈企業にとっては戦略構築の困難さとして現れる。廃棄物処理企業として企業経営を行うのか，リサイクル企業として企業経営を行うのかの判断はもとより，リサイクル企業としても，原材料の入手を逆有償取引を前提にするのか，有償取引を前提とするのかによって，企業経営のありようは異なってくる。そして，原材料の入手を有償取引を前提にするということは，すなわち，長い歴史的発展過程を有し，きわめて効率的なシステムを有する動脈企業との競争という困難な道を選択することとなる。このように，市場取引の中で自社をいかに位置づけるのかに関して，静脈企業は動脈企業にはない独自の戦略的判断を迫られるのである。

3. 物流システムの観点からみた静脈産業の特徴

細田（2015）は，動脈産業と静脈産業の物流の違いを，「密→疎」と「疎→密」の違いとして整理した。「工場に密な形であった製品は，流通段階で徐々に疎な形になる。模式的に表現すれば，動脈経済の物流形態は基本的に『密→疎』のプロセスを踏むのである。資源が製品という形で分散していくと考えればよい。これに対して，静脈のプロセスは逆である。まばらに発生する使用済み製品・部品・素材等の静脈資源を密にしなければならない。いわば，『疎→密』のプロセスを踏むのが静脈物流（静脈資源に関わる物流）なのである。疎らに発生したものを効率的に回収するのは容易なことではない」（145頁）。

すなわち，疎らに存在する廃棄物をいかに静脈産業の廃棄物処理・リサイクルシステムのフローに載せるのかが大きな課題となる。なぜなら，多くの場合「排出者が静脈資源をどこかステーションのようなところに自発的に持ち込む動機はない」（同上）からである。であるからこそ，廃棄物の排出は，まずは法的・社会的枠組みの中でなされる。廃棄物に関するもっとも大枠の法的枠組みは，「廃棄物の処理及び清掃に関する法律」である。ここで，大きく廃棄物は一般廃棄物と産業廃棄物とに分けられる。一般家庭からの廃棄物は一般廃棄物となるわけであるがその処理計画は市町村が定めることを義務としている。そのため，一般廃棄物を静脈産業がそのフローの中に入れようとすれば，市町村の処理計画の中に何らかの形で位置づけられるか，もしくは直接一般家庭から収集する仕組みを整えることが必要となる。

他方，事業者が廃棄する廃棄物の多くが産業廃棄物となるわけであるが，産業廃棄物は，事業者自身が自ら処理することが義務付けられている。無論，事業者自身が最終処理まですべて行うことは困難であるため，多くの場合は専門業者に運搬，処理を委託することとなる。その際，委託者は運搬・処理業者に産業廃棄物管理票を交付し，受託者は運搬・処分終了後，この管理票に必要事項を記載の上，委託者に回付することとなっている。この管理票を通して，事業者自身が最終的な処分まで責任をもつということに形式上なるわけであるが，これが実質的に機能をはたしていなかったのが，豊島の産廃問題である。豊島の問題は，直接的には豊島で産業廃棄物を違法に搬入・埋立を行った業者と本来監督すべき県の責任が問われたものであるが，産業廃棄物の中身に多くのシュレッダーダストが入っていたことなどから，自動車等の廃棄物の処理のあり方や，メーカーの責任も問われるようになった。この豊島事件を1つのきっかけに，2000年成立の循環型社会形成推進基本法および，自動車リサイクル法などの各種リサイクル法が制定されることとなるのであるが，その中では，廃棄物処理を直接行う事業者だけではなく，生産者も含めた取り組みが議論されることとなる。

このように，現在の廃棄物問題は，生産者は形式的ではなく実質的な責任が問われている。これは，動脈企業にとっては新たな経営課題を突き付けられたことになる。すなわち，動脈企業が排出した廃棄物を，本当に適切に処理してくれる静脈企業をいかに探すのかという問題である。単に市場の中で処理業者を探し，形式的に必要書類をそろえたとしても，その処理業者が不法行為を行った場合，その業者に処理を委託した動脈企業も責任を問われてしまう。これは，静脈企業の立場に立てば，いかに動脈企業に多くある静脈企業の中から，適切な処理を行う自社を発見してもらうかという課題となる。

第5節　おわりに

今後，人類による生産循環の発展の方向性は自然循環との関係で構築されなければならない。その際にこれまで以上に重要な意味を有するのが静脈産業，とりわけリサイクルシステムを有するリサイクル企業である。本章では，自然環境問題を動脈産業と静脈産業との循環不全，すなわち，動脈産業の発展に対応できる発展をこれまでのところ静脈産業が実現できていない点に見た。それは，現実社会がそうであるのと同様かそれ以上に，動脈産業研究に重点を負いてきた経営学にとって大きな課題である。環境問題に真剣に取り組むためには，経営学は静脈産業を分析対象の正面に据えなければならないのである。

ここまで，主に企業経営の特徴という観点から静脈産業を分析する視点を提示してきたが，静脈産業分析において，法律をはじめとして制度の役割の考察は欠かせない。最後に，静脈産業にとっての制度の持つ意味についてまとめておきたい。静脈産業に係る制度は，具体的な環境問題の発生への対応の中で構築される場合が多い。その際，静脈産業にとっては，自らの存立の条件として制度が機能する場合が多く，その意味で，法制度はまずは静脈産業の揺籃器としての役割を持つということがいえよう。しかし，こうした制度が静脈産業の発展を阻害する場合もある。それは，まさに，静脈産業に関わる制度が，発生した問題への対応として構築されるからである。環境問題の発生源となるのは多くの場合が動脈企業であるため，制度の性格として，動脈企業への規制や，資金をはじめとした諸資源の拠出を求めるものとなる。環境問題の解決は，社会や市場からの圧力への対応という点から，動脈企業にとっても必要である。他方，動脈企業の活動にとっては，規制や資源の拠出はできる限り少なくしたいのも事実である。そこで，構築される制度は，動脈企業が対応可能な範囲のものとなりがちである。このことが，静脈産業のさらなる発展を妨げる要因となる場合があるのである。静脈産業のさらなる発展のためには，制度構築においても，静脈産業がより主体的な役割を果たすことが必要である。

（牧　良明）

注

1　豊島問題に関しては，曽根（1999）を参照されたい。
2　ダイオキシン問題に関しては，杉本（1999）を参照されたい。

るとともに，エネルギーの消費，廃棄物の処理，排水・排気・騒音などの観点から，地域の環境にも影響を与える。

なお，地域という概念を用いる場合には，その地理的範囲をどのように捉えるべきかという問題が生じる。その問題については，扱う課題に即して対象とする地理的範囲を定めることが有効であろう。生産という観点からみれば，例えば，産業集積を活かした原材料・部品の調達・供給，地域労働市場の活用といった観点において，地域に固有の状況の影響を受ける。したがって，どのような地理的範囲を想定して地域という概念を用いるかは，取引関係のあり方をみるのか，地域労働市場のあり方をみるのかなど，分析の視点に即して定めたほうがよい。本書の枠組に鑑みると，環境統合を考察するにあたって生産システムの地域展開を検討するのだから，少なくとも，生産および環境の両側面との関わりから，地域という概念を用いることの意味が問われなければならない。また，そもそも生産システムという概念を対象とする以上，どのように各工程をシステム的に統合するかという見地からも，地域の視点を導入することが必要となる。今日の経済のグローバル化のなかでは，国際的な生産活動と消費活動の再編を念頭におき，世界ならびに日本の経済および社会との関わりから生産システムのあり方が問われなければならず，地域という視点を用いることの意味は大きい。本書が依拠する生産システム論との関わりでは，「原材料，技術（生産設備・機械），労働力，情報，管理という生産と労働に関わる生産諸要素の結合システム」ならびに「製品開発，受注，調達，流通，販売という経営循環過程における諸機能」のあり方を検討するうえで，地域という視点を導入することが求められている[1]。

飯田市を対象とする場合には，具体的には，行政単位としての飯田市，飯田市と下伊那郡3町10村で構成される飯伊地域，下伊那郡に上伊那郡・伊那市・駒ヶ根市を加えた南信州地域，三遠南信自動車道路で結ばれた三遠南信地域（長野県南信州，静岡県遠州，愛知県東三河）などの圏域が想定されよう。また，飯田市を対象とする場合には，地域自治の観点からその独自性に着目することの重要性も高く，具体的には地域自治区やまちづくり委員会に焦点をあてた議論にも考慮すべきであろう。さらには，公民館活動やムトス（「…しようとする」という意味が込められ，行動への意志や意欲を表す）[2]という言葉で表される高い自治意識や地域アイデンティティ，地域への愛着心などにも着目すべきであろう。

本章で，環境統合型生産システムとその地域展開に関わる課題のすべてを扱えるわけではないが，上にあげた問題意識のもと，個別企業の次元とそれを超える地域の次元から環境統合型生産システムを考察し，地域の視点（地域展開）から環境統合を論じることの意義やその課題を示したい。なお，個別企業レベルで環境統合型生産システムを考察するうえでは，事業活動において環境への配慮を重んずる環境経営と，環境問題への対応を本業として行う環境ビジネス（例えば，静脈産業の事業活動）を区別し，それぞれが地域という概念とどのように関わるかが検討されなければならない。

2. 先行研究にみる環境と地域

従来，環境はどのように企業活動および地域と関連づけて説明されてきたのか。ここでは，宮本憲一による内発的発展論をあげておこう。宮本は内発的発展を「地域の企業・協同組合・NPO・住民組織などの団体や個人が自発的な学習により計画をたて，自主的な技術開発をもとにして，地域の環境を保全しつつ資源を合理的に利用し，その文化に根ざした経済発展をしながら，地方自治体の手で住民福祉を向上させていくような地域開発」と説明する（宮本 2007, 326頁）。そして，内発的発展の原則として，第1に，「地域開発が大企業や政府の事業としてでなく，地元の技術・産業・文化を土台にして，地域内の市場を主な対象として地域の住民が学習し計画し経営するものであること」，第2に，「環境保全の枠の中で開発を考え，自然の保全や美しい街並みをつくるというアメニティを中心の目的とし，福祉や文化が向上するような，なによりも地元住民の人権の確立をもとめる総合目的をもっていること」，第3に，「産業開発を特定業種に限定せず複雑な産業部門にわたるようにして，付加価値があらゆる段階で地元に帰属するような地域産業連関をはかること」，第4に，「住民参加の制度をつくり，自治体が住民の意思を体して，その計画にのるように資本や土地利用を規制しうる自治権をもつこと」の4点をあげている（宮本 2007, 318-322頁）。内発的発展論のポイントの1つは，外来の資本や公共事業の誘致に頼った外来型開発の弊害からいかに脱するかという問題意識のもと，地域住民の自治のもとで地域の資源を活かした発展を目指すところにある。環境統合型生産システムと地域創生という観点からみると，各工程のシステム的統合を地域の経済循環によって実現し，さらにはその統合が環境保全の枠内で行われることが重要となろう。そして，その統合の実現のために住民の学習や自治の力が必要となることが重要なポイントとなろう。ここに，環境統合型生産システムとの関わりから，地域の主体形成が問われる理由も見出せる。

地域における住民の学習や自治などを通じた意識の向上は，環境統合と地域創生という観点からも重要となる。宮本は「市場の欠陥」と「政府の欠陥」の双方を検討し，両者を克服するシステムの提起の必要性を述べ，「環境自治」のシステムと環境教育に言及している（宮本 2007, 359-371 頁）。そのなかで，「分権・参加と自治のシステムの創造」，「住民参加の制度化」，「環境権の確立」の必要性が述べられるが，それに加えて，「自治能力育成と環境教育の必要性」が述べられていることが注目される。すなわち，「自治権と環境権が確立し，住民参加が制度化したとしても，これらの権利や制度によって環境の質を維持・向上できるかどうかは，人民の文化水準（人間の「質」あるいは人格といってもよい）と自治能力（地域の政治や経済を管理する能力）にかかっている」と述べられ，「高い文化水準や自治能力が生まれるのは教育によるところが大きい」というのである（宮本 2007, 368 頁）。いいかえれば，地域の観点から環境問題を俎上にのせるうえでは，自治権や環境権の確立とともに，それを実質的に担う主体の形成が欠かせないということになろう。環境統合と地域創生という観点からも，自治権や環境権の確立を促す政策的な背景に加えて，それを担う主体のあり方が問われなければならない。

地域の主体形成の実践について，本書が主な対象とする飯田市ではどのような取り組みがあるのか。この点に関して，諸富徹による社会関係資本への注目（例えば，諸富 2013, 2015），とりわけ，飯田市との関わりでは，公民館[3]や地域自治組織（まちづくり委員会）の機能に着目した議論が興味深い。諸富は「住民の合意形成，および意思決定機能の場」「教育，および集合的学習機能（「人的資本」の蓄積機能）」「住民相互の信頼関係を醸成し，ネットワークを形成する機能（「社会関係資本」の蓄積機能）」「飯田市職員の教育訓練機能（市職員における「人的資本」の蓄積機能)」という4点から飯田市の公民館の機能を説明する（諸富 2015, 52頁)。そして，「飯田市におけるおひさま進歩の成功や，市役所による効果的な再エネ政策の背景には，公民館（そして「まちづくり委員会」）を制度的基盤とする豊かな自治力がある」（諸富 2015, 54頁）と述べている[4]。これは，自治権や環境権の確立を促す飯田市の政策とともに，住民が主体となって政治や経済活動に参加する自治能力を備えていることを指摘しているとみなせよう。

さらに，諸富は，「再エネビジネスの遂行そのものが，自治力を涵養してくれる」とも述べる。すなわち，再エネ買取制度においては，「国はあくまでも政策枠組みを用意するだけで，それを活用するもしないも，地域の事業者の主体的な判断次第」となっている点でこれまで地域経済が依存してきた公共事業とは異なり，再エネ買取制度のもとでは，「リスクをコントロールする自立的／自律的な経営主体の確立が求められ」，「国に依存せずに自ら地域の将来を切り開く自治の精神が培われていく」というのである（諸富 2015, 55-56頁)。

上にみた内発的発展論，「環境自治」のシステムと環境教育，さらには，飯田市の公民館や地域自治組織[5]（まちづくり委員会)，市民からなるNPO法人[6]の活動などは，地域における環境統合のあり方を考察するうえでも重要な示唆を与える。以上を踏まえれば，自治権や環境権の確立，それを促す政策，それを実践する自治能力を持った住民，住民の自治能力を涵養する環境教育のいずれもが，環境統合と地域創生を考察するうえでも欠かせない。

3. 生産システムの地域展開―その意義と限界

上にみたように，先行研究では，経済活動をどのように社会的に制御するかという観点から，学習や教育といった社会的機能に力点がおかれており，企業活動の範疇を超えた環境問題への対応に焦点がおかれる傾向がある。だが，本書が提起する環境統合型生産システムという概念においては，経済活動（経済的機能）の観点から，個別企業レベルおよび産業レベルでの環境経営や環境ビジネスの可能性を探るところに特徴がある。すなわち，「生産要素の結合システム」ならびに「経営循環過程における諸機能」をみるうえで，環境と地域を議論の俎上にのせるという特徴がある。したがって，本書では，企業や産業界が，それら自体の固有の機能（経済機能体，市場機能体としての役割）を果たすなかで，環境問題の解決に寄与する事業活動のあり方，そのマネジメントのあり方（環境経営）が検討されている。さらには，静脈産業の可能性を問うという意味では，環境ビジネスとして存立する個別企業のマネジメントのあり方も検討の対象となっている。ここに本書の特徴をみることができる。

だがもちろん，個別企業レベルおよび産業レベルの観点からのみで，環境問題は捉えきれない。個別企業が環境志向の経営（環境経営もしくは環境ビジネス）を進めるうえでは，そのような方向を促す政策や地域の取り組みが欠かせず，さらには，経済機能体によっては解決しきれない問題については政策（国・自治体）や地域住民による自治の力による対応が不可欠となる。

しかし，個別企業や産業界による環境問題への取り組みがどのような成果をあげてきたか，またどのようにすれば今後も成果をあげていくことができるのかを検討することの意味は小さくない。企業に社会的機能を埋め込むことにより，企業が経済的機能と社会的機能を同時に果たすことが可能な場合もあるからである。例えば，「フォーディズムにおける社会的責任の内容をなすものは，フォードシステムをつうじて消費者大衆の物質的・精神的満足を実現するという社会的貢献と，適正概念に基づく社会的ルールを社会的規制としてではなく事業システムの中にビルトインすることであった」（坂本 2016, 14 頁）という指摘からわかるように，社会的機能に即して経済的機能を果たそうとする企業こそが，歴史的にみてそれぞれの時代を代表する企業となってきた。

だが，そうはいっても，個別企業の経営という観点からのみで，環境や地域を扱うことには限界がある。そもそも，生産システムという概念のもとでは，生産諸要素の結合，経営循環過程における諸機能の統合をいかに図るかが問われることから，個別企業のみならず，産業レベルでの生産システムの展開を考察しなければならず，生産システムの統合が図られる地理的空間としての地域の視点を導入することが必要となる。さらに，環境を扱ううえでは，個別企業や産業界による社会的機能の発揮だけでは捉えきれない問題が生じる。したがって，個別企業や産業界における経済的機能と社会的機能の双方がどのように発揮されているかということを主眼としつつも，個々の企業や産業界が社会的機能を発揮できる条件についての考察が避けられない。すなわち，学習や教育，地域の自治能力等の社会的機能を踏まえたうえで，生産システムの展開を検討することが求められている。

飯田市を対象とする場合には，飯田市に立地する個々の企業の戦略，産業政策，産業集積の動向等，その経済的機能の動向の検討に加えて，社会的機能を果たす地域の主体の形成のあり方が検討されなければならない。そのうえで，経済的機能と社会的機能の現状および相互の関連を検討することが必要となる。

第3節　飯田市における生産システムの地域展開の独自性

1．飯田市における環境政策の展開とその特徴

飯田市に立地する企業はどのようなかたちで社会的機能をビルトインして経済的機能を果たしているのか。そのあり方にはどのような特徴・独自性があるのだろうか。その現状を探る前提として，飯田市における環境政策がどのように展開してきたのか，その独自性はどこにあるのか，環境政策が飯田市に立地する企業の行動にどのような影響を与えているのかをみていくことにしたい。

今日の飯田市の環境政策は，1996年4月に「飯田市第4次基本構想・基本計画」が策定されたこと，同年12月に環境計画「21’いいだ環境プラン」が策定されたこと，そして1997年3月に「環境基本条例」が制定されたことによって本格的にはじまったといえるだろう。

第4次基本構想・基本計画では「人も自然も美しく，輝くまち飯田 環境文化都市」がめざす都市像として打ち出され，環境と調和する都市づくりや産業づくりをめざす施策が展開されるようになった。同計画のもと，行政だけでなく，市民，事業者それぞれが環境改善活動に取り組むこととなった。

ここで注目されるのが，基本構想・基本計画や環境計画の策定のプロセスである。策定に向けては，住民参加が重視されてきた。第4次基本構想・基本計画が策定されるに至るまでに，1994年から40名の市民と25名の職員からなる「飯田 21 まちづくり会議」において，1年間にわたり議論が積み重ねられた。「市民と行政の協働」の重要性が指摘されるようになって久しいが，飯田

市では環境計画を策定するにあたり，環境団体や市民が行政と協力して環境調査を行い，施策の選択や実施方針なども市民の意見を踏まえて職員が立案するかたちがとられた。すなわち，市民と行政の協働の成果として，環境計画「21'いいだ環境プラン」が策定されたのである（平澤 2014, 15 頁）。

先述のように，飯田市においては住民が主体となって政治や経済活動に参加する自治能力が備わっていると評価されるが，今日の環境を軸とした政策展開が形成されてきた背景に，住民の参加を重視した政策形成がなされてきた経緯があることを見逃してはならないであろう。

住民の自治能力の高さは，環境文化都市と銘打った環境政策を推進する原動力となってきた。飯田市では，既述の通り，公民館に根ざした住民活動やムトスの精神（自発的な意志や意欲）が重視されており，住民自治のあり方に独自性がみられる。自治能力が醸成されてきた背景にはいくつかの要因が想定される。例えば，飯田市は地理的には高い山に囲まれた盆地の閉ざされたような社会であり，都からも離れており，さらには長野県内では県庁からの距離も遠い。そのような立地条件のもと，自立が大事であり，何かに頼って暮らしていくのではなくて，自分達でできることは自分達でやるという精神が自然と根付いていったとされる。住民自身も行政に頼るのではなく住民自身でできることは自らやる，また地域としても，国や県に頼るのではなく，地域でできることは地域で自らやるという精神が根付いている。すなわち，自治能力の高さは，先人達から受け継がれてきた高い独立心によるものと考えられているのである。

「環境文化都市」が掲げられたのは田中秀典前市長（1988 年～2004 年）の時代であり，田中市政のもとで，飯田市の環境政策が本格的にスタートしたが，飯田市における自治力の醸成や公民館活動を通じた現場中心の政策展開の方向性は，それ以前の松澤太郎元市長（1972 年～1988 年）の時代にさかのぼることができる[7]。牧野光朗現市長（2004 年～）は，松澤元市長の時代に公民館主事を公民館に配置したことを指摘し，行政職員が地域住民とともに現場で物事を進めて行く現場主義が飯田市役所の組織文化となり，自治力を支えているという（牧野 2016, 114 頁）。環境を軸とした政策を具体的に展開できている背景には，地域の自治能力の高さがあり，その自治能力は歴史的に長期間にわたる不断の取り組みによって醸成されてきたものである。公民館活動にみられる現場を重視した活動が続けられてきた土壌が，地域の主体形成を促してきたといえよう。

行政の環境政策と民間の事業者・住民等の主体の自発性が両輪となって，環境文化都市としてのまちづくりや産業振興が進められてきたことは，環境統合生産システムの地域展開という観点からも重要な意味を持つ。環境に配慮して生産諸要素をシステム的に統合するうえでは，個別企業や産業界，地域住民，行政のそれぞれの主体が，環境文化（日常的に環境を優先する姿勢）を意識することが必要となるからである。そのような主体が形成される土壌が長年にわたって培われてきたところに，飯田市の独自性があるといえよう。

2. 飯田市における環境と経済

だが，環境と経済は常に両立しうるというわけではなく，地域の主体，とりわけ企業・産業界が経済的機能と社会的機能を同時に果たすことが容易な場合とそうではない場合がある。すなわち，「環境文化都市」の実現は「言うは易く行うは難し」であり，「環境では飯は食えない」という声があがることもまた避けられないのが現状である。そのようななか，飯田市ではいかにして環境と経済の両立をはかってきたのであろうか。また，環境と経済を結びつけた取り組みにはどのような課題があるのだろうか。環境文化都市という旗印をあげた飯田市においても，環境文化に根ざしたまちづくりと経済活動の両者をうまく結びつけるにあたっては，紆余曲折の経緯がある。

まず，環境と経済の両立をはかり，社会的機能をビルトインして経済的機能を発揮させる動きからみておこう。飯田市では，「第4次基本構想・基本計画」を実施するための「環境計画」が明確になり，基本構想・基本計画を具体化する道筋ができ，環境政策が実質的に進められることとなった。第4次基本構想・基本計画において「環境文化都市」が掲げられ，環境計画「21’いいだ環境プラン」が策定された以降も，市の環境政策と地域の住民や企業の活動が両輪となって環境に関わる取り組みが進められていく。代表的なものとしては，1997年の飯田市環境基本条例の制定，2001年10月の「南信州いいむす21」の組織化，2004年12月のおひさま進歩エネルギー有限会社の設立などがあげられる。なかでも，南信州いいむす 21 は，環境政策を踏まえて，民間企業が主体性を持って環境問題に取り組み，事業活動の必要に応じた実践であるという点で興味深い。飯田市役所と多摩川精機株式会社が事務局を担って，「地域ぐるみ環境 ISO 研究会」を設立したが，その取り組みのなかで，中小企業にとっては ISO 14001 の取得や維持が大変な状況を認識し，簡易な環境マネジメントシステム（EMS：Environmental Management System）を設定し，地域の企業に環境経営を広める動きが進められたのである（中瀬 2016, 190 頁）。

また，「第4次基本構想・基本計画」とそれを踏まえた「環境計画」のもとでは，産業政策においても環境産業の育成に力が入れられることとなった。また，土木事業においても環境に配慮した社会資本の整備がなされるなど，環境に配慮して産業活動が進められる状況にあった。さらには，教育面でも環境教育の推進が進められるなど，行政のあらゆる政策において環境という視点を組み込む動きが広まり，市の政策が「環境」という横糸でつなげられ，環境文化に根ざす実践が進められていった。そのような取り組みのなか，竜丘地区に環境産業公園ができ，当時の通産省のエコタウンの指定を受けて天竜峡エコバレー[8]が誕生した。2009 年には，環境モデル都市となり，環境産業公園にはエコトピア飯田株式会社，株式会社アース・グリーン・マネジメントなどが立地し，リサイクル産業の基地ができた。「環境文化都市」の策定を端緒として，環境と経済が両輪となる動きが進められていったのである。

だがそうはいっても，飯田市において常に環境と経済が両立しうるものとして捉えられてきたわけではない。次に，環境と経済の両立に苦心し，経済的機能が優先される動きについてもみておこう。環境文化都市を掲げるという方向性に対して，当時，産業界は必ずしもそれを好意的に受けとめていなかったという声もある。環境への配慮は企業や産業界にとってはコストがかかり，業績に悪影響をおよぼしかねない。また，環境への配慮は，一般の住民にとっても好意的に受けとめられないことがある。例えば，環境にかかわって数値目標をたてることには抵抗の声があがった。省エネ・省資源に向けて，電力や水道の使用量，ゴミの排出量，マイバッグの持参率などの数値目標をたてて実行することは，環境計画を具体化するうえで欠かせないが，それは企業や産業界にとっても，一般の住民にとっても負担となる。例えば，レジ袋の有料化を進めるにしても，抵抗感が強く，反対の声があがるような状況があった。すなわち，環境に配慮し，さらには環境を優先するということは，企業や産業界にとっても生活者・消費者にとっても抵抗感のあることである。そのようななか，地域のそれぞれの主体の理解を求めて政策を進めていくことが必要となる。環境問題を考えるうえで，環境学習や自治能力といったものが問われる理由もここにある。

また，先に述べたように，「環境では飯は食えない」という考え方に対してどう対応するかといった問題は常にわきあがる。さらに，飯田市における今日の産業政策をみると，必ずしも環境政策との関わりが明確に打ち出されてはいないという状況にある。天竜峡エコバレーは環境産業の集積地という位置づけではあるが，環境関連の産業だけでは誘致が進まず，環境への取り組みよりも企業誘致そのものを追い求めて，経済実働を上げるという動きもみられた。すなわち，環境文化都市という旗印をあげてはいるが，経済的な発展に向けては環境への配慮よりも，経済活動の活性化が優先されるべきだという考え方が折にふれてわきあがってくる。

そのようななか，どのようにすれば環境と経済を両立させられ，環境文化都市を体現することができるのだろうか。飯田市の産業政策と環境政策の今後の方向性はどのような点に見出せるのか。第1に，環境分野での技術開発を進めていくという方向性があげられる。環境問題の解決策と経済活動の活性化の両立が可能な分野を切り開くイノベーション，持続可能な技術開発を目指す方向性である。その意味では，天竜峡エコバレーの当初のコンセプトのように，産業政策と環境政策を結びつけるような動きを進めることがあげられる。

第2に，環境を地域のアイデンティティとすることの効果を活かすことがあげられる。そもそも，住民の参加を得ながらつくられた政策を市が積極的に推進しようとする姿勢が，「環境文化都市」と銘打った環境計画の策定につながった。このような経緯のもとで環境文化都市を目指すことになったことから，経済をもっと優先するべきだという声があがりながらも，あくまでも長期的には環境文化都市を目指すという点は飯田市において一貫することになった。環境文化都市という旗印のもとに，地域の各主体（行政・事業者・住民等）がそれぞれの役割を果たすことが，飯田市を環境で進んだ都市とイメージづけ，環境と経済を両輪にした都市政策を進めることを可能にしている。環境に進んでいるということは，グローバルレベルでみると，その都市は都市間競争の面でもビジネスの競争面でも先んじているという位置づけを得られ，その強みを活かすことが可能となる。

だが，その前提として，「環境でも飯になる」ような事業環境が整っていく必要がある。もちろん，環境技術の革新によって事業化が可能な分野もあるが，他方では，環境への配慮を促す社会の要請がグローバルレベルでも地域レベルでも広がりをみせる必要がある。さしあたり，地域レベルでは，社会的機能を果たす主体の役割が重要となり，飯田市においては，環境文化都市という旗印のもとでの地域の主体の活動，公民館活動に代表される自治能力の高さを活かした環境学習の進展などを強みとしていくべきであろう。

第３に，地場産業[9]がバランスよく配置された発展が必要となる。飯田市では，例えば，納豆や味噌を製造している旭松食品株式会社，水引や半生菓子などの地場産業の企業にも強みがあり，世界の経済情勢の影響を受けにくい部門の産業が根づいている。飯田市がクラスター形成を目指す航空宇宙産業のような最先端の産業は華やかだが，浮き沈みが大きい。それに対して，水引や半生菓子，納豆や味噌は世界レベルで企業競争を行っているわけではない。もちろん，多摩川精機に代表される電機・精密機器産業は，今後も飯田市の産業の中心的な位置をしめるであろうし，航空宇宙産業での躍進も期待されるが，それらの産業と地場産業，環境産業がバランスよく配置されることによってこそ，飯田市の産業が持続可能なものになっていくのではないか。

第４節　おわりに

環境統合と地域創生を考察するうえでは，経済的機能と社会的機能の双方を同時に発揮できるような地域の主体のあり方が検討されなければならない。環境統合型生産システムという概念のもとでは，まずは本来，経済的機能を担う企業や産業界における環境への取り組みのあり方が問われるべきであろう。すなわち，経済的機能を果たすことを目的とした企業・産業界にいかに社会的機能をビルトインできるかが問われる。社会的機能がビルトインされた企業の行動や地域の産業のあり方を，生産諸要素のシステム的統合という観点から検討することが，環境統合型生産システムと地域創生を論じるうえでの肝となる。いいかえれば，環境統合型生産システムという概念のもとでは，企業や産業界が，それら自体の固有の機能（経済機能体）を発揮するなかで，環境問題の解決に寄与する事業活動のあり方，そのマネジメントのあり方を明らかにすることが目指されている。

しかし，そうはいっても，経済的機能を果たす企業や産業界の動きだけで，環境問題への取り組みが十分というわけではない。企業や産業界の行動に社会的機能がビルトインされるには，社会の要請が必要となるからである。環境への配慮を促す社会の要請としては，一方で，環境問題に配慮しない企業は生き残れないというグローバルな動きがある。企業や産業界はそのようなグローバルな動きをうまく活用して，環境技術を駆使して自らの経営に活かすことが求められる。飯田市においては，環境文化都市という旗印のもとで，環境面で進んだ都市であることを活かした企業や産業振興の戦略をたてることが肝要となる。他方，環境への配慮を促す社会の要請としては，地域レベルでの動きも重要となる。環境への配慮という段階を超えて，日常的に環境を優先することを目指す環境文化の醸成もまた，社会的機能をビルトインして経済的機能を果たすことの必要性を生じさせる。その意味において，地域における住民自治の力とそれを引き出す自治体の役割を再検討することの意味は大きい。飯田市では，従来，政策の立案・策定に向けては住民と行政の協働が非常に重視されてきた。例えば，環境面では，環境調査，環境計画や環境政策の立案，そしてその実行に至るまで，地域の住民・事業者の自発的な取り組みが肝要となる。飯田市では住民自治を尊重して，住民と行政の対話を重視する文化が根付いているが，そのような文化を今後も維持していく不断の取り組みが求められる。

（橋本　理）

注

1　ここでの生産システムの説明については，中瀬（2016）19頁を参照した。

2　「『ムトス』という言葉は，広辞苑の最末尾の言葉『んとす』を引用したもので，『…しようとする』という意味が込められており，行動への意志や意欲を表す言葉です。飯田市では『ムトス』を

第２部

環境統合型生産システムの産業展開

第4章
日本企業のCSR経営の課題

第1節　はじめに

1. 持続可能な開発という概念

企業の社会的責任を重視する経営が始まり，持続可能な開発目標が策定されてから，日本企業の果たすべき役割が大きく変容してきた。この章では，持続可能性に重点を置いて，この過程について述べる。

20世紀は，科学技術の進歩を背景に，大量生産・大量消費・大量廃棄に基づいた豊かな社会を生み出したが，一方で深刻な負の遺産をもたらした。現在の21世紀では，将来世代に迷惑をかけることなく，現世代の欲求を満たす発展，すなわち資源の有限性から持続可能な開発を推進するためのCSR（corporate social responsibility，企業の社会的責任）経営が求められている。

1972年3月に公表されたローマ・クラブ（Club of Rome）の「成長の限界（*The Limits to Growth*）」[1]という報告書をきっかけに，地球環境問題が台頭してきた。また，天然資源，特に石油資源の可採年数が2017年末に50.2年[2]とされ資源の有限性が危惧されてきた。

そこで，1980年3月に「国際自然保護連合」が，「国連環境計画」と「世界自然保護基金」と共同で，「世界環境保全戦略」を発表したが，資源の有限性から，ここで持続可能な開発，あるいは持続可能な発展（sustainable development）という概念が初めて提起されるようになった。

その後，1987年4月に国際連合の「環境と開発に関する世界委員会」による最終報告書「地球の未来を守るために（Our Common Future，通称ブルントラント報告書）」[3]によって，持続可能な開発がさらに広く認知されるようになった。

持続可能な開発には，地球資源の枯渇を避けるために，その資源の利用削減，再生可能資源の利用拡大，自然の吸収・回復能力を超えないように抑えることなどが求められている。現世代が自らの欲求のままに有限な資源を消費して，自然を破壊してしまうと，将来世代は生活に必要な資源が不足し，望ましい環境を失い，経済的コストを追うことになるので，今や持続可能な開発が叫ばれている。また，ブルントラント報告書は，先進国と途上国間の所得格差と，地球資源への環境負荷の格差の是正の上，南北間の同一世代間の公平性も確保しなければならないとしている。

1996年9月に国際標準化機構によって，環境マネジメントシステムであるISO 14001が発行され，持続可能な開発が強められ，2010年11月に同機構によって，あらゆる組織の社会的責任についてのガイドラインとしてISO 26000が発行されたことで，持続可能な開発がさらに強められており，2015年9月に「国連持続可能な開発サミット」の中で，SDGs（Sustainable Development Goals，持続可能な開発目標）が策定されて，持続可能な開発がより一層強まってきた。このような世界情勢の中で，日本企業も，常に持続可能な開発を意識した上で，CSR経営を行うようになってきた。

2. 統一されたCSR経営という概念

(1)　本業とCSR経営の統合

CSRは，トリプル・ボトムライン（triple bottom line），すなわち経済性，環境性，社会性という3つの側面で企業の責任を評価しようとする考え方である。CSR経営では，企業がステークホルダーの利害を尊重し，法を守り，人権を保護し，雇用を確保し，労働慣行を改善し，環境を保全するなどの課題に取り組み，その取り組みに対して説明責任を果たすことが求められている。

1956年11月に（公社）経済同友会が公表した，企業は社会の公器であるとの自覚のもとでの「経営者の社会的責任の自覚と実践」というCSR決議を起点に，日本企業が初めてCSR経営を認識するようになった。

その後，1953年にアメリカで出版されたボーエン（Bowen, Howard Rothmann）の『ビジネスマンの社会的責任（*Social Responsibilities of the Businessman*）』が，1960年に日本語で翻訳され出版された[4]ことを契機に，日本企業がCSR経営について広く認識するようになった。

1960年代から，日本企業は，環境問題，利益至上主義などに対する反省や自戒を繰り返す中で，CSR経営の概念が日本独自に出来上がり，法令遵守，社会貢献，環境対応とされ，人権と労働慣行を除く日本型CSR経営が形成されるようになった。

その後，1980年代に，アメリカから日本に企業市民の概念が導入されたことで，日本企業は利益の一部を慈善事業や文化活動であるフィランソロピー（philanthropy）やメセナ（mécénat）活動に使うようになった。

一方，2001年12月にアメリカのエネルギー商社であったエンロン（Enron）社による粉飾決算が明るみに出て破綻に追い込まれた事件以降，全世界でCSR経営が注目されるようになった。日本でも，雪印乳業(株)(現，雪印メグミルク(株))による2000年6月の集団食中毒事件，2002年1月の牛肉偽装事件，そしてそれ以来日本企業による相次ぐ不祥事から，2000年代半ばからは企業不祥事などを背景に企業の社会的責任が問われたことで，CSR経営が普及してきた。

2010年11月に国際標準化機構によって，あらゆる組織の社会的責任についてのガイドラインとしてISO 26000が発行されたことで，CSRの定義が世界的に統一され，日本企業も人権，労働慣行にも目を向けなければならなくなってきた。従来の日本企業は，主に社会貢献という本業との関わりのないCSR経営によってコストがかさむ傾向を見せていたが，ようやく本業とCSRの統合によって，CSRを経営の中核に据えて経営を行うようになって，コストを下げ，利益を得るようになってきた。

日本企業の間で，CSR経営がここ数年で急速に広まってきたが，しかし企業不祥事は依然として後を絶たないでいる。経営トップの認識の甘さ，対処の不徹底さから企業不祥事が継続的に発生し，不透明なガバナンス体制が指摘されている。また，日本企業は，法令遵守，社会貢献，環境対応という日本型CSRを推進して，途上国のサプライチェーンにおける人権や労働慣行問題に対しては，全世界から見て遅れているとの評価を受けてきたが，ISO 26000が発行されて以来，それらに対する改善のための取り組みに力を入れている。しかし，日本国内における長時間労働，残業代未払い，パワー・ハラスメントなどの問題についてはあまり議論されていない。

日本企業は，CSR経営を推進する中で，社会的責任を果たすことで，持続可能な成長が可能であることを認識しており，今や本業と結び付けた形で行われるようになり，本業の持続的な価値創造や競争力向上のための経営活動を行っている。そこで，持続的な成長のためには，経営トップの強いリーダーシップによる正しい目標設定とコミットメントがなくてはならず，それに追随して従業員の自覚と責任のある参画が成功のカギとなっている。

まず，日本企業の多くが環境保護を行い，次に社会貢献を行い，ISO 26000の発行以降は人権問題にも力を入れるようになってきたが，まだ途上国の貧困問題にはあまり力を入れていないことが現状である。

⑵　積極的なCSR経営

最近は，自社の課題を把握し，その課題を解決できるようなCSR経営を行っている企業が高い評価を得ている。たとえば，サントリーホールディングス(株)は，2005年から「水と生きるSUNTORY」というコーポレート・メッセジを掲げて，本業に結び付いたCSR経営を行って利益を得ている。同グループの製品生産には，多くの水資源を必要とするが，水を大切に使い，水源を守り，水の課題解決への貢献をすることで，本業の拡大が環境価値の拡大に直結しているとの評価を得ている。

CSR経営を行うことで，透明性の高い組織をつくることができ，ステークホルダーとの信頼関係も築くことができ，その結果ブランド力も向上する。CSR経営は，ブランド・イメージの向上，売上への貢献と，企業が生き残るための手段になっている。

企業は，利益を生み出さなければ存続できないし，それを使って従業員を養わなければならない。そのために，本業と一体化したCSR経営に積極的に取り組むために，経営戦略とCSRを統合させ，企業の利益に結び付けなくてはならない。

自社の事業内容や市場への理解を疎かにした経営は，コストが高くなるだけである。国連グローバル・コンパクト（UNGC）及びISO 26000，SDGsに基づいてのCSR経営は，企業のイメージやブランド力の向上を狙って行うのではなく，自社の置かれた環境や事業内容，収益性について十分に考えた上で，経営戦略の一貫として実践しないといけない。CSR経営に本気で取り組まず，対応が後手に回ると，コストがかかる上に，ブランドの毀損も生じる。

たとえば，日産自動車(株)は，2017年9月に資格を持たない従業員が完成車の検査をした不正があったことが発覚し，114万2,960台のリコールを実施したと発表した。その後の2018年7月には排ガスデータの書き換えや不適切な条件での試験が見つかっており，同年9月にもすべての新車を対象にした検査で，決められた試験を省いたことなどが明らかになった。

また，同年11月9日に日産自動車の当時のカルロス・ゴーン会長が，有価証券報告書に自らの報酬を実際より少なく記載していたとして逮捕された直後の，同年12月6日にブレーキなどで新たな検査不正があったことを発表し，12月13日に14万8,780台のリコールを実施することを表明した。生産性の向上やコスト削減を追求した結果，品質管理が後回しになされ，コンプライアンスが軽視されたのである。これによって，同社は莫大な損失を被った。

日産自動車以外にも，(株)SUBARUでも資格を持たない従業員が完成車の検査をした不正が発覚しており，(株)神戸製鋼所，三菱マテリアル(株)，東レ(株)などでは製品品質データの改ざんという不祥事が発生している。これらの企業は，不正の発覚後，ブランドが毀損された上に，株価も暴落した。このような結果，日本企業は，不正を見逃してきたガバナンス体制が厳しく問われており，透明性の高いCSR経営が求められてきた。

第2節　変革を起すCSR経営

1．企業不祥事とISO 26000

相次ぐ企業の不祥事から，社会的責任への関心が世界的に高まってきたことで，2010年11月にあらゆる組織の社会的責任についてのガイドラインとしてISO 26000が発行された。これは，ガイダンス規格であって，認証規格ではない。しかし，多くのステークホルダーの合意形成を経たガイドラインであるため，無視することはできない。

ISO 26000で求めている社会的責任を果たすために必要とされる，7つの原則として，「説明責任，透明性，倫理的な行動，ステークホルダーの利害の尊重，法の支配の尊重，国際行動規範の尊重，人権の尊重」を挙げ，これらを行動規範として尊重することを組織に求めている。さらに，これら7つの原則に従って，7つの中核主題として，「組織統治，人権，労働慣行，環境，公正な事業慣行，消費者課題，コミュニティーへの参画及びコミュニティーの発展」を設定して，実践していく上で参考となることを意図している。

ISO 26000は，人権に関して，2008年5月に国連人権理事会に提出されたハーバード大学のジョン・ラギー教授の「保護，尊重，救済：企業活動と人権についての基本的考え方（通称ラギー・フレームワーク）」で提唱された枠組みを取り入れている。

2011年3月には，この枠組みを実施するための原則である「ビジネスと人権に関する指導原則：国際連合保護「尊重及び救済」枠組み実施のために（通称ラギー・レポート）」[5]が国連人権理事会に提出され，同年6月に承認された。この報告書を契機に，多くの国では企業による人権問題が重視されるようになった。これは，すべての企業に適用され，企業はこの原則に沿って行動し，人権を尊重する企業としての責任を果たすことが求められている。人権には，強制労働や児童労働，労働慣行や安全衛生，環境が含まれている。

経営トップは，CSR経営の意味をしっかり見極めて戦略に組み込み，経営リスクを抑えながら，ステークホルダーの理解を求め，事業の在り方を改善するために，企業の社会的責任を果たしていかないといけない。持続可能な社会に寄与し，業績に貢献できる利益が上がるCSR経営を導入せねばならない。

現在，企業経営に起きるリスクの多くがサプライチェーン上にあり，途上国の劣悪な人権や労働慣行が問題視されている。サプライチェーンにおける人権問題対策は，人権侵害のリスクが比較的少ないとされる大企業の第一サプライヤーを対象にしている場合が多い。現実に問題となっている第二サプライヤー以下に対しては，大企業が関与しているケースは少ない。

このような中で，日本企業は，社会から批判を受けるような不祥事の防止のために，海外の事業所の管理・監督・チェックを行っている。そのために，CSR調達ガイドラインなどを作って取り組んでおり，EICCによって2016年に発行された「電子業界CSRアライアンス行動規範v5.1」[6]なども参考にしている。特に，若い女性が多く働いているアパレルなどの労働集約型の企業にとっては，途上国の工場に製造委託したときのリスクが高まってきたことで，ISO 26000が発行される前からサプライチェーン関連の取り組みを行っている。

企業としては，意図していない形で問題が顕在化することもあり，監査で100％チェックをすることはできない。問題が起きたときに，どのように対応するのかを考えておく必要がある。CSR調達を行うことは，発注元とサプライヤーの双方に対してメリットがあることをアピールすべきである。

ISO 26000が発行されて以来，持続可能な社会を目指し，長期的成長戦略に基づく社会的責任経営を実践するのが，CSR経営になっている。そこでは，経済や環境，社会の両立が求められており，そのためには日本企業は，本業において社会的課題を解決しないといけなくなってきた。

2. サプライチェーンと人権問題

1990年代から低コストをもとめて途上国に進出して以来，多国籍企業が巨大化し，その一方で，サプライチェーンにおける人権問題が深刻化してきた上に，不正会計などの企業の不祥事も頻発したことから，企業の社会的責任が世界的関心事に浮上してきた。そこで，企業には経済面だけでなく，環境や社会に対する責任が強く求められるようになってきた。

日本のCSR経営は，法令遵守，社会貢献，環境対応に焦点が合わせてあって，人権，労働慣行に対しては日本企業の認識は薄い方であった。そのため，途上国のサプライチェーンで起きる人権や労働慣行，環境問題で，発注元の企業責任が問われる例が増えてきた。

たとえば，2011年に日立製作所のマレーシア下請け工場の場合，マレーシア人人権活動家が，マレーシア人労働者に比べ，ミャンマー人出稼ぎ労働者の賃金が少ないと批判した。これに対して，マレーシア下請け工場は，出稼ぎ労働者は社外から派遣されており，直接給与を支払っていないために責任を負う必要がないとして，彼を相手にマレーシア裁判所に損害賠償を求める名誉棄損訴訟を起こした。これに対して，裁判の取り下げを求める抗議メールが日立製作所に殺到した事件が起きている[7]。

また，あるNGOらが，2014年に(株)ユニクロの中国の広東省にある2カ所の製造委託先工場に潜入して労働環境の実態について調査を行って，人権侵害，労働者搾取があることを，2015年に公表した事件が知られている[8]。

規制を超えた世界水準の目線を持たなければ，企業の社会的責任は果たせず，リスクも減らせなくなってきている。このために，企業がサプライヤーに人権や労働慣行，環境問題などの企業の社会的責任を求めるCSR調達が急速に広まっている。

企業が，利益を上げる過程の中で，コストを重視するあまり，取引先に契約時に契約金額などで無理な条件を強いると，結局は労働者に過酷な労働環境を強いることになる。コストを抑えるために，低賃金を求めて低賃金国で生産しており，その生産現場にさまざまな弊害をもたらしている。製造委託先工場は，少しでもコストを抑えようとし，直接是正を求めても資金難で受け入れてもらえないことがある。そこで，発注元の大企業は，製造委託先工場の人権・労働慣行を監視し，問題が見付かれば訂正する債務が生じている。

根本的な問題の1つは，買い取り価格が安すぎることにあるのに，そこが是正されることがなく，単に労働者の仕事が減るだけの実態にもなりかねない。これでは，労働者の生活が向上することはあり得ない。国や地域別に対応するのではなく，最も厳しい法規制に合わせた，自社独自の統一されたグローバル・ルールを策定して対応することによって，リスクを減らすことができる。一番影響力があるのはブランド企業であり，自社のビジネスを持続可能にするためには，サプライヤーとの取引関係を強化しなくてはならない。しかし，製造委託先工場における問題が明らかになると，その取引を中止する傾向があり，これでは根本的な問題解決になっていない。

さらに，2001年10月にソニー・コンピュータエンタテインメント（現，ソニー・インタラクティブエンタテインメント）の家庭用ゲーム機「PS one」が，カドミニウムの含有を理由にオランダ税関で製品の陸揚げを差し止められた事件が有名である。単なる含有量調査のアンケートだけでは，有害物質が入っているかどうかの判断がつかない。国や地域によって有害物質に対する規制が異なるので，輸出を行う場合は自社製品に対する自国と輸出国の規制をすべて網羅した自主基準を設ける必要がある。そこで，日本企業は，調達方針を定めてサプライヤーと取引を行っている。

国際社会における人権問題について，日本企業には関係ないとは言い切れず，日本企業も世界の動きに遅れないよう対応を進めている。人権のための取り組みは，企業規模や業種によって重要な部分が異なるので，リスクの大きさや緊急性などから優先度を決めて進めるべきである。

3. 持続可能性と統合報告書

情報過多による複雑性が増し，情報が相互に関連付けられていない例として，2007年夏に表面化した低所得層向け住宅ローンであったサブプライムローン問題に端を発し，2008年9月にアメリカ第4位の証券会社であったリーマン・ブラザーズ（Lehman Brothers）の経営破綻がある。それが引き金となって，連鎖的に世界的な金融危機に陥るというリーマン・ショック以降，投資が短期志向に流れていることに対し，中長期的な視野に立った企業評価や投資が必要とされるようになってきた。そこで，多くの情報の中で，最も重要な要素を選択・整理し，財務情報と非財務情報を関連付けて，簡潔な企業の持続可能性を理解できるような新たなコミュニケーションが求められたことで，統合報告書が注目されるようになった。

民間組織の国際統合報告評議会（IIRC）によって，2011年9月にディスカッション・ペーパー「統合報告に向けて：21世紀における価値の伝達」が公表されて以来，2013年12月に「国際統合報告フレームワーク」[9]が公表されたことで，持続可能性を読み取れる統合報告書の作成が日本企業の間に加速している。

また，2014年2月に金融庁によって責任ある機関投資家の諸原則である日本版スチュワードシップ・コード[10]が公表されて以来，2014年8月に経済産業省のプロジェクトによる最終報告書である「持続的成長への競争力とインセンティブ：企業と投資家の望ましい関係構築（通称伊藤レポート）[11]が公表されており，2015年2月に金融庁と(株)東京証券取引所によってコーポレートガバナンス・コード[12]が公表され，同年6月に適用されたことで，統合報告書の普及が後押しされてきた。

統合報告書では，短期・中期・長期的に企業価値をどのように高めていくかについて，統合的思考に基づいて戦略・ガバナンス・実績・見通しなどを結びつけながら，組織の財務・非財務についての重要な情報が何であるかを認識した上で，簡潔に報告する必要がある。

KPMG ジャパン統合報告センター・オブ・エクセレンスによる報告書を見ると，2010 年は 26 社と統合報告書は低水準であったが，2011 年 9 月にディスカッション・ペーパーが公表されたことを契機に 2012 年には 62 社に増加し始め，2013 年 12 月にフレームワークが公表されたことで 2014 年に 141 社に一気に増加して以来，2017 年に 341 社に増加（このうち東証一部上場企業は 317 社）した[13]。

また，簡潔さに主眼を置く統合報告書だけでは情報伝達が不十分として，統合報告書の上に CSR 報告書（CSR データブックを含む）を公表している企業は 2017 年に 90 社（CSR データブック発行 3 社含む），26％であった。一方，統合報告書を発行している東証一部上場企業は 317 社，43％，売上高が 1 兆円以上の企業は 103 社，30％であった[14]。

統合報告書には，経営者の単なる挨拶文にとどまっているか，過年度の実績を説明するだけであるか，あるいは長期ビジョンが語られておらず，その実現に向けた経営者の思いが感じられないものが多かった。トップ・メッセージで，価値創造ストーリーの軸となる長期ビジョン，つまり持続可能性を説明している企業は 50％にとどまっていた。また，中長期の価値創造の説明のためには，その実現可能性を裏付ける説得力ある財務戦略が必要だが，トップ・メッセージで財務戦略について言及している企業は 34％にとどまっていた[15]。

トップ・メッセージは，統合報告書全体を通じて伝える価値創造ストーリーのサマリーである。その価値創造ストーリーの軸となるのは，組織のありたい姿の実現に向けた長期ビジョンである。長期ビジョンの実現のためのトップのコミットメントが明確であると，レポート全体の説得力が増すことになる。財務的な数値で表すことのできない内容について，経営者に企業を代表して伝える役割が期待されているのである。

時代の変化とともに，企業の環境や社会活動を包括した CSR 報告書は，企業価値や財務との関連性がわかりづらく，経営戦略やガバナンス，財務内容が盛り込まれたアニュアルレポートは，持続可能性の部分が弱いということで，財務と非財務という両者の持続可能性が読み取れる統合報告書が必要とされた。日本企業は，レポートを戦略的にどう使うのか，どんなメッセージを発信したいのかをしっかり考えることで，良い統合報告書を作成することができるのである。

第3節　利益を生み出すCSR経営

1．SDGsなる概念

2000年から2015年までの途上国の開発目標として定められたMDGs (Millennium Development Goals，ミレニアム開発計画）を継承して，2015年9月にニューヨークの国際連合本部で開催された「国連持続可能な開発サミット」の中で，「持続可能な開発のための2030アジェンダ」が採択され，SDGs (Sustainable Development Goals，持続可能な開発目標，通称グローバル・ゴールズ）が策定された。SDGsは，貧困に終止符を打ち，地球を保護し，すべての人が平和と豊かさを享受できるようにすることを目指している。「誰一人取り残さない（no one will be left behind)」をスローガンに，世界共通の目標となっている。

SDGsは，2016年から2030年まで，世界の持続的な成長を目指して，地球規模の課題を解決すべく，図表4-1のように，17分野の目標と，それを達成するための具体的な169項目のターゲットで構成されている。ある目標を達成するためには，むしろ別の目標と広く関連づけられる問題にも取り組まねばならないことが多いという点で，目標はすべて相互接続的といえる。SDGsは，貧困の根本的な原因に取り組むとともに，人間と地球の両方にとってプラスとなる変化の実現に向け，すべての国々に対し，豊かさを追求しながら，地球を守るための行動を求めている。企業を取り巻くさまざまなステークホルダーと協力しながら達成するようにしている。

SDGsは，持続可能な開発の経済的，環境的，社会的側面に横断的にかかわる課題を広く包有している。企業は，自社と関係の深いSDGsの各目標に優先

図表 4-1　SDGs の 17 分野の目標

1	貧困をなくそう
2	飢餓をゼロに
3	すべての人に健康と福祉を
4	質の高い教育をみんなに
5	ジェンダー平等を実現しよう
6	安全な水とトイレを世界中に
7	エネルギーをみんなにそしてクリーンに
8	働きがいも経済成長も
9	産業と技術革新の基盤をつくろう
10	人や国の不平等をなくそう
11	住み続けられるまちづくりを
12	つくる責任つかう責任
13	気候変動に具体的な対策を
14	海の豊かさを守ろう
15	陸の豊かさも守ろう
16	平和と公正をすべての人に
17	パートナーシップで目標を達成しよう

（出所）国際連合広報センター（2018），「SDGs のロゴ」www.unic.or.jp/activities/economic_social_development/sustainable_development/2030agenda/sdgs_logo/（2018 年 12 月 1 日閲覧）。

順位を付け，自社目標を設定し，意欲度を設定し，事業に統合させ，SDGs へのコミットメントを公表することになっている。各企業は，影響の評価と優先課題を決定するために，サプライチェーン全体を考慮しないといけない。

SDGs は，持続可能な開発における経済・環境・社会の 3 つの側面のバランスをとることを目指している。すべての国とそれぞれのステークホルダーが連携し，行動計画を進行させることが求められている。そこで，企業は，イノベーションを駆使し，持続可能な開発に関する課題の解決を図る積極的な役割が期待されている。

SDGs は，2030 年に向けて世界的な優先課題及び世界のあるべき姿を明らかにしており，世界を持続可能にさせるための機会を提供している。SDGs は，持続可能性を企業の戦略の中心に据えるためのものである。そこで，日本企業は，SDGsの枠組みをCSR経営に組み込んでいる。

企業は，事業活動がグローバルに広がった結果，巨大化してきて，さまざまな形で社会問題とかかわることが多くなってきたことで，新しい社会作りにおいても中心的役割を担うことが期待されている。今，世界には，人権，貧困，環境，平和，開発といったさまざまな地球規模の課題がある。これらの課題を企業自らの課題としてとらえ，身近なところから取り組むことは，これらの課題の解決につながる。日本企業は，持続可能な目標を持って，自社の事業が社会に与える影響をあらゆる側面から考慮して事業活動を行うことで，持続可能な開発が可能となり，社会的責任を果たすことになる。

2. SDGsとビジネス・チャンス

世界銀行は，2015年10月に国際貧困ラインを2011年の購買力平価（PPP: purchasing power parity）[16]に基づき，1日1.90ドルと設定している。世界の貧困層の数及び貧困率を見ると，1990年18億9,500万人，36%から2015年7億3,600万人，10%と改善されている。そこで，世界銀行は，2030年までに極度の貧困を世界全体で3%まで減らすための目標を掲げている[17]。SDGsの達成によって，少なくとも年間12兆ドルの市場機会の価値を持ち，2030年までに3億8,000万近い雇用を新たに創出するという試算がある[18]。

日本の厳しい経済・財政事情を背景に，政府によるODA（Official Development Assistance，政府開発援助），対外直接投資だけでは，SDGsは達成できない。そこで，民間企業への期待が高まっている。国際開発金融機関（MDBs）は，途上国の貧困削減や持続的な経済・社会的発展のために投資を行っている先進国の企業に信用保証を行っている。

たとえば，大企業は，途上国の電気インフラが整っていない地域で，太陽光発電のためのインフラを整備して，その国の政府が電気インフラを作らずに済むことで，浮いた資金を教育費に充て，社会全体を豊かにすることができる。このように，SDGsによって社会課題を解決することで，貧困率を減らすことができ，一方で大企業は利益を生むことができるのである。

企業は，利益の一部をSDGsの取り組みに充てるのではなく，利益を得るためにSDGsに取り組まないといけない。そのためには，自社の主力事業からビ

はないかという危機意識の高まりから生じたことで，これらに対する是正の動きが，ESG投資の拡大の起点になっている。そこで，SDGsが抱えている課題を解決する有力な手段として，ESG投資が期待されている。

企業には，持続可能な発展に即し，環境問題や社会問題を意識した経営と，そのような経営のためのガバナンス体制の構築が求められている。非財務情報であるESGは，社会の持続的な成長が求められている中で，投資家だけでなく，企業にも利潤追求だけではない，持続的な成長に即した環境問題や社会問題を意識したCSR経営が求められているとの認識の下で重視され始めている。

日本では，CSR経営に真面目に取り組んでいる企業が多いにもかかわらず，世界から情報開示力が不足しているとの評価を受けており，特にリスク関連情報は不足している。投資家に株式を長期保有してもらうためには，情報を徹底的に開示する必要がある。現状では，取り組みが不十分でも，情報を開示して，企業としてどう考えているかを説明するのが大事である。しかし，ESG投資を呼び込むために，何を開示するのかは，企業の裁量となっているため，投資家が知りたい情報が不十分な場合もある。また，非財務情報の評価手法が確立されていないことも問題である。

第4節　まとめ

短期的な利益追求に軸足を置き，長期的な視点を欠いた企業経営は，環境問題や社会問題，さらには企業不祥事をもたらしている。そこで，地球環境の持続可能性への危機感からパリ協定が採択・発効され，地球環境に加え，社会の持続可能性も追求する責任感からSDGsが策定された。

日本では，相次ぐ企業不祥事から2000年代半ばからCSR経営が普及してきて，地球規模の課題を解決するために2015年にSDGsが策定されて以来，企業が果たすべき役割が大きく変容してきた。企業は，社会に与える影響力が大きいことから，自社の成長だけでなく，いかに社会の持続可能な成長にも貢献しているかが問われている。

従来，価値を生み出した事業であっても，現在，社会への役割が低減した事業からは撤退しないといけない。今のところ，社会からの評価が高いからといって，このまま現状を維持しては，将来の成長が危惧される。日本企業は，社会の抱えている問題の解決に貢献するために，外部環境の変化を先取して，常に新しい価値を創出し続けねばならない。

企業は，将来にわたる持続的な企業価値の向上を目指し，ガバナンス，環境，社会の観点から，さまざまな要請に応えていかなくてはならない。日本企業は，パリ協定，SDGsなどを踏まえ，CSRの重要なマテリアリティを特定し，時代の潮流を正しく理解し，世界が抱える課題の解決に貢献しなければならない。

日本企業は，企業価値を高めるためのガバナンス意識が，欧米企業と比べて薄いといわれており，ガバナンスの強化が持続可能な成長のために必要不可欠との認識のもとで，透明性の高いガバナンス体制の構築が求められている。形だけのガバナンス改革ではなく，実効性を追求せねばならなくなってきている。未完の事象も，今どの段階にあるのかを公開しないといけない。ESG投資を呼び込むために，世界に向けて情報を発信していくことが重要である。ステークホルダーへの説明責任を果たし，対話を通して理解を得ることが，将来の成長につながるのである。

（金　恵珍）

注

1　メドウズ他（1972），訳書。
2　BP（2018），p.13.
3　環境と開発に関する世界委員会（1987），訳書。
4　ボーエン（1960），訳書。
5　Ruggie（2011）.
6　EICC（2016）。
7　2013年8月29日（株）日立製作所インタビュー調査。
8　SACOMプロジェクトオフィサー（2015）。
9　IIRC（2013）.
10　日本版スチュワードシップ・コードは，2017年5月に改訂版が公表された。改訂は，機関投資家によるスチュワードシップ活動の実効性の向上である。機関投資家には，インベストメント・チェーンにおける各々の状況に応じて，自らの責任を実質において適切に果たすことも期待されている。機関投資家は，最終受益者のベスト・インタレストを常に考え活動することで，インベストメント・チェーンを有機的に結び付ける重要な役割を担う。受け入れを表明した機関数は，2018年11月15日現在，237社。

11　伊藤（2014）。

12　コーポレートガバナンス・コードは，2018年6月に改訂版が公表された。改訂は，ESG情報の開示を行うこと，資本コストを意識した経営を行うこと，CEOの選解任・報酬決定に関する手続を強化すること，このために独立した指名・報酬委員会を活用すること，取締役会メンバーの多様性を確保すること，政策保有株式の削減に向けた方針・考え方を開示すること，母体企業として企業年金の体制を強化することが求められる。

13　KPMGジャパン統合報告センター・オブ・エクセレンス（2018），3，19頁。

14　KPMGジャパン統合報告センター・オブ・エクセレンス（2018），20，22頁。

15　KPMGジャパン統合報告センター・オブ・エクセレンス（2018），5，7頁。

16　国際貧困ラインとは，最低限の栄養，衣類，住まいのニーズが満たされなくなるというレベルである。購買力平価とは，ある国である価格で買える商品やサービスが他の国ならいくらで買えるかを示す換算レートで，世界各国の物価データを基に割り出される。購買力評価を使うと，各国の所得や消費のデータをグローバルに比較できる数字に転換することが可能である。

17　The World Bank (2018).

18　Business and Sustainable Development Commission (2017)，pp.12-13, 15.

19　UNPRI (2016).

20　日本労働組合総連合会（2015）。

21　責任投資原則に署名した機関数は，2018年6月22日現在，2,006社で，このうち日本は62社。

第5章
環境統合時代の電気事業

第1節　はじめに

2015年にパリで開かれた，温室効果ガス削減に関する国際的取り決めを話し合う「国連気候変動枠組条約締約国会議（通称 COP)」において，世界の平均気温上昇を産業革命以前に比べて2℃より十分低く保ち，1.5℃に抑える努力をすることを，先進国，後発国ともに合意した。世界的な異常気象もみられることから，世界的に「脱炭素」が強調されている。

他方，日本では，2011年東日本大震災の際の東京電力福島第一原子力発電所事故を受けて，それまでの原子力発電を中心とした「電力ベストミックス」体制に対して疑義が示され，新たな方向性が模索されている。

こうした動きもあって，地域社会において再生可能エネルギーを開発することでエネルギー循環型社会を構築するとともに，エネルギー自給につながることからエネルギーに費やされていた「カネ」を当該地域社会に留め置くこととなり，エネルギー以外の必要なところに使うことが議論されている（中瀬 2017)。

しかし，「脱炭素」，東電福島第一原発事故後の「脱原発」を現実に実践する電気事業経営については議論が始まったところで，まだ十分に研究されていない。そこで，本章では，環境統合型生産システムにおける電気事業経営のあり方について検討する。

その前に電気事業そのものが持つ特徴について論じよう。それは電気事業には2つの顔があるということである。この2つの顔が離れがたく結びついていることで他の産業以上に複雑な存在となっている。その2つの顔とは，一般的に電気事業からイメージされる，日常不可欠な電気財を供給する公益サービス者の顔とその供給する電気を生産し，販売する者の顔である。

第1の公益サービス者としては，家庭向けには照明・電化製品の消費的手段として，事業者向けには動力的労働手段として供給する顔である[1]。その電気財という日常不可欠な財の供給という公益性から，公益事業として運営されている。そのために膨大な固定資本を投資して，発電，送電，変電，配電と連なるネットワーク設備を準備し，活用するのである。鉄道事業，バス事業，水道事業といった他の公益事業と比較して，現在のところ，事業経営問題は明確に現れてはいない。

これに対して，第2の顔とは，その供給する電気の生産，販売者としてのそれである。この電気生産の際に電気事業者は社会に対して大きな影響を与えてきた。

例えば，水力発電については，望んだときに発電できるようにダムを建設するため，従来からの生活場所を水没させることがあった。火力発電では，発電タービンを回すための水蒸気を生むボイラーの燃料として石炭，石油，LNG等を使用してきたが，その発電時に煤塵，CO_x，NO_x，SO_xといった物質を大気中に排出することで大気汚染を起こした。原子力発電とは火力発電と同じように水蒸気を発生させてタービンを回す点は同じだが，その際の燃料としてウランを使うものである。事故を起こさない，起こらないように取り組まれているがいったん起こってしまうと，東電福島第一原発事故のように社会に対して取り返しのつかない，大変なシビアアクシデントとなってしまう。再生可能エネルギーにおいては景観問題を引き起こす。

以上のように，電気財という日常不可欠な財の供給という公益性の発揮にあたり，その供給する電気の生産と販売において上述のような社会問題を引き起こしたため，電気事業のあり方を複雑にさせてきた。

それでは，現代日本における上述の電気事業の有する2つの顔の問題はどのように展開しているのだろうか。環境統合時代の電気事業はどのようにあるべきだろうか。以下，第2節では，現在の日本の電気事業の課題について明らかにし，第3節では，そうした課題に対して注目されている日本政府の勉強会の提言とドイツ電気事業モデルについて検討し，第4節では，今後の日本の電気事業をどのような方向に導いていけばいいのか，それは環境統合時代にふさわしいものなのかを議論する。

第2節　現在の日本の電気事業の課題

1. パリ協定の衝撃

前述のように，COP21において明確な目標（世界の平均気温上昇を産業革命以前に比べて2℃より十分低く保ち，1.5℃に抑える努力をすること）を先進国，後発国ともに合意したことは大変画期的なことであった。

とはいえ，日本にとって，中期目標として，2030年度の温室効果ガスの排出を2013年度の水準から26％削減することを目標とされたものの，相当な努力を払わなくてはならないくらい大変なものであることから「脱炭素」が叫ばれている。「2015年のCOP21で決まったパリ協定の中にある『産業革命以降の気温上昇を2℃あるいは1.5℃以下に抑制する』という目標を達成するためには，温室効果ガスの排出を減らすだけでは不十分で，1.5℃以下の場合は2050年までに排出そのものをゼロ，あるいはマイナスにしなければならないからである。すなわち，いわゆる『地球にやさしい』というレベルでは絶対に2℃あるいは1.5℃目標は達成できない。」（明日香2018, 121頁）とされるほど深刻なものである。

というのも，図表5-1にある通り，日本においても電力由来の二酸化炭素排出量が多いからである。

そして，「脱炭素」の動きは投資行動と関わることから経済問題ともなっている。「イギリスのシンクタンクであるカーボン・トラッカーによれば，世界の大手化石燃料保有上場企業200社の現有化石燃料埋蔵量762ギガトン（CO_2換算）のうち，産業革命からの気温上昇幅を2℃に抑制するためには，225-269ギガトンしか利用することができないと指摘している。さらに，1.5℃に抑制するためには0-131ギガトン分とのことである。こうした利用（燃焼）できない可能性のある資産を保有するリスクは，座礁資産リスクと呼ばれており，化石燃料企業からの投資撤退（ダイベストメント）を行う機関投資家が増えている。ダイベストメントを表明した投資機関は約700機関で，その運用資産は

図表 5-1

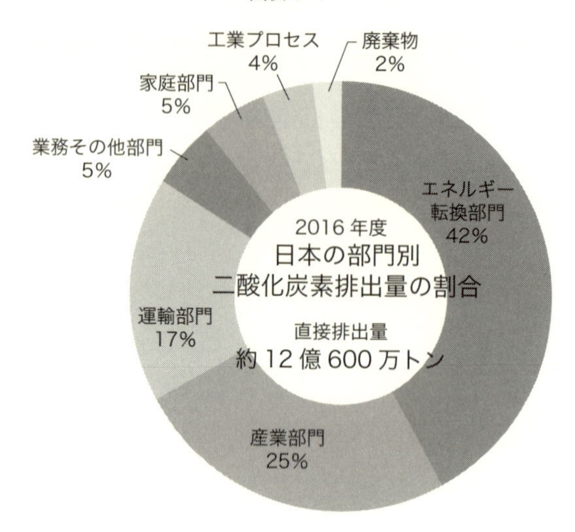

（出所）全国地球温暖化防止活動推進センター，2018。
（原典）国立環境研究所「2016年度（平成28年度）の温室効果ガス排出量（確報値）について」。

合計で6兆ドル以上となっている。とりわけ，他の化石燃料と比較してCO_2排出の多い石炭からのダイベストメントが増えている」（田辺 2018, 115-116頁）のである。

2. 東京電力福島第一原子力発電所事故の影響

また，日本の場合，2011年3月11日東日本大震災の際の津波による東京電力福島第一原子力発電所の襲撃で起こった過酷事故が大きく影響を与えている[2]。日本において原子力発電が本格的に運転されてから，これまでの日本社会は原子力発電に対してそれほど厳しい態度をとってこなかった。アメリカ・スリーマイル島原発事故や旧ソ連チェルノブイリ原発事故の際も反原発派の運動は盛んに行われたが，どこか遠くの世界のことのように受け取られ，社会的に大きな問題とは意識されてこなかった。

というのは，第1に，東電は日本におけるエネルギー開発において，日本政府から自立・自律するために，自覚して原子力発電を進めてきたこと，その上で，第2に，東電が中心となって原子力発電技術を「目に見える」形で「発展」させたこと，第3に，そうした動きを捉えた大熊レポートをはじめとする日本のマスコミが，核燃料サイクル体制が資源小国の日本にとって避け得ない選択肢であることを日本社会に「浸透」させ，「認知」させたことが理由だった（中瀬 2018a）。

しかし，そうした日本社会の姿勢は，東電福島第一原発での事故が同じ日本で起こった過酷な原発事故であったこと，しかも東電福島第一原発の爆発がリアルタイムでテレビで放映され日本全体で「共有」されたこと，津波による被害も大変だったが，東電福島第一原発事故後も続く被災住民の避難生活の長さ，酷さなどから，図表5-2のように，初めて日本社会をして原発に対して厳しい態度をとらせることになった。

その結果，最も多くの原発が運転された「54基」から，2018年11月末の時点では九州電力玄海原発3，4号機，同川内原発1，2号機，四国電力伊方原発3号機，関西電力高浜原発3，4号機，同大飯原発3，4号機の9基が運転されるのみで，事故を起こした東電福島第一原発1から6号機のほか，同福島第二原発1から4号機，東北電力女川原発1号機，日本原電東海第二原発1号機，日本原電敦賀原発1号機，中部電力浜岡原発1，2号機，関西電力美浜原発1，2号機，同大飯原発1，2号機，中国電力島根原発1号機，四国電力伊方原発1，2号機，九州電力玄海原発1号機の23基の廃炉が決まっている。これらは稼働からかなりの年数が経ち，再稼働のための安全対策に向けて相当の資金を

図表5-2　日本社会の原子力発電に対する姿勢の変化

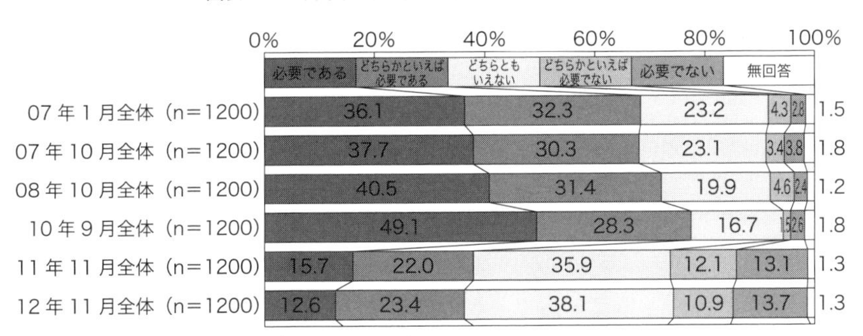

（出所）日本原子力文化振興財団 2013，91頁。

かけないと難しいとの判断から廃炉を決定したものが多い。

3.「2019年」に迎える家庭用太陽光発電の高額買取制度の終了

そして，日本では，2009年から開始された，家庭の太陽光発電で作った電気の余剰買取制度が当初予定の年限（10年間）を迎えることになる。期限切れを迎える家庭は2019年だけで約53万件，2023年までに160万件に達し，総計で約700万件，大型の原子力発電所7基分の電力が宙に浮く恐れがある。というのも，電力会社の買取義務がなくなり，電力自由化後に創設された新電力を含めた電力会社からの買取価格も従来の5分の1程度に減額されると予想されるからである。2019年以降も高額買取制度の期限切れを迎える住宅は増え続けると予想される。こうした動きをみてパナソニックホームズは近隣世帯間で電気を融通し合う「仮想発電所」（Virtual Power Plant，VPP）の実証に乗り出した。（『日本経済新聞』2018年5月6日朝刊）。

以上のような情勢のもとで，日本の電気事業はどのような方向に向かえばいいのだろうか。電気事業は環境統合型生産システムへと移行しうるのだろうか。

第3節　環境統合時代に向けた日本の電気事業の取り組み

1. 日本のエネルギー情勢懇談会の提言

今後の日本の電気事業の向うべき方向として，まずは日本政府の設けた組織の提言を検討しよう。それは，2017年8月に設けられた経済産業大臣主催勉強会として設けられたエネルギー情勢懇談会の提言である。

この懇談会設置の理由として，第1回懇談会において事務局から，「2050年視点での長期的なエネルギー政策の方向性，これを検討するためにこの懇談会を新たに設置して，きょうの開催ということになったというものでございます。2050年の長期的なエネルギーの将来像に関しましては，我が国はパリ協定を踏まえまして，温室効果ガスを80%削減するという目標を地球温暖化対策推進計画で定めてございます。この目標の達成というものは従来の取り組みではなかなか，その延長線上では非常に実現が困難というように考えられます。本日の懇談会では，昨今のエネルギーあるいは環境に関するさまざまなトレンド，あるいは変化を見極め，我が国が 2050 年を１つの目安として技術の革新あるいは国際貢献の面でどうすれば世界をリードできるのか，あらゆる選択肢の可能性を追求するという視点で，幅広く，多面的に総合的にご議論を行っていただくため，皆様にお集まりいただきました。」（エネルギー情勢懇談会 2018）と案内があった。

民主党政権時代の総合エネルギー調査会の基本問題委員会に参加して脱原発を主張し，同懇談会にも参加した枝廣淳子はこの懇談会に対して，「経産省やエネ庁は『原発ありき』で政策をつくっているとよく批判されているが，おそらく，『原発ありき』というイデオロギーよりも，経済や産業，暮らしへの電力供給を途絶する恐れなく，国際社会に求められている CO_2 削減を実行するとしたら，再エネがまだ足りていない状況下では，原発がこのくらい必要だと，いう考え方なのだろうと思う。」（枝廣 2018, 80 頁）という感想を表わすほどに同懇談会の意義を認めていた。

実際の最終案では，① 福島第一原発事故が原点，② 可能性と不確実性の双方の混在の中での作成，③ 日本のエネルギー自立を志向，④ エネルギー転換のイニシアティブをとりたい，という点を前提として考えられた。その際，図表 5-3 にある通り，第１の高度成長期の石油への転換，第２の石油危機後のガス，原子力，石炭，省エネへの転換，第３の京都議定書後のガス，原子力への転換，第４の福島第一原発後の再生可能エネルギーの導入を踏まえて，現在を第５のエネルギー選択の時期だと認識している（エネルギー情勢懇談会 2018）。

なお，エネルギー懇談会提言がいうように，第３の選択はガス，原子力への転換だけではなく，図表 5-4 にある通り，石炭火力を量的にも割合的にも多く開発してきたのである。原子力と石炭火力をセットで導入することで CO_2 排出とコスト削減を両立しようとしてきた（中瀬 2016)。「脱炭素」という課題はパリ協定以降に初めて登場したわけではないのである。故意なのかどうかわからないが誤っている。

そして，結論としては，再生可能エネルギー・蓄電・デジタル制御技術を組

図表 5-3　第5の選択までの流れについて

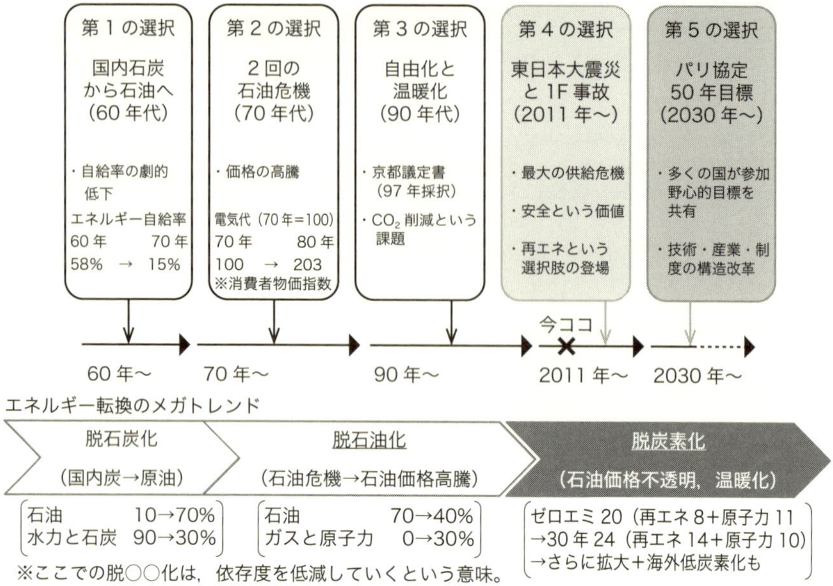

第1の選択	第2の選択	第3の選択	第4の選択	第5の選択
国内石炭から石油へ（60年代）	2回の石油危機（70年代）	自由化と温暖化（90年代）	東日本大震災と1F事故（2011年～）	パリ協定 50年目標（2030年～）
・自給率の劇的低下 エネルギー自給率 60年　70年 58%　→　15%	・価格の高騰 電気代（70年=100） 70年　80年 100　→　203 ※消費者物価指数	・京都議定書（97年採択） ・CO_2 削減という課題	・最大の供給危機 ・安全という価値 ・再エネという選択肢の登場	・多くの国が参加野心的目標を共有 ・技術・産業・制度の構造改革
60年～	70年～	90年～	今ココ ✕ 2011年～	2030年～

エネルギー転換のメガトレンド

脱石炭化（国内炭→原油）	脱石油化（石油危機→石油価格高騰）	脱炭素化（石油価格不透明，温暖化）
石油　10→70% 水力と石炭　90→30%	石油　70→40% ガスと原子力　0→30%	ゼロエミ20（再エネ8+原子力11 →30年24（再エネ14+原子力10） →さらに拡大+海外低炭素化も

※ここでの脱○○化は，依存度を低減していくという意味。

（出所）資源エネルギー庁，2018a。

み合わせた分散型の脱炭素化エネルギーシステムを組み込みつつも，「再生可能エネルギー，水素・CCS，原子力などあらゆる選択肢を追求する『エネルギー転換・脱炭素化を目指した全方位で野心的な複線シナリオ』を採用することが妥当である」（エネルギー情勢懇談会 2018, 14 頁）としていた。

しかし，具体的なイメージとは，「より高度な 3E+S」だと記す。この「3E+S」の「3E」とは，「エネルギーの安定供給（Energy Security），経済効率性（Economic Efficiency），環境への適合（Environment）」の重視のことで，東電福島第一原発事故前に推進していた，従来の電力ベストミックス体制を指す用語であった。これは原発を中心に LNG 火力，石炭火力をベースに，火力をミドルに，揚水，火力をピークとするものだった。この「3E」に，東電福島第一原発事故後に「安全性（Safety）」が加えられて，4つのバランスを図るとされた。「安全性（Safety）」を加えたところに，以前のものが原子力発電を中核にしていたことを表している。

図表 5-4　電源別発電量の推移（1990年から2016年）単位：百万キロワット時

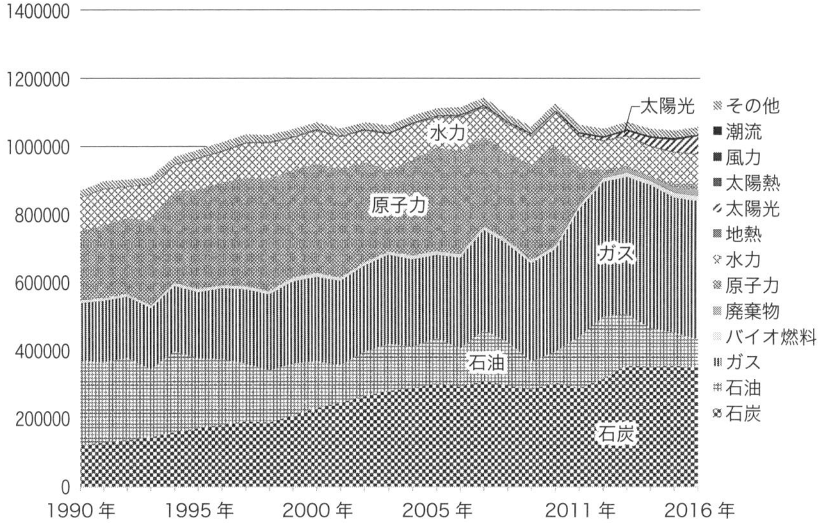

（出所）International Energy Agency「Electricity generation by fuel Japan 1990-2016」から作成。

なお，後述する現在のドイツの電気事業は「3D+S」という用語で表わされる。3Dとは「脱炭素化（Decarbonization）」，「分散化（Decentralization）」，「デジタル化（Digitalization）」の頭文字をとったもので，これにガス・熱部門，モビリティ部門との間でインフラ，技術を共有するなど「部門結合（Sector coupling）」が加わるという（佐藤 2018）。明らかに，日本は既存システムに執着しているのに対して，ドイツの方が再生可能エネルギーの導入，「脱炭素」の方向に野心的に挑戦していると言えよう。

また，「再生可能エネルギーに関しては，経済的に自立し脱炭素化した主力電源化を目指す」（エネルギー情勢懇談会 2018, 19頁）と如実に記しているように，分散型システムを取り込みつつも，ベース，ミドル，ピークのロードを念頭においた中央集権型システムの追求を続けていると言いうる。

枝廣はこの勉強会における，ある講演を聴いて以上のベース，ピークといった発想もなくなるのではないかと考えた。「日本では，現行のエネルギー基本計画も含め，『ベースロード電源としての原発の重要性』が語られることが多い。『再エネは変動するから，ベースロード電源とはなりえない』ということだが，再エネが十分入ってきて，需要や発電量の予測の精度が高まり，瞬時に需給ギャップを調整できる技術が入ってくれば，『ベースロード』という概念そのものがなくなるのだ。そういった状況を想定して，技術開発や制度設計を進めるべきだろう」（枝廣 2018, 88頁）。中央集中型システムの限界を示唆している。

そして，「福島第一原発事故を経験した我が国としては，安全を最優先し，経済的に自立し脱炭素化した再生可能エネルギーの拡大を図る中で，可能な限り原子力発電への依存度を低減するとの方針は堅持する」（エネルギー情勢懇談会 2018, 19頁）と明示して原子力発電の利用を否定しない。とすれば，期待された本懇談会の提言も満足いくものとは言えない。というのは，勉強会文書だとはいえ，経済産業大臣主催という位置づけからすると，1つの政策文書であることを否定できず，この文書のメッセージは明白に原子力発電の「延命」＝核燃料サイクル体制の維持を主張するからである。「3E」が東電福島第一原発事故を生んだのはまぎれもない事実である（中瀬 2018a)。それゆえ，現状とあまり変化のないものとしか考えられない。これではとても環境統合時代の電気事業のあり方とは言えないだろう。

2. 最近改めて注目されるドイツモデル

⑴　シュタットベルケについて

次に検討すべきあり方は，再生可能エネルギー先進国であるドイツの電気事業のそれである。そのドイツ電気事業モデルの1つが，ドイツの地域密着型のエネルギー事業を中心に運営する都市公社「シュタットベルケ」である。「現在，ドイツでは約900のシュタットベルケが電力，ガス，熱供給といったエネルギー事業を中心に，上下水道，公共交通，廃棄物処理，公共施設の維持管理など，市民生活に密着したきわめて広範なインフラサービスを提供している。シュタットベルケは，これらのサービス提供を可能にするため，インフラの建設と維持管理を手がける，独立採算制の公益的事業体である。電力では自治体が所有する配電網を利用して配電事業，電力小売事業，そして発電事業を手がけている。これらエネルギー事業の収益はたいてい黒字であり，その経営状況は良好である。エネルギー事業で稼いだ収益を元手に，他の公益的事業に再投資するのが，ドイツのシュタットベルケの特徴である。」（諸富 2018, 167 頁）。

そして，「ドイツのシュタットベルケは，今なおその伝統を引き継いで，自治体に強固な財政基盤を提供することに成功している。これは，自治体公益事業の持続可能性を担保しているほか，地域経済循環を促す作用を持ち，さらに，自治体がエネルギー事業体を通じて独自のエネルギー政策や温暖化対策を実行する手段を提供している」（諸富 2018, 177 頁）ものだとしてその導入を推奨している。

現在の日本ではいくつかの地域において日本版シュタットベルケが始められている。福岡県みやま市では，2015 年 3 月にみやまスマートエネルギー株式会社が設立されて取り組まれている。その考えは，「再生可能エネルギーを自分たちでつくり，それを地域で使い，収益は市民サービスとして還元する。地域の中にキャッシュをとどめることで経済を循環させ，雇用を生み，暮らしたくなるまちをつくっていく。『エネルギーの地産地消都市みやま』の構想はこのように生まれてきたところです…事業会社は産官学金が知恵と資金を出し合い，地域に腑存する太陽光発電を買い取って地域に還元する地産地消の地域新発電力事業に加えて，自治体ならではの住民を対象とした生活支援サービス事業をタブレットなどの IT ツールを駆使しながらスタートしています。」（渡邉 2018, 26 頁）という。大変興味深い事例ではあるが，シュタットベルケのあげる利益の活用が議論の中心となっており，どのように収益をあげているのかについてはあまり議論されていない。

それでは，どのような要因がドイツにおいてシュタットベルケの経営を安定させているだろうか。それは，第 1 に，大手電力会社からの資本を受け入れたり，卸供給を受けることやお互いの供給区域内では積極的な顧客獲得活動を控えるなどして，大手電力との競争を回避していること，第 2 に，多くのシュタットベルケは当該自治体から供給独占を認められ，自ら配電線を所有して配電事業を行うことで安定した収益を確保していること，が要因である（石黒 2017）。

完全な電力自由化が行われた日本ではあるが，日本の自治体による新電力が自ら配電線を所有し，独占的に電気を供給するわけではない以上，ドイツのシュタットベルケのような経営行動をとるのは難しいのではないだろうか[3]。

(2) 配電事業のICT化

実はシュタットベルケは再生可能エネルギーの開発の先駆者として考えられるものの，現実に再生可能エネルギーの割合が多いわけではない。「再エネ発電事業の位置づけはSW（シュタットベルケのこと，注；中瀬）ごとに異なり，主に火力発電を行い総設備容量に占める再エネ電源の割合は1割程度しかないところもある。SW全体として見た場合，コジェネとその他の汽力発電が全体の8割超を占め，再エネが占める割合は15.6％に過ぎない。」（石黒 2017, 55頁）という。つまり，シュタットベルケを設けたからといって再生可能エネルギーの導入が進むわけではないのである[4]。

ドイツにおける再生可能エネルギーの導入はシュタットベルケの設置ではなく，配電事業のICT（Information & Communication Technology）化に基づく「配電へのパラダイムシフト」という「これまでのトップダウン（集中型）の電力供給システムから，配電中心のボトムアップ（分散型）構造への転換」（山田 2015）が重要だと考えられる。この点は，ドイツを含めたEUとして，再生可能エネルギーの開発と併行に配電事業への資本投資を行って再生可能エネルギーを取り込むことで実現されている。

ドイツでは「太陽光発電のほとんどはLV（低圧），MV（中圧）に接続され，風力はLV（低圧）～EHV（超高圧）に接続されている。太陽光発電は，全てDSO（配電系統運用者，Distribution System Operatorのこと，注；中瀬）に接続され，風力も大半はDSOに接続されるが，風力は大規模なものはTSO（送電系統運用者，Transmission System Operatorのこと，注；中瀬）に接続されるものもあるという状態である。TSOのレポートには，下位のグリッドからのNegative Vertical Load（配電網から送電網への昇圧・逆潮流のこと，注；中瀬）の状況が公表されており，DSOに接続された再生可能エネルギーの電力がTSOに持ち上げられ，全国流通している状況となっている」（内藤 2018, 117-118頁）のである。つまり，再生可能エネルギーを発生地点だけで消化しようという単純な地産地消モデルではないのである。

また，日本では，送電キャパシティ不足から再生可能エネルギーの受け入れを拒否する例がみられるが[5]，アメリカの研究者によると，従来の「契約ベース」で送電線のキャパシティを占有するようなやり方は，実際の電流の流れから見れば現実的ではなく，「『実潮流』ベースでキャパシティの割り当てを行った方が遥かに効率的に送電線を使える」（内藤 2018, 32頁）という。その実潮流ベースでの受け入れに際してICT技術を活用して瞬時に受け入れることを主張する。

さて，この結果，ドイツでは，図表5-5にみられる通り，太陽光発電の導入でピークが日中から朝方，夕刻へとシフトした[6]。

以上のように，ドイツでは「グリッドは配電システムから集電システムに変わった」と性格の変化が述べられており，それに合わせてドイツでは再生可能エネルギーの導入拡大を大前提として送配電システム自体も大幅に「進化」している（内藤 2018, 119頁）。

ここから，今後の電気事業のモデルは，蓄電池を併用した単純な地産地消モデルではなく，送配電ネットワーク設備を活用しての他地域での利用を進めることが重要になろう[7]。

そもそも，EUがこのような再生可能エネルギーを中心としたエネルギーシステムの転換へと進んだのは，世界的なエネルギー資源の減少と需要の増加で化石燃料価格の高騰につながって持続可能な成長を見込めないこと，そして気候変動への喫緊な対応が必要であること，から，戦略的に行動してきたのであ

図表5-5　ドイツにおける太陽光発電導入と太陽光を除く発電の負荷曲線

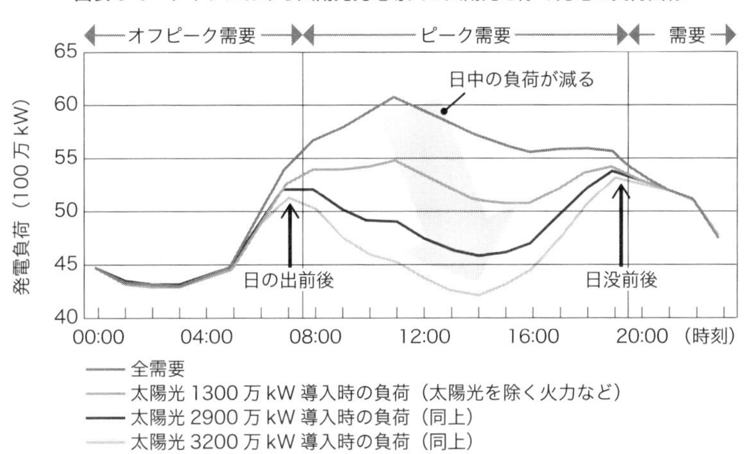

（出所）山田 2015, 31頁。

る（内藤 2018）。

それでは，日本の電気事業がドイツモデルに対抗していくにはどうすればいいだろうか。その日本モデルは環境統合時代にとってふさわしいものだろうか。

第4節　今後の日本の電気事業のあり方

1．これまでの日本の電気事業経営のあり方

これまでの日本の電気事業経営は，松永安左エ門に提唱され，実践されてきたあり方に即して進められてきた。そもそも，第2次世界大戦前の日本の電気事業の最大負荷は冬季の夕方あたりだった。というのは，日中の電力需要に加えて夕方の電灯点灯時が加わるときだったからである。そこで，松永はそうした冬季最大負荷にあわせて当時の中心発電方法だった自流式水力発電の開発を行うと[8]，夏季には電力余剰が生じるだけでなく，十分に活用されない設備のために調達した資金金利が負担になるため，複数の電力会社の有する火力発電設備の共用を進めるなど連携し，どうしても必要なときにのみ火力発電を新規開発するという，現在の言葉でいう自流式水力発電をベースロードに，火力発電をピークロードに使用することで，需要に合わせて効率的に供給設備を準備する水火併用方式を提唱した（中瀬 2005）。

以上の水火併用方式（水主火従）は，第2次世界大戦後の電力再編成で発送配電一貫経営の9電力会社が発足し，高度成長期に至って火主水従方式に転換した。その転換の過程で，冷房需要の増大により夏季の日中に最大負荷を持つようになるとともに先鋭化した。そこで，中東原油の登場と利用という背景のもと，火力発電技術，送電技術，ダム式水力発電技術の発展を受けて水火併用ではあるものの，石油火力をベースロードの中心に，ダム式水力をピークロードの中心に据える火主水従方式に転換したのである。

オイルショック以降は，電力ベストミックスといわれた，原子力，LNG火力をベースロードに，揚水式水力発電をピークロードとして位置づけ，火力発電については，コンバインドサイクル発電というガスタービンと蒸気タービン

を組み合わせて効率化を一層進めた方式やDSS（Daily Start Up and Shut Down）運用の可能な機器を導入してミドルロード，ピークロードの双方で対応できる，中央集中型の体制を整えた。

こうした電気供給方式は，10電力会社，特に9電力会社が，担当する営業地域への供給を独占的に抱え，その電力需要を一手に引き受ける供給責任を担ったため採用された。そして，原子力発電が開発され，活用される1970年代後半以降，1キロワット時当たりの固定資産額，つまり1キロワット時の電気を供給するために必要な投資額が急増し，電気供給用の設備利用を示す負荷率は低下し，その結果総括原価方式の料金制度に従った電気料金は上昇した（中瀬 2005）。そこで，1980年代半ばから，産業界より電気料金の高さを批判され，負荷率の向上，コスト低下の追求によって電気料金の低下を目指す方向につながるとともに，今日の電力自由化にも結びついた[9]。

図表5-6　下北半島における核燃料サイクル関係施設の配置

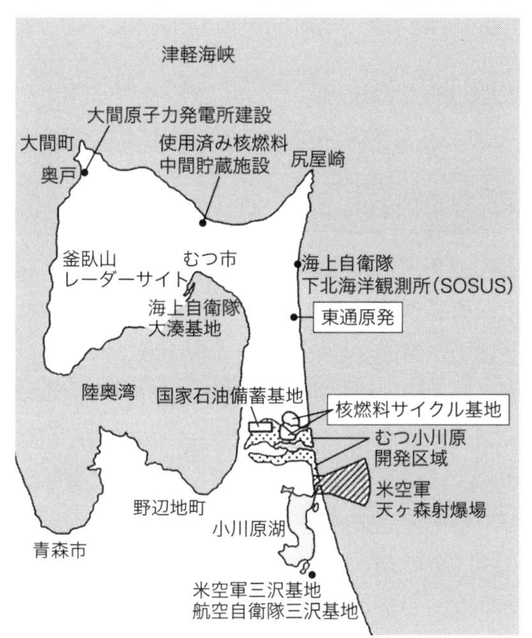

（出所）鎌田・斎藤，2011。

そして，以上の中央集中型システムは発電設備を9電力会社の各事業範囲において特定の地域に集中させた。その典型例が原子力発電所の立地である。その日本の原子力発電事業の根幹ともいえる核燃料サイクル体制は，図表5-6にある通り，青森県六ヶ所村を中心とする下北半島という特定地域に関連施設が集中して立地している。そもそも六ヶ所村への集中立地は，高度経済成長期にむつ小川原石油コンビナートとしての開発がオイルショックによってとん挫した後，核燃料サイクル施設の立地に困っていた日本政府，電力業界がこの地域に着目して，「たんに原子力発電所の集中地点としてこの地域が狙われていたのではなく，発電，再処理，濃縮のサイクルを備えた大原子力センターとして構想され」（鎌田 2011, 78頁）て決定された[10]。六ヶ所村を中心とする地域に日本の原子力発電開発，ひいては日本の核燃料サイクル体制が凝縮して集中してしまっている。

上述の核燃料サイクル体制とは，現在進んでいる電力自由化，再生可能エネルギーの開発という分散型エネルギーという流れとは真っ向から衝突するシステムであろう。

2. 今後の日本の電気事業のあり方

通信事業では，スマートフォンの普及でSNSの活用等が進み，一層の双方向通信の進展で通信者同士の関係は深まろうとしている。交通事業では，輸送密度の低下によって鉄道，バスの運行が抑制されつつある中，例えばコミュニティバスの運行という形で公民連携の形態が追求されてもいる。このように，他の公益事業では，従来みられた一方的な財，サービスの供給とは異なる双方向であり，公民連携の形が追求されつつある（中瀬 2018b）。

（小坂 2005）が，日本では従来「お上」を「公共」と意識し，その行政組織を「公共体」と考える「上的公共性」にたって考えられてきたが，1965年前後から，日本国憲法の精神を実感した住民が公害問題に対して生活防衛のための運動を展開してくる中で，住民は「市民」へと転回し，新しい「生活の共同性」を萌芽させて公共性を問い直し，「上的公共性」や「公権力」から自立した場，圏としての「市民的公共性」を主張してきたと提起し，公益事業とは固定的導体を媒体とする生産者と消費者の直接的地域社会だと議論した。前述した現在の公益事業の姿をみると，現代こそ，「上的公共性」から「市民的公共性」へ転換しているといえるのではないだろうか。

そして，再生可能エネルギーの活用については電力自由化と再生可能エネルギーの急拡大がもたらす卸電力市場，系統運用，設備投資に対する影響を懸念する（古澤・澤部 2014）の慎重論も首肯できる。しかし，前述のように，ドイツ，EU が資源枯渇と燃料価格高騰，気候変動への対応から再生可能エネルギーの開発をいかにして戦略的に進めてきたのかを学ぶ必要があろう。「他方，日本はどうだろうか。大手電力の中には『再エネの増加は電力供給システムを不安定にする』『欧州では電力会社が被害者になった』などという受け身の考え方が今も支配的ではないか。それは，既存技術をベースにしたシステムの維持を前提に再エネ導入を考えているからだ。新たな電力システムを形作るのは技術ではなく“精神”なのである。」（山田 2015）との指摘は重要な視点である。

以上から，今後の日本の電気事業のあり方とは，ドイツの電気事業モデルを参考に，技術の発展を背景として，具体的には以下のような3つの地域レベルでの展開が期待できるのではないだろうか。

もっとも小さい第1のレベルの地域では，（山田 2015）が注目したドイツの配電網の ICT 化と送配電網への投資を進めることで，太陽光発電等の再生可能エネルギーの発電量を集電することを可能にする一方で，新たに登場したアグリゲーターによって VPP として実現したり（海外ビジネス最前線 2015），WSW E&W 社による Tal. Market と呼ばれるブロックチェーン技術を活用した再生可能エネルギーを束ねる制度（佐藤 2018）を志向するものである[11]。

第2のレベルの地域とは，複数の第1の地域レベルから構成された，現在の10電力会社の営業区域という電力経済圏レベルが想定されよう。その地域レベルでは，第1の地域レベルでの再生可能エネルギーの余剰電力を吸収し，火力発電をも活用して電力経済圏内でいったん需給均衡を目指すこと，その流れの中で電力経済圏同士で電力を融通したり，第1の地域レベルに対するバックアップ機能を果たすことを期待しうる。

そして，第3の地域レベルは日本全体を範囲とするものである。そのレベルで主に東北地方，北海道地方に点在する風力発電や地熱発電といった再生可能エネルギー，残存している原子力発電を広域で活用することを想定して[12]，脱炭素，脱原発へと着実に進めていくことを期待するのである。当然，脱「核燃サイクル体制」をも進めていくことを期待する。

なお，第2，第3の範囲では，米国研究者が主張する，送電キャパシティについてはICT技術によって，契約ベースではなく実潮流ベースで送電することを準備する。

以上の3つの地域レベルから構成される電気事業であればエネルギー循環を期待できよう。これならば，環境統合時代の電気事業経営のモデルと考えられるのではないだろうか。

そして，諸富の研究や岩手県紫波町，福岡県みやま市などで期待されるエネルギー自給システムだけではうまく循環しないのではないだろうか。というのは，循環させるべき「カネ」は他地域との財，サービスの域際交換によって「外貨」を獲得しないと増えないからである。

そこで，重要となってくるのは，本書の他の章で議論されているような産業振興，とりわけ価値を生み出す製造業，ものづくりの整備，発展である。製造業という価値を生み出す過程で，ヒト，モノ，情報を循環させると共に，他の地域からの「カネ」（外貨）を獲得する一方で，地域内でのエネルギーの自給率を高めて他地域に流れてしまう「カネ」の量を減らすのである[13]。以上によって円滑に生産システムを循環させる。環境統合型生産システム全体を機能させるには，このような製造業とエネルギー自給の関係性も重要なのである。

（中瀬哲史）

注

1　石谷清幹は「技術の内的発展法則」（動力と制御の理論）において，人力，畜力，風車水車，熱機関という動力的労働手段の発展を議論していた（石谷 1972）。

2　大津波襲来の前に，すでに東日本大震災時の大規模な地震が大変な被害を与えていたかもしれないが，事故を起こした発電所の放射能汚染によって現時点では解明できていない。

3　福岡県みやま市，宮城県東松島市の自治体新電力では，自営線を引こうとする計画がある（磯部 2016；Next Report 2015）。

4　電力自由化後に設立された「新電力」の電力調達先は，10電力会社等大手電力会社からの常時バックアップ，日本卸電力取引所（JPEX）を軸とし，自社電源や契約電源としてFIT電源を組み合わせるものとなっている（Next Report 2016）。自治体新電力の1つである泉佐野電力の2017年度電源構成比率は，FIT電気（固定価格買取制度FIT向けに開発された太陽光発電による電気）

からの調達17.26%，常時バックアップによる調達電気9.71%，日本卸電力取引所等からの調達73.04%となっている（泉佐野電力 2017)。このように，日本版シュタットベルケでも再生可能エネルギーの割合は高くない。

5　NHK総合テレビ「クローズアップ現代+『中国“再エネ”が日本を呑み込む!?』(2017年12月4日月曜日放送）では，①ある太陽光発電事業者は売電予定先の地元電力会社から，突然当該電力会社の管理する送電線に接続するための送電線の増強工事費用の負担を求められ，その費用と工期の長さのため事業を停止していること，②別の太陽光発電事業者は前出と同じ当該地元電力会社から，基幹となる送電線の空き容量がなくなったとして太陽光発電の受け入れをけん制されていること，を伝えている。

6　日本でも2018年4月8日正午ごろに九州電力管内での太陽光発電の出力が電力需要の8割にまで達したことから，早晩，日本でもドイツのような状況になることが予想される。かつて，電力ベストミックス体制の下にあった日本では先鋭化するピーク需要への対応が問題とされた。例えば，東電においては1年間の2.5%にあたる200時間のみがピーク時間であり，それに対応するために発送配電設備を準備していたのである（伊藤 2012)。このため，1994年の東電は，最大電力に対する年負荷率は53.8%を記録するまでに低下していた（東京電力株式会社 2002, 297頁)。予想以上に多くの再生可能エネルギーが開発され，その発電の抑制が取り沙汰される現在ではあるものの，どこまで先鋭化するかわからない需要を際限なく後追いしていたこの頃に比べると，管理するという点では現在の方が御しやすいのではないだろうか。

7　地産地消モデルを否定するわけではないが，蓄電池をおいてその貯蔵電気を使うことは当該地域という狭い範囲での活用となり，ネットワーク型産業の性格を有する電気事業にとって十分に設備を活用したものとは言えないだろう。

8　この時期の自流式水力発電は遠距離送電技術の発展を背景にするもので，ダム式水力発電はコストの関係からあまり開発されてはいなかったのである。

9　東電は1990年代に入ってから，産業界からの電気料金引下げ要求に対応しようと「普通の会社」を目指して徹底したコストダウン，設備投資の抑制を実現した。しかし，その結果，安全で安定した本来の電気事業とは異なる経営行動を実践した。このことが東電福島第一原発事故の遠因である（中瀬 2018a)。

10　そもそもこの下北半島の地域は，高度経済成長期にビート生産の普及奨励がなされたものの砂糖の輸入自由化で断念された。次に1963年政府出資の国策会社東北開発会社，三菱系4社の出資でむつ製鉄株式会社が設立されて下北半島に埋蔵されている砂鉄を原料に特殊鋼ビレット生産を計画されたが，1年後には撤退した。1965年5月に東通村が村議会にて原子力発電所設置の嘆願書を決定し，それを受けて1970年東通村が第二原子力センター建設地として内定する一方，1967年9月にむつ市旧軍港跡が原子力船むつの母港と決まり，1969年5月に閣議決定された新全国総合開発計画の中にむつ小川原湖周辺地域の開発が位置づけられ，1971年3月にむつ小川原開発株式会社が設立された。以上の地域開発計画に対して当時の六ヶ所村寺下力三郎村長は反対を表明したが，1973年村長選挙で開発促進派の古川伊勢松氏が新村長に当選し，六ヶ所村は開発に「まい進」し，鹿島，水島，大分よりも大規模なコンビナートが計画された。ところが，オイルショックが起こり，開発用地は売れ残って石油備蓄基地としてのみ位置づけられた。そして，1984年4月電気事業連合会は青森県に対して，使用済み核燃料再処理工場，ウラン濃縮工場，低レベル放射性廃棄物貯蔵施設の3点セットの立地を申し入れて引き受けられたのである（鎌田 2011)。現在，六ヶ所村には，ウラン濃縮工場，低レベル放射性廃棄物埋設センター，再処理工場，MOX燃料工場，高レベル放射性廃棄物貯蔵管理センターが置かれている。

11　この第1の地域レベルには，東急電鉄が進めるWISE Cityも位置づけられよう（中瀬 2016)。なお，2018年春現在，高圧分野の新電力シェアは北海道，関西，東京で大きく，25%前後から

30%の間を行き来している（資源エネルギー庁 2018b）。事業者の分散化が進んでいるあり方をどのように「統合」するのかが問われている。

12　現在，中小型原子力発電システムが取り沙汰されている。そもそも規模の経済性の発揮のために大規模な原子力発電が構想されたこと，中小型で分散した原子力発電を建設するといろいろな意味でリスクを増大させてしまうこと，から明らかにナンセンスである。

13　資源の循環については，本書第9章，第10章，第11章で議論されているように，日本全国レベルで実践することが経済合理性にかなっている。

第6章
鉄鋼企業による環境リサイクル事業の展開
―北九州エコタウンにおける「食品廃棄物エタノール化」事業の事例―

第1節　はじめに―課題

本章では，新日鉄エンジニアリング・北九州環境技術センター[1]が地域連携を通じて「食品廃棄物エタノール化」技術を開発し実用化するプロセスを取り上げ，その過程で企業と地域とはどのような協働関係が結ばれたのかということを明らかにする[2]。このような課題設定はつぎのような問題関心によって支えられる。

第1に本章で分析対象とされる「食品廃棄物エタノール化リサイクル事業」は，原料調達から製造まで一連の利潤実現のシステムとして効率化が図られてきた動脈産業とは異なり，廃棄物の再資源化をなによりも優先する，典型的な静脈産業に属するものである[3]。経済性と低環境負荷を両立する地産地消の環境リサイクル事業として取り組まれているなか，新技術商品化の難しさはともかく，ビジネスとして成り立たせる場合にリスクやコスト上の問題が多く存在する。では，同事業の実用化はどのような形で図られてきたのか，その過程で地方自治体や地域住民を含めた「地域」はどのような形で関与してきたのであろうか。事例分析にあたって，これらの点は重要なポイントとなる。

第2に新日鉄エンジニアリング(株)が生ゴミからバイオマスエタノール（ガソリン添加剤の原料）を製造する技術を実用化したり，地方自治体を対象に製造プラントの販売をはかろうとしたりすることは，日本国内で初めてのことであり，環境経済の分野において大きな関心を集めたということであった[4]。とりわけ，2000年代前後に，石油価格の高騰，CO_2排出量の深刻化，省エネの必要性などの視点から，バイオマスエタノールがガソリン代替燃料として国際的に注目されるようになった。一方，日本において，1年間に約1,700万トンの食品廃棄物（2010年度）が出されている[5]。この中で一般家庭からの食品廃棄物は，3%しか再利用されておらず，ほとんどは焼却処理されていることが現状である[6]。2001年に成立した食品リサイクル法では，食品廃棄物を20%以上削減する目標が掲げられた[7]。このような状況を背景に，開発が進められた「食品廃棄物エタノール化」技術の実用化が成功すれば，静脈産業の発展および環境負荷の低減を促す上で有意義であるのみではなく，日々大量の生ごみを排出するアジアの大都市にとっても大きな参考になる。

以上の問題関心を踏まえて，第2節では「食品廃棄物エタノール化事業」の推進体制の特徴を地域と企業と大学との協働関係から検討する。第3節では「食品廃棄物エタノール化事業」の展開について，運営システムと生産工程の両側面から分析する。第4節では，同事業の成立をめぐる地域連携の意義を論じ，第5節では若干の展望を述べる。

第2節　「食品廃棄物エタノール化事業」の推進体制

1．北九州エコタウン

北九州エコタウンを拠点に発足された「食品廃棄物エタノール化事業」の展開過程を取り上げる前に，まず同プロジェクトに直接にかかわってきた北九州市，また市が進めたエコタウン事業の概要についてふれておこう。

福岡県北九州市は1963年に，門司，小倉，若松，八幡，戸畑の5市の合併によって発足し，人口約94万5千人を抱える都市である。この地域は，天然の良港である洞海湾を擁し，石炭資源にも恵まれているという立地条件から，1901年に官営八幡製鉄所が設立され，これを契機に鉄鋼，機械，セメント，化学工業など「モノづくりの街」として発展してきた。戦後の高度成長期には，4大工業地帯の1つとして，日本経済を支えていた。北九州エコタウンは北九州市が，1997年7月に通商産業省の承認（当時，現在は経済産業省と環境省による共同承認）を受け，「美しき世界の環境首都」を目指して取り組んできた事業である。そして日本においてはじめて事業化に成功したエコタウンとして，その経験がパタンセッターの役割を果たしている。

本章の分析対象である新日鉄エンジニアリング(株)北九州環境技術研究センター（以下は環境技術センターと略す場合がある）が地域の要請に応じて食品廃棄物エタノール化事業の推進に取り組んだ背景として留意すべきは，北九州市と新日鉄が歴史的に深い関係を持っていることである。北九州市は百年前八幡製鉄所が建設し始めた時から，1世紀以上に及んで日本最大の鉄鋼企業の城下町としての道を辿ってきた。製鉄所は確かに雇用を創出・維持する上で，地域経済を支える存在であったが，他方，長期にわたって，とりわけ1960年代に入り，製鉄所からの排煙に含まれる硫黄酸化物（SO_x）や粉塵などにより呼吸器疾患患者の増加などの健康被害が深刻化し，また近くの海も廃液による汚染が大きな問題となり，工場群に囲まれた洞海湾は大腸菌すら生息できない「死の海」と呼ばれるほどであった。深刻な公害問題に対し，地域の婦人会が最初に立ち上がり「青空がほしい」をスローガンに，企業および市政府に公害対策を求める運動を始め，民産学官の連携による公害防止努力を促す原動力となった。結果として，公害問題が大きく改善され，「灰色の街」と呼ばれた街は，1987年には環境庁（当時）から「青空の街」に選定されるまでになり，洞海湾には100種類を超える魚介類が戻ってきた。

1980年代後半から円高不況を契機に，新日鉄は「減量経営」をはかり，大規模なリストラを行っていた。地域の雇用を維持する上でどのような産業を新たな地場産業として育成・振興させていくのかが，地域自治体や地域住民に課せられた重要課題であった。当初，北九州市は地理的に韓国，中国に近接するため，自動車産業の最新鋭の製造拠点を建設し，大型港をベースに巨大物流拠点を構築しようとする構想を模索した。しかし，このような案は地域住民の根強い反対で見直さざるを得なかった。紆余曲折を経て，北九州市は地域循環型社会の実現を目標に，民産学官の連携を通じて，かつて公害克服の経験とノウハウを生かしつつ環境産業を新しい地域産業の中心に据えるような地域発展戦略を採用し，リサイクル事業の研究開発から製造・物流にいたる環境ビジネスを集約するエコタウン建設を策定した。

北九州市はつぎのような2つの側面において，歴史的に深い関係をもつ新日鉄から協力を取り付けた。すなわち，1つは2,000haという広大な海岸埋立地の建設を新日鉄が担当し，北九州市が埋立地を買い取り，さらに好条件で進出企業に提供するということである。新日鉄はこれまで埋立地を開発し，その上で新鋭臨海一貫製鉄所を建設する経験とノウハウを持っていたのである。今1つは，環境ビジネスの研究・開発センターを設立し，新しい環境産業を育成することを新日鉄に求めたということであった。北九州環境技術研究センターの設立と「食品廃棄物エタノール化リサイクル事業」の推進は新日鉄が地域の要請に応じる形で行われたということである。同事業の実用化に対し，北九州市は食品廃棄物の分別収集を組織化し，バイオエタノールの生産に必要な原料の安定供給の確保に取り組んだ。この点について，後程詳しく検討する。

2. 新日鉄北九州環境技術センター

食品廃棄物エタノール化事業の展開過程を理解するには，この事業の推進を担当する新日鉄北九州環境技術センターがどのような機構なのかを把握する必要がある。環境技術センターは，新日鉄エンジニアリング(株)環境ソリューション事業部の付属研究施設として2004年に設立され，数億円の投資で研究棟のほかに実験棟を建てた[8]。

環境ソリューション事業部は製鉄技術を生かしつつ環境・リサイクル技術を開発してきた。例えば，廃棄物処理技術のルーツは鉄を作る溶鉱炉と関係する。溶鉱炉技術の基本は高温でものを溶かす技術といってよい。それを生かし

写真6-1　北九州環境技術センター

（出所）会社資料。

て，ごみ焼却処理に使われる溶融炉やエタノール化プロセスに応用される加熱技術が開発されてきた（後述）。冒頭で言及した「食品廃棄物エタノール化リサイクル事業」の担当者も溶鉱炉設計技術者であった。環境ソリューション事業部が携わってきた環境・リサイクル関連のプロジェクトについては「食品廃棄物エタノール化リサイクル事業」のほかに，「直接溶融・資源化システム」（シャフト炉式ガス化溶融炉）[9]，廃プラスチックリサイクル設備[10]，ゴミ中継施設，海生物・汚泥焼却炉，ポリ塩化ビフェニル（PCB）廃棄物処理施設[11]，廃タイヤ乾溜設備[12]，プロン分解装置と土壌・地下水浄化技術などがあげられる。

2000年代初頭に環境ソリューション事業部が北九州エコタウンにおいて環境技術センターを設立した目的は，長期にわたって新日鉄と密接な関係をもつ北九州地域と連携しつつ環境技術の開発を強めていくことにあった。主な活動方針はつぎの3点である。

① 世代環境技術の開発をめぐって，これからの環境問題の中心となるテーマを取り上げ，実証的研究開発に重点を置くこと。
② 地域産学官との連携という側面において，地場産業との連携を図りつつ，資金・人材の活用による効率的な研究開発を目ざすこと。
③ オープンなセンター運営をはかり，共同研究，受託研究，社外研究者の受け入れなど地域に開かれたセンターを作り上げていくこと。

これまでもっとも重要な研究テーマは北九州市と協力して「食品廃棄物のエタノール化」技術を開発することであった。新日鉄八幡製鉄所は北九州市との関係が100年以上に及ぶことが前文で紹介した通りである。環境リサイクル事業とエコタウン建設に取り組んできた北九州市はエコタウン事業に新日鉄の協力を強く要請した。それに対し，新日鉄エンジニアリング社の環境ソリューション事業部は環境技術を持っており，環境ビジネスに強い関心を持っている。元々北九州市の中に3つの研究所があった。研究開発の人件費および諸費用を削減するために，1990年代にこれら3つの研究所を千葉県の富津に移転させつつ1か所に統合させることが行われたのであった。地域最大の研究機関の転出は北九州市にとって，人材形成と研究開発の両面に深刻な影響を及ぼした。このような状況の下で，北九州市は新日鉄に研究所を地域に残すことを求め，エコタウン事業とかかわる研究機関を設置するよう強く要望した。そこで同社は地域の要請を受けて，研究開発に携わる研究者を集めて北九州環境技術センターを設置し，技術協力の形で地域のエコタウン事業に参加することを取り決めた。

「食品廃棄物エタノール化リサイクル実験」が完成した後に，技術センターの運営は引き続き技術本部技術開発研究所によって担われているが，完成品の営業と製造プラントの輸出は環境ソリューション事業部が担当することになった。

運営資金は大きくわければ，2つのルートにより賄えられている。1つは環境省や，新エネルギー産業技術総合開発機構（NEDO）[13]と北九州市からの公的資金によるものである。主に実験プラントの設置や研究維持費などに活用されている。もう1つは社内研究開発費からカバーされている。主に社内自主開発のテーマの推進などに使われる。

技術者数について，発足時に研究者は3名いたが，後に7名まで増えた。エタノール製造所の立ち上げに伴って，2011年4月からは技術者は12名に増えた。技術者の専門について，最初は環境技術やバイオ技術専門の人が多かった。そのうち，学生時代から食品廃棄物からエタノールを製造する研究を行っていた者もいる。食品廃棄物リサイクル技術をもつことは同センターの強みの1つである。後には化学・製造・加工技術の人も加わった。

組織面における課題は，① 戸畑地域の環境ソリューション事業部所管の技術者チームと営業チームとの連携を強めていくことである。上記地域の技術者と営業スタッフは現在，数百名もいる。環境技術センターとの提携は「食品廃棄物エタノール化リサイクル事業」をビジネスとして進めていくのに，重要な意義をもつ。② 現在はセンターの人員配置が12名となっているが，活動内容からみてまだ少ない。20～30人を増やし，バイオ技術以外の化学・製造・加工技術関連の技術者を増やしていく必要がある。

研究開発のテーマについて，これまでもっとも重要なテーマは「食品廃棄物のエタノール化」であった。同センターの施設（2階建ての建物）については，1階にはエタノール関連の試験室があり，2階には50人収容できるセミナー室や研究室が設けられている（図6-1）。

図表 6-1　北九州環境技術センター施設の概要

所在地		北九州市若松区向洋町10番地の12 (北九州エコタウン実証研究エリア内)
施設概要	敷地面積	約 8,700m^2
	研究棟	延床面積 850m^2 (研究室，試験室， セミナー室，事務室等)
	実験棟	延床面積 520m^2 (試験室，計測室等)
	屋外実験ヤード	約 5,600m^2
開設		平成 16 年 7 月

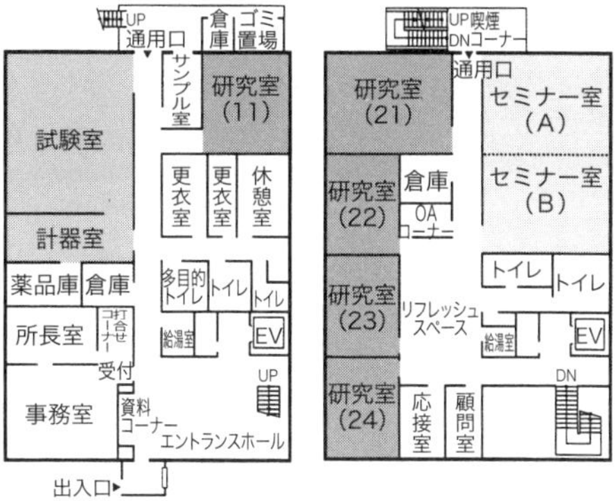

1 階平面図　　2 階平面図

（出所）会社資料。

3. 産学連携

「食品廃棄物のエタノール化」技術の開発プロセスにおいて，今1つ注目すべきは研究開発をめぐるオープンな産学連携の強化であった。環境技術センターは設立当初から日本国内の代表的な大学の研究機関および北九州市周辺の地域大学と緊密な協力体制を構築したことが注目される。大学の研究機関との共同研究の事例をあげれば次のようになる。早稲田大学環境総合研究センターとは「食品廃棄物エタノール化による有効利用システム」を，九州工業大学とは食品廃棄物から有用発酵物を生成するシステムを，東京大学生産技術研究所とは「蒸溜プロセスにおける省エネ技術」を，筑波大学とは「廃棄物系バイオマスからの水素製造技術」などをそれぞれ開発した。そのうち，北九州市に立地する九州工業大学との人的交流は長期にわたって進んできた。九州工業大学との共同研究に携わった学生のうち，環境技術センターに就職する者もいた。

「食品廃棄物のエタノール化」技術の開発に成功したことは，大学の研究機関との共同研究の成果でもあった。「食品廃棄物のエタノール化」技術の開発に直接に関与した国立大学法人九州工業大学の例をみよう。同大学では北九州市エコタウンが発足する2年後の 1999 年に，エコタウン実証研究センターが文部科学省（当時は科学技術庁）の科学技術振興調整費事業「生活者ニーズ対応事業」の実証実験施設として設立された。2004 年上記の事業が終了した後，建物などの施設が九州工業大学に寄付され，大学院生命体工業研究科の付属施設である九州工業大学エコタウン実証研究施設が開設された。2005年に独立センターとして九州工業大学より認められ，大学院生命体工学研究科の教授をはじめ10～15人が配置された。同研究センターの目的は地域循環型社会の実現のために，九州工業大学を中心とした産官学民のネットワークの中で新技術を開発しつつそれを社会に普及させていくことである。

本章の主題である食品廃棄物エタノール化リサイクル技術の開発をめぐって，同研究センターでは2009年からNEDO（新エネルギー・産業技術総合開発機構）の助成金を受けて，新日鉄系北九州環境技術センターとの共同研究に取り組みはじめた。背景としては，九州工業大学はすでに2000年ごろから生ごみを糖化させ，その糖化液を乳酸発酵させて，ポリ乳酸をつくる技術（100kgの生ごみから5kgのポリ乳酸をつくる技術）を開発した。この技術は食品廃棄物エタノール化リサイクル技術を開発するうえ，重要な参考となった。

第3節　「食品廃棄物エタノール化事業」の概要

1. 実験の目的と運営

「食品廃棄物エタノール化リサイクル事業」とはバイオマス（食品廃棄物，セルロース等）からのエタノール製造技術の開発と事業化を進めるものである。バイオエタノールとはもともとトウモロコシ，サトウキビ，廃木材などのバイオマス資源を糖化発酵してつくられる植物性エチルアルコールである。生ごみなどのバイオマス廃棄物を原料としてエチルアルコールをつくることは「食品廃棄物エタノール化リサイクル事業」の中心をなした。製造したバイオエタノールがガソリンに混合され，自動車やボイラーなどの燃料として利用される。日本では，現在の法律で3%まで混合できることになっている。バイオエタノールの使用で二酸化炭素の排出量を削減し，ガソリン使用量を減少させ，廃棄物の削減に貢献できるため，温暖化対策技術としては大きく期待されている。事業展開の経緯はつぎのとおりである。

新日鉄エンジニアリング株式会社・北九州環境技術センターは，2004年度

写真 6-2　食品廃棄物エタノール化製造所

（出所）会社資料。

より独立行政法人新エネルギー・産業技術総合開発機構（NEDO）受託事業「食品廃棄物エタノール化リサイクル実験事業」にて，食品廃棄物よりバイオエタノールの製造試験を実施しはじめた。すなわち，生ごみの中に多く存在するご飯やパンなど澱粉分を焼却せずに液体燃料化してリサイクルするという実験である。この試験では，同事業で製造したバイオエタノールを3%混合したガソリン（E3ガソリン）を製造し，同事業の再委託先である北九州市の公用車や地元企業の業務車両等に供給して，車両の走行試験を行うものである。食品廃棄物の回収は2つのルートによる[14]。すなわち，① 新日鉄エンジニアリングが北九州市自治体に委託して，病院・小学校からの給食残渣分別収集，一部一般家庭生ゴミの分別収集を行う。② (株)西原商事に委託して，2室分別収集車による大規模事業者食品廃棄物分別収集を行うということである（図表6-2）。大規模事業者はスーパー，デパート，コンビニ等の食品販売店舗やホテルやレストラン等の飲食店などを含む。

以上のようなルートを通じて，1日に10トン位の生ごみを集めてくる。そして10トンの生ごみから約500リットルのエタノールを作ることができる。500リットルは10トンの5%でしかない。水分は70%～80%であるので，10トンの生ごみは水分を除くと，実質的に2～3トンとなる。北九州市で発生す

図表 6-2　食品廃棄物エタノール化リサイクル実験の推進体制

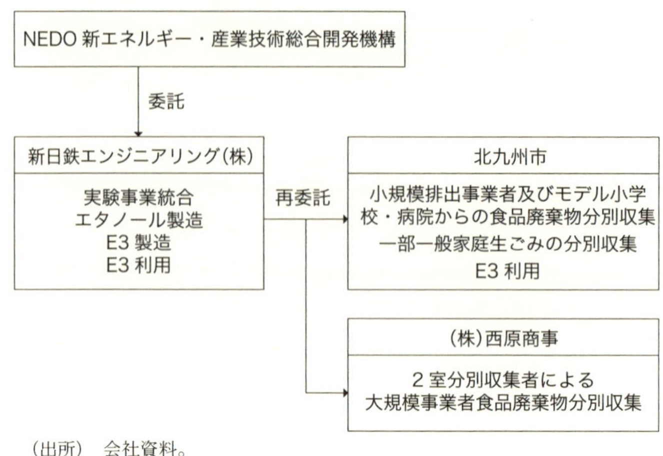

（出所）　会社資料。

図表 6-3　食品廃棄物エタノール化実験の仕様

事業名称	食品廃棄物エタノール化リサイクルシステム
施設設置場所 （環境省補助）	2 室分別収集車　：（株）西原商事保有（2 台） エネルギー化設備　：北九州エコエナジー（株）構内 E3 ブレンド設備　：新日鉄エンジニアリング（株）構内 E3 給油設備　：新日鉄エンジニアリング（株）構内
処理規模	食品廃棄物　12t/ 日（生ごみ　10t/ 日） 事業系一般廃棄物，病院・小学校給食残渣 家庭系一般廃棄物
発生エネルギー	無水エタノール　約 400L/ 日
エネルギー利用先	北九州市内の事業用自動車，産業焼却炉

（出所）会社資料。

る年間の生ごみ 5 万 9,000 トンから，バイオエタノールが 2,242 トンできる計算になる。リサイクル率は決して低くなかった。以上のような理由で，実験を実施する計画は 2005 年から始まり，2007 年にプラント化し，2012 年まで実験を行ってきた。実験の内訳は図表 6-3 に示される。2013 年，食品廃棄物エタノール化技術は開発を完了し，事業化に向かってエタノールの生産を試行し営業を始めている。どのように事業化をうまく推進するかは，現在の課題である。

2. 製造工程

エタノール製造プラントは新日鉄エンジニアリングが出資して作ったごみ焼却所（北九州エコエナジー株式会社）の敷地内に立地している。製造プロセスを概観すれば図表6-4の通りである。

① 食品廃棄物の収集運搬

1日平均10トン（乾燥重量で約2.9トン）の生ごみ（ポリ袋やプラスチック包装）が北九州市自治体や専門回収業者（西原商事）を通してゴミ排出業者から分別収集される（前述）。

② 前処理工程

収集された生ごみスラリーと夾雑物（プラスチックや紙など）を破砕選別する。それからご飯やパンなどの澱粉分を取り出す。

③ 糖化工程

澱粉類生ごみスラリーに酵素アミラーゼを振り掛けて，60℃で反応させて澱粉だけをブドウ糖に化させる。糖化技術の開発では大学の研究機関と共同研究の成果が大いに活用された。

④ 固液分離工程

エタノールの原料であるブドウ糖を水に溶かして糖化液をつくり上げ

図表6-4　エタノールの製造工程

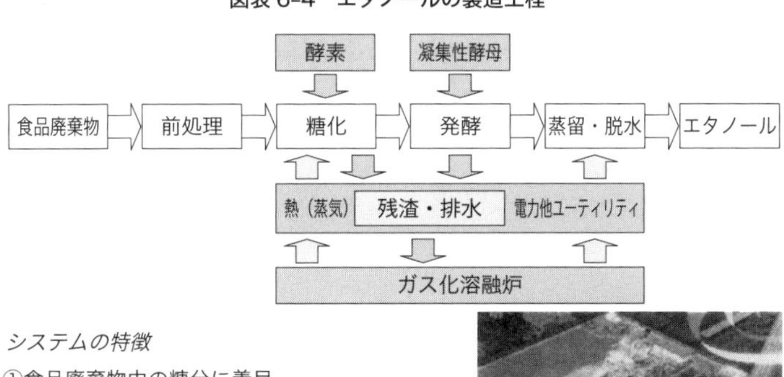

システムの特徴

①食品廃棄物中の糖分に着目
②高効率のエタノール発酵
③隣接溶融炉から低圧蒸気・安価電力を供給
④隣接溶融炉でプロセス残渣・排水の処理，熱回収が可能

（出所）会社資料。

る。糖化液から肉とか野菜などの残渣を固液分離により除去する。残渣は隣接溶融炉で焼却処理をしながら，熱エネルギーを回収してつぎの発酵工程（加熱作業）で再利用する。

⑤ 濃縮・発酵工程

糖化液を濃縮しながら発酵装置に供給する。発酵工程とはブドウ糖をエタノールに変える工程である。酵母という微生物が糖化液を食べて代謝物としてエタノール発酵液を出す。技術革新の面において大学との共同研究で開発された，凝集性酵母による高速連続発酵技術を応用し，発酵過程を大幅に速めることが可能となった。アメリカとブラジルの発酵工程では24時間かかるものが5時間で済むということである。発酵工程が終わると，5%のエタノール発酵液がつくられる。

⑥ 蒸留工程

エタノールを純化させる工程である。蒸溜工程では95%の水と5%のエタノールからなるエタノール発酵液に熱をかけて，水より蒸溜しやすいエタノールを水から分離させる。蒸溜工程を通して純度99.5%のエタノールが得られる。平均1日当たりの生産量は約400Lである。

⑦ エネルギー最終利用

純化されたエタノールを3%ガソリン（E3ガソリン）に混合させる。E3ガソリンは北九州市の公用車や企業の業務用車に供給される。

⑧ エタノール以外に，食品廃棄物中の植物油や動物油から約700kg/日の回収油（A重油相当）も製造し，回収油を含めると高いエネルギー回収率が実現された。

最後に，製造工程で発生した残渣の処理，省エネの問題も循環統合の視点から対応されている。まず図表6-4で示したように，エタノール製造設備が焼却炉またはガス化溶融炉などのごみ処理施設に隣接して設置された[15]。エタノールの製造に伴って生じた残渣がここで素早く処理される。つぎに，ごみ処理施設で発電した安価な電力と利用価値の低い熱（蒸気）がエタノール製造に利用されることにより，省エネ効果が得られたということである。

以上，事業概要のポイントをまとめるとつぎのようになる。すなわち，第1に北九州市周辺より収集した食品廃棄物を破砕・加水・酵素添加し，廃棄物中の澱粉を糖化しながら，酵母により発酵させ，バイオエタノールを製造する。第2に製造工程で発生した残渣の処理，省エネの問題も循環統合の視点に基づいて対応している。第3にこのエタノールをガソリンに3%以下の割合で混合してE3ガソリンを製造し，試験参加者（北九州市公用車など）の車両に給油し，走行させる。

第4節　地域連携の意義

以上，「食品廃棄物エタノール化リサイクル事業」への事例分析を通じて，次のような点を明らかにした。第1に同事業の成功は中央政府の支援によって支えられていることである。まず資金面において，実験施設や設備投資の費用の多くは環境省やNEDOからの公的資金によって賄えられた。新日鉄系北九州環境技術センターだけではなく，九州工業大学エコタウン実証研究センターなど，食品廃棄物エタノール化技術の研究開発に関与した大学の研究機関も環境省から資金援助を受けた。

第2に生ごみの分析収集と完成品の利用という側面において北九州市自治体や市民は大きな役割を果たしている。北九州市によるごみ収集・搬送という入口から，北九州市公車用・市内企業業務用車への供給にいたる出口まで，地域のサポートが不可欠である。収集段階で学校，病院と一般家庭に分別が要請されるが，市民の自発的協力，地方自治体の組織力がなければ，このような収集コスト増とならない分別収集方式は成立しえないのであろう。なお域内の公用車・企業業務用車にバイオエタノールを混合したガソリン（E3）の利用を義務付けることがなければ，製品販路の確保が困難であろう。同事業の性格および運営のプロセスは強い公共性を有することが明らかである。

第3に同事業の成功を技術的な側面から支えたのは優秀な技術者の存在と開放的な産学連携体制による。まず長期にわたって蓄積された鉄鋼生産の技術，とりわけ溶鉱炉技術や加熱技術および熱回収技術などは新日鉄エンジニアリングの技術者を通じて，廃棄物の処理とリサイクルに生かされたということである。バイオエタノールの製造工程にみられたように，加熱技術や化学反応促進の技術が頻繁に使われている。つぎに技術開発のプロセスにおいて，大学との共同研究は重要な役割を果たしている。新鋭の連続発酵技術の開発に成功したことはその表れである。

最後に同事業を実用化に向けて立ち上げるには地域と企業との連携が不可欠である。図表6-5が示したように，生ごみの分別収集→リサイクル→再利用のプロセスは「収集運搬システム」，「エネルギー転換・利用システム」と「エネルギー再利用システム」によって構成されるが，運営にあたって地域と企業とが連携する複合的な事業として統轄されている。すなわち，ごみの分別収集の確保という入口と，E3ガソリンの利用など販路の保障という出口は地域によって支えられ，開発と生産は企業によって担われているということである。地域と企業との有機的な協働体制の確立は食品廃棄物エタノール化事業が順当に存立しえた根拠であった。

現在，同事業は地産地消・地域循環型エネルギー利用の成功例として，他の地域へ導入し普及していくことが期待される。新日鉄エンジニアリングはすでに食品廃棄物エタノール化プラントを商品として国内で初めて自治体および大手排出者へ営業展開している。今後，地域と企業との連携による食品廃棄物エタノール化事業の運営という北九州エコタウンの経験が，日々生ごみを大量に排出する日本各地の主要都市にどのようなインパクトを与えるのかが注目さ

図表6-5　原料収集・生産販売のプロセス

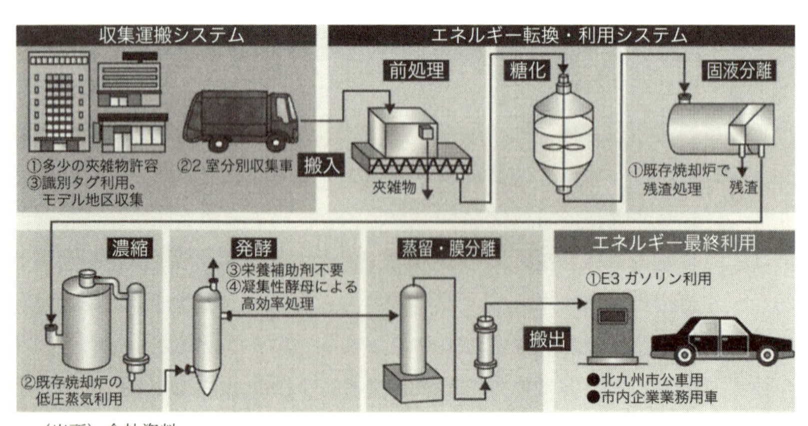

（出所）会社資料。

れる。

第5節　展　　望

本章では，環境ビジネスと地域社会とのかかわりについて，新日鉄エンジニアリング(株)北九州環境技術センターにより進められた食品廃棄物エタノール化の事例を取り上げて分析した。注目すべき点はつぎの通りである。まず資金面において，実験施設や設備投資の費用の多くは環境省やNEDOからの公的資金によって賄えられた。つぎに生ごみの収集と完成品の利用という側面において北九州市自治体や地域住民を含めた「地域」が大きな役割を果たしている。北九州市によるごみの分別収集・搬送という入口から，北九州市公車用・市内企業業務用車への供給にいたる出口まで，地方自治体，地域住民のサポートが不可欠である。市民の自発的協力による生ごみの分別収集はコスト増とならない収集方式が存立しえる根拠であり，同リサイクル事業の実用化を支える重要な柱である。かくて，ごみ収集の確保という入口と販路の保障という出口は「地域」によって支えられ，開発と生産は企業によって担われているという「地域」＝企業の協働体制が確立した。いいかえれば，ごみ収集→リサイクル→再利用のプロセスは「地域」と企業とが連携する複合的な事業として統轄されている。

以上，地域の食品廃棄物をエタノールにリサイクルし，同地域でエネルギー利用していく地産地消・地域循環型事業の性格および運営のプロセスは強い公共性を有することが明らかである。しかし，近年石油価格の大幅な下落は，石油代替エネルギーの開発と利用を妨げる要因となっているなか，地域と企業との協働による食品廃棄物エタノール化ビジネスは経済性の面から動揺していないのか。地球温暖化防止に向けた環境ビジネスの公共性は厳しい経営環境において企業や地域にとってどこまで重みをもつかということを考えつつ，今後の動向を注目したい。

（李　捷生）

注

1　新日鉄は日本鉄鋼業の再編を背景に2012年に住友金属と合併し，新日鉄住友金属(株)を設立した。それに伴って，新日鉄エンジニアリング（北九州環境技術センター）も2012年より新日鉄住金エンジニアリング(株)に社名変更し，現在に至っている。以下は，文脈によって，新日鉄，新日鉄住金と表記する。

2　本章の内容は李が作成した調査報告（李 2013）および拙稿（李 2015）を再構成したものである。当調査研究は，科学研究費補助金基盤研究（B）「循環型生産システムに関する国際比較研究」（研究代表者：中瀬哲史・大阪市立大学大学院経営学研究科教授）により，2011年3月3日に実施された企業調査の一部をまとめたものであった。実態調査は新日鉄エンジニアリング株式会社・技術開発研究所北九州環境技術センターを訪問し，関係者にインタビューを行い，施設を見学する形で実施された。調査先にはほかに，北九州市環境モデル都市推進室，九州・山口油脂事業協同組合，九州工業大学エコタウン実証研究センター，西日本オートリサイクル株式会社，西日本家電リサイクル株式会社，日産自動車九州工場などがある。企業側応対者は角知則・北九州環境技術センター長，日高亮太・北九州環境技術センター（シニアマネジャー理学博士），などであった。参加者は筆者を除いて，中瀬哲史，坂本清，田口直樹，劉仁傑，牧良明，金恵珍，片渕卓志，宇山通，宮崎崇将，藤木寛人，山口祐司，李春，小田利広など15名の研究者を含む。李捷生は調査記録と報告作成を担当した。この意味において，本章の分析は筆者により行われたが，調査内容は共同研究の成果であったことを予め明らかにしておきたい。

3　資源循環の視点で動脈産業の進化プロセスを辿りつつ，「循環統合型生産システム」を次世帯生産システムとして論じた坂本清の研究（坂本 2009），動脈産業との対比において静脈産業の存立根拠を分析した牧良明の研究（牧 2013）を参照。

4　新日鉄エンジニアリングの「食品エタノール化」技術が他の分野においても利用されている。例えば，同技術をベースに，環境省地球温暖化対策技術開発事業の1つとして「愛媛県みかん搾汁残渣エタノール化」プロジェクト（平成20年度～22年度）が発足した。愛媛県産のみかんを原料に飲料をつくる製造工程で大量に発生した搾汁残渣をエタノール化し，液体燃料として転化しようとするプロジェクトである。

5　内閣府ホーム（共生社会政策）http://www8.cao.go.jp/syokuiku/data/whitepaper/2013/book/html/c103.html

6　焼却処理する場合に，食品廃棄物の含水率（70％～80％）が高いため，燃焼性が劣り，エネルギー転化効率が悪い。

7　日本における食品廃棄物リサイクル全体状況の歴史的な整理と法規制などの推移について，佐藤（2014）が簡潔に紹介している。

8　新日鉄エンジニアリング（2012年以降，新日鉄住金エンジニアリング）の概要はつぎの通りである。1974年に新日鉄が製鉄設備の設計と環境技術の開発を統合する拠点として，エンジニアリング部門を設置した。関連業務の拡大に伴って，2006年に新日鉄と分社化する形で，エンジニア部門は新日鉄エンジニアリング株式会社として発足した。資本金は150億円（2010年），従業員は連結で3,470人（単独で1,243人）である（2010年の数字）。メンバーは製鉄設備や環境技術の開発・設計・企画を行うエンジニアリング部隊によって構成される。製造技術とプロセス技術と加工技術を備えていることが特徴の1つである。そしてこれらの技術をベースに，新しい事業を開拓することが新日鉄エンジニアリングの役目とされた。主な事業は4つの事業部によって担われる。すなわち，「鉄プラント事業部」（鉄鋼生産設備・プラントの設計・製作など），「環境ソリューション事業部」（廃棄物の処理やリサイクル，土壌・地下水浄化と関連する環境ビジネス），「海洋事業部」（鉄鋼技術を海洋での石油・天然ガス開発事業に応用する事業），「建築・鋼事業部」（鉄の加工技術を応用した特殊構造物の設計・建築）である。

9　可燃ゴミ，不燃ゴミ，焼却残渣，汚泥，埋め立ゴミ，フロンなど，資源リサイクル後の幅広いゴミを一括溶融資源化するシステムである。

10　自治体から搬送されてきた廃プラスチックより異物を除去し，製鉄所のコークス炉へ装入可能な品質，形状に事前処理する設備である。

11　処理困難物であるPCBなどを安全無害化処理する日本で初めての施設である。同施設は北九州市に立地し，2004年に稼働開始。

12　廃ダイヤを乾溜，熱分解し，出てきたガス，油分，ワイヤー，カーボンを製鉄所で再利用する画期的な施設である（広畑製鉄所内）。

13　経済産業省所管の独立行政法人。

14　E3ガソリンとは，「揮発油等の品質の確保等に関する法律」により定められたエタノールを容積3%以下に混合したガソリンであり，本試験では新日鉄エンジニアリング社がE3ガソリンの特定加工業者登録等を得て，E3ガソリンの製造，給油を行っている。

15　新日鉄グループ子会社の九州エコエナジーにより運営されたガス化溶融炉が2005年に稼働開始し，エコタウン内のリサイクル関連企業から残渣の産業廃棄物などをガス化溶融処理し，発生したガスで発電，エコタウンの22社に供給した。

第7章
半導体産業における環境問題の現段階

第1節　はじめに—本章の課題

ムーアの法則が提唱されて以降，半導体産業は目覚ましい発展を遂げてきた。昨今では「ムーアの法則の終焉」が囁かれているものの，現在に至るまで微細化技術は進化し続けている。そして，この進化に伴い電子機器もまた飛躍的な成長を見せているのである。例えばスマートフォンの誕生は，デジタルカメラ市場に脅威をもたらすなど，エレクトロニクス産業に大きな衝撃を与えた[1]。半導体産業の発展は，我々の暮らしに変革をもたらし続けていると言える。

更に昨今では，あらゆる分野の垣根を超えて，モノとモノがつながる，いわゆるIoT（Internet of Things）によって新たなビジネス・チャンスが生まれている。このIoTが与える影響は，先に示した1産業（電子機器）の発展にとどまるものではない。製造業，医療，農業とあらゆる産業のビジネス構造に変革をもたらす可能性が極めて高い。そのため半導体需要は今後も増加し続けると予測されている（図表7-1を参照)。

以上のように半導体は，我々の暮らしにとって不可欠である。しかしながら一方で，半導体製造および，そのプロセスで使用された化学物質が，必ずしも適切に処理されることなく，それが自然循環に返る結果，様々な環境問題（＝自然環境問題）を生み出している。そこで本章では，半導体産業における環境問題と人体被害の関連性に焦点を当て考察していく。さらに，人体被害に対する半導体企業の対応だけでなく，環境負荷低減に向け，半導体関連企業がどのような対策を講じているのかも論究していく。

図表 7-1　デバイス別半導体売上高の成長推移（予測）

	2014-2019 CAGR	2020-2030 CAGR
Total Semiconductor	31%	52%
Integrated Circuits（IC）	29%	55%
Memory IC	14%	60%
Microcomponent IC	30%	32%
Logic IC	36%	72%
Analog IC	35%	35%
Discretes	37%	37%
Optical Smiconductor	40%	40%
Sensors & Actuators	57%	57%

（出所）体製造装置協会（2016）『SEAJ Journal』No.152，20 頁。

第 2 節　半導体製造が引き起こす環境問題

1．半導体製造と土壌・地下水汚染

半導体を製造する際，多種多様な化学物質が使用されているのは既知のことである。半導体製造は前工程と後工程に大別され，とりわけ前工程が環境問題の主因として指摘されてきた。前工程は，図表 7-2 に見るようなプロセスを経て後工程へ移行していく。そして，前工程の中でも特に問題となるのがフォトレジスト工程，エッチング工程，イオン注入工程と言えよう。

フォトレジスト工程において使用される感光性の高い化学物質が，生命体に与える影響は大きく，さらに電子回路を形成するエッチングではウェハに廃食液や多種多様な化学ガスを噴きつけ，後に感光膜を削り取る作業が繰り返し行われる。イオン注入工程でも毒性を持つ化学物質が何度も使用される。半導体を製造するためには，ウェハの性質上，毒性を持つ化学物質を使用することが不可欠となるため，その削減・管理が重要となる。

また半導体産業の技術発展は他産業と比しても，その速さが際立ちドッグ・イヤーと例えられるほどである。しかしながら，その裏では吉田（2001）が指摘するように，熾烈な技術開発競争が行われ，結果的には化学物質の安全性が

図表 7-2　半導体の製造工程

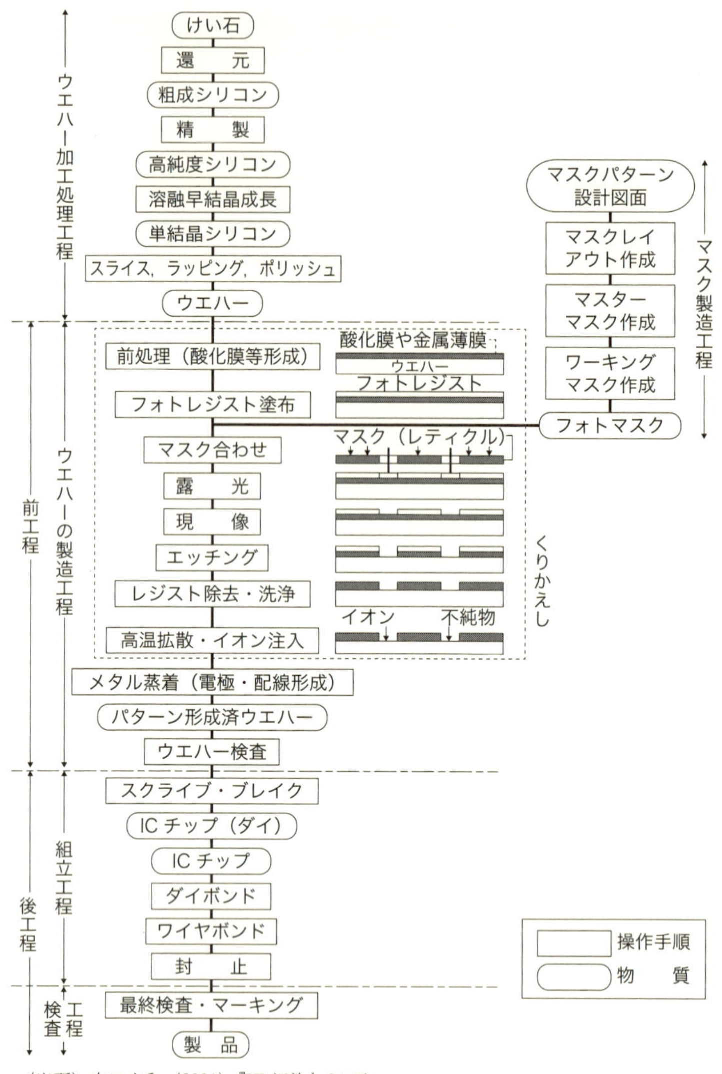

（出所）吉田文和（2001）『IT 汚染』24 頁。

担保されずに実験室段階の物質を実際の工程に使用してきた。技術競争は，昨今更に激しさを増しているため，現段階においても化学物質の安全性がどこまで検証されているのかは不明瞭である。このような環境下において，半導体産業は多くの環境問題を生み出してきた。この点ついて，以下論述していく。

日本の半導体工場において，地下水汚染が初めて明らかとなったのは1984年のことである[2]。汚染が発覚したのは，1983年8月に厚生省から通達された水道水源の調査によるものであった（吉田 1989, 134頁）。これは今から30数年前のことであり，汚染の発端は東芝太子工場と言われている。太子町の約4分1にあたる井戸が基準値を超える数値を示し，トリクロロエチレンによって汚染されていた。半導体製造において，洗浄用に使用していた使用済みトリクロロエチレンを貯蔵する「地下タンクからの漏れ」との見方が極めて強い。また井戸周辺では，トリクロロエチレンだけでなく，同物質が変化した物質（ジクロロエチレン系）も同様に高濃度で検出されている（吉田 2001, 115頁）。そして太子町が行った最終調査では，362本ある井戸のうち，WHOの暫定基準を上回り汚染されているものが126本（一般家庭専用井戸54本）も存在することが明らかになったのである（剣持 1986, 78頁）。

さらに君津市においても，1987年に東芝の半導体工場からの地下水汚染が確認されている。43本の井戸を調査した結果，その内10本からWHO・厚生省の暫定基準値を上回るトリクロロエチレンが検出された。その中には，市営水道の水源も含まれていた。トリクロロエチレンの暫定基準値が，330倍にあたる数値を示した箇所も報告されている（吉田 1989, 122頁）。

このように東芝は，1984年に太子町において土壌・地下水汚染が発覚したその3年後に，君津市にて同様の環境汚染を起こしている。本来ならば，太子工場内にて発生した汚染の原因追求・改善策は同工場だけでなく，他工場でも施し，同様の汚染が起きることのないよう，徹底しなければならない。君津の事例は，それが生かされていないことを露呈している。

東北地方もまた半導体関係工場が立地していることで有名である。そして東根市の地下水から，トリクロロエチレンが1991年度に県の調査によって検出された。1992年度における県の調査によれば，汚染の井戸は35カ所にも上り，中には基準値の67倍（2ppm）にあたる高い数値が検出されていた。後に行われた1995年度の定期調査で県は，過去最高値の濃度を検出し，1999年度の調査でも6地点で基準値が超過している実態を明らかにしている（吉田

2001, 118-119 頁)。

こうした半導体製造をめぐる環境汚染については，何も太子町，唐津市，東根市だけでなく，日本全国で起きている深刻な問題である。半導体産業（前工程）が立地する市町村にて地下水汚染を調査した結果，福島県会津若松市の他，静岡県豊岡村など，多くの井戸でトリクロロエチレンが検出されている。松戸市，京都市，そして八日市でも調査対象となった井戸の半数から，トリクロロエチレンが検出されている（吉田 1989, 132 頁)。

以上のような環境汚染は，日本全国で起きているだけでなく，また過去の話でもない。さらに一度でも，汚染された土地や地下水を元に戻すことは，極めて困難と言える。中には何十年もの歳月を要す場合もある。1980 年～1990 年代の事例ではあるものの，現在も浄化作業が行われている可能性は高い。日本全国の土壌汚染は，40 万カ所以上あると予測され，その対策費用は 13 兆円に上ると言われている（吉田 2001, 102 頁)。顕在化した事例は，氷山の一角に過ぎない可能性が高い。

もちろん，このような汚染は何も日本に限定し，起きている問題ではない。半導体の聖地とも言えるシリコンバレーでは，日本以上の深刻な土壌汚染が起きている。シリコンバレーは半導体関連企業の一大集積地であり，急速な発展を遂げてきた地域でもある。しかしその一方で，環境汚染が深刻な問題になっている。シリコンバレーにおいて，最初に人体に影響を及ぼす危険度の高い有機溶剤（トリクロロエタンなど）が発見されたのは，IBM サンノゼ工場であり，その原因は地下タンクからの漏れであった。また同様に，同地域に位置するフェアチャイルド社でトリクロロエタンの漏れが発見されている。従業員が地下貯蔵タンク近くの土壌が濡れていることを発見し，タンクの破損が発覚・報告されている。その影響を受け，60 メートル離れた井戸の調査が行われ，汚染されていることが明らかになった。この汚染の度合いは，州が定めた基準値を約 30 倍も超えていた。その後も調査は 10 年以上続けられ，結果的には 71 地点でタンクから漏洩している事実が判明している（吉田 1989, 19-21 頁)。そして何よりも，汚染そのものがいかに深刻かつ凄惨であるかを知るうえで，ニューヨーク州エンディコットを挙げることができる。同じく IBM 社によって引き起こされた汚染の爪痕が残り，その処理は長期間にわたり継続されている（Forand S.P. et al. 2012）。

またカリフォルニアでは，深刻な地下水汚染が顕在化したことによって，汚染状況が徹底的に調査されることになった。そして，危険な使用済み有機溶剤が地下埋没タンクの約80％から漏れていた実態が明らかになっている。地下水からは，約100種類もの化学物質が発見された（吉田 1989, 17頁）。このような日本とアメリカに共通する汚染要因は，地下に埋没された「貯蔵タンク」である。タンクの劣化などによって，化学物質が土壌・地下水へと流出している。現在は，埋没式でなく，架空化配管にすることで土壌汚染・地下水汚染に対する防止策をとる企業が多く，これが現在の主流であると考えられる[3]。それでは次にこうした環境汚染が，人体に与える影響を考察していく。

2. 半導体製造と健康被害の関連性

半導体製造における環境問題が，人体にもたらす影響について考察すると，まず太子町，さらには君津市で問題となった東芝の事例から，次のような結果が明らかになった。東芝太子工場が原因とみられる環境汚染は，町営水道水128カ所（427カ所中）であり，そこから基準を超える数値が報告されている。汚染の度合いは一律ではないが，人体に影響のある基準を明らかに超える井戸が十数カ所も発見されたのである（吉田 1989, 135頁）。それにもかかわらず，市は住民に対する健康調査を行っていない。したがって健康被害の状況は，推測の域を出ることなく不明であるものの，唐津工場の汚染については，障害を持った子供の事例が報告されている。もちろんそれだけではなく，流産，心臓病など多くの症状を訴える地域住民の存在が把握されている（吉田 1989, 128頁）。

また唐津工場と同様にフェアチャイルド社による環境汚染も，近隣住民に甚大な健康被害をもたらしている。生まれて間もない幼児の心臓に穴が開く事例が報告されているほか，先天異常を持つ子供の存在が明らかとなった。そしてその影響は，子供だけでなく大人にも見受けられる。ガンや流産によって死亡したとみられる，多くの被害が報告されている（吉田 1989, 2-4頁）。

かつて，PC産業で働く女性の高い流産率を調査した研究グループ（MIT）もまた，ウェハ製造工場における労働と流産率には，関連性があることを明らかにしている。一般的に指摘されている流産率と対比した際，20％～40％高い割合で起きているという。この理由として，溶剤などに使用されているグリコールエーテルが原因であるとの見方が強い。この結果は，IBMを対象に研究を行ったジョーンズ・ホプキンス大学の結果とも一致し，やはりウェハ製造部門の女性労働者の流産率の高さが明らかになるだけでなく，同様にグリコールエーテルが原因化学物質と推定されている（吉田 2001, 38-39頁）。

この他にも流産率に関する研究では，クリーンルーム内で勤務する女性労働者への影響が明らかになっている。非曝露では，17.8％に対してクリーンルーム31.3％，拡散ルーム38.9％であった（Pastides H. et al. 1988, p.545）。もちろん，女性労働者に対する人体への影響として，流産のみ問題視されているわけではない。Sung（2007；2008）は，女性労働者と小児白血病の関係性を研究する中で，相関関係が高いことを指摘している。クリーンルームに限定することなく，半導体労働といった観点から人体被害を捉えると，特に男性と比して女性の肺がん率の高さや女性特有とも言える乳がんなど，そのリスクもまた多く報告されているのである（Kim M.H, Kim H, Paek D. 2014）。

このように現場労働における人体被害の要因として，その多くはクリーンルームを指摘することができる。半導体を製造する際，そのプロセスにおいて製造装置が用いられるわけであるが，すべて機械化されている訳ではない。クリーンルーム内では人の作業も不可欠となり，ここに問題がある。クリーンルームはその名の通り，常に清潔に保たれ，大気中の不純物が内部に入り込まないよう，徹底した管理が行われている。ここで留意しなければならないのが，クリーンルーム内の徹底した管理は，半導体製造を念頭に置いたものであり，洗浄工程などで用いられた有機溶剤，化学物質がクリーンに取り除かれるわけではないということである。クリーンルーム内では，空気清浄が常に行われているものの，化学物質がすべて取り除かれるわけではない。したがって労働者は，化学物質が蓄積される工場内で働き続ける結果，人体に大きな影響が出始める。Correra A., et al.（1996）らは，クリーンルームで働く35歳以下の女性を対象に，流産などの健康被害と化学物質の関係を調査し，相関性が高いことを指摘している。

またIBMにおける人体被害に関してであるが，地下水を使用した水道水に

TCEが含まれ，これが検出されたある地域の出生数（1,090）を，1978年～2002年に掛け調査した結果，母親に対する心臓病のリスクおよび，低体重出産，胎児成長遅延といった問題が浮き彫りになった（Forand S.P, Leis-Michl E.l, Gomez M.I. 2012）。さらにChiu（2013）らは，TCEが人体に及ぼす影響について考察し，癌だけでなく心臓病など，人体に対し極めて有害な化学物質であることを指摘している。したがってTCEは，母子に大きな影響を与えていると言えよう。またClapp（2006）が，1969年～2001年に掛け行ったIBMのPC製造および半導体工場における死亡者に対する調査では，3万1,941人であった。ここで興味深い点は，男女ともに死亡した元従業員の要因として，癌の割合が高いだけでなく，死亡者の平均年齢が若いことである。

では次に男性に対する健康被害を見ると，その1つに生殖障害が報告されている。HCFやブロモプロパンは，オゾン層破壊物質の代替薬品として1990年後半頃普及した。これらは洗浄に使用されるが，労働者の肝障害や生殖障害という問題を生み出したのであった。ブロモプロパンは，韓国において生殖障害だけでなく，貧血を訴える労働者が報告されている。中国でもブロモプロパンを製造する工場労働者25人の健康調査を行ったところ，被ばくによって造血系に影響するとの指摘がなされている。その後，ブロモプロパンを主成分とする新たな物質が浮上したものの，それに関しても，結果的には強い神経毒性を持つ物質であった。その人体への影響は，アメリカにおいて精子の形成・放出に障害をもたらすとの実害が報告されている（吉田 2001, 40-42頁）。

この他にも脳腫瘍のリスクが明らかにされているだけでなく（Kim M.H., Kim H., Paek D. 2014；Thomas T.L. et al. 1988），半導体製造に特化し，急速な台頭を果たした台湾でも興味深い研究がなされている。男性従業員に特化した調査であるものの，対象者はその「子」であり，そこから従業員の健康被害を把握するものであった。1980年～1994年の期間に働いていた6,384人に焦点を当て研究が行われた。ここで特筆すべきは，性別は不明であるが，5,702人の出生が確認され，うち44人もの幼児が5年以内に死亡していたことである。さらに驚くべきことは，先天性異常や心臓疾患による死亡率が異常に高かった（Lin C.C. et al. 2008）。労働者に対する直接的被害だけでなく，実子に対する間接的影響も大きいことが見てとれる。

こうした半導体製造における健康被害は，1980年代〜1990年代に起きた過去の話ではない。生活そのものが便利な世の中へと移行する中，半導体製造によって今も多くの健康被害が報告されている[4]。1990年代半ば以降，DRAM生産で急速に台頭したサムスン電子を見ても，環境汚染が人体にもたらす影響とその後の対応をめぐり，昨今，多くの報道がなされている。サムスン電子における工場内部労働者への曝露問題は，『朝鮮日報』をはじめ，様々な報道機関を通じ，世界に発信されている。もちろん報道機関だけでなく，学術の視点からも，サムスン電子で起きた曝露を問題視する研究が見受けられる。Kim (2012) らは，サムスン電子が保有する工場の中でも，とりわけキフン工場に焦点を当て，そこで起きた人体被害を詳細に調査している（図表7-3参照）。

キフン工場において，勤務歴のある白血病患者13人，非ホジキンリンパ腫患者4人（計17人）の職歴及び病歴が明らかとなった（熊谷, 毛利 2015, 246頁）。癌患者17人のうち，エッチング工程（ウエットも含める）が5人と最も多い。キフン工場の事例から見て取れることは，エッチング工程で使用される化学物質が，人体に及ぼす影響は極めて高い関連性を持つと思われる。診断年齢も男性が29〜46歳，女性は18〜32歳と非常に若いだけでなく，数名の患者が既に亡くなっている。20歳の女性患者（診断年齢）に関しては，22歳の若さで死亡しており，半導体製造の闇が浮き彫りになった。2000年以降に雇用された従業員は4人存在しているため，キフン工場の事例からも，半導体製造における健康被害は過去のものではない。(Kim I., Kim H.J., Lim Y. et al. 2012, pp.150-151.)。

またサムスン電子における健康被害に関して，エッチング工程であるかは不明であるものの，半導体工場内にて勤務していた従業員が白血病で亡くなり，その原因が労働環境にあるとの訴えを遺族が起こしている。一度は勤労福祉公共団体が産業災害を否定したが，それを不服とした遺族が裁判を起こし，その結果，遺族側が勝訴したのである。この裁判所の判決は，白血病と工場における労働環境に強い相関関係があると判断し，半導体製造が人体に与える影響を明確化したものと捉えることができる（裵 2012, 134-135頁）。

こうしたサムスン電子の健康被害は氷山の一角であり，韓国に限定されるわけではない[5]。サムスン電子の半導体製造工場は，国内外に展開している。グ

図表 7-3　キフン工場における労働者への人体被害

	性別	病名	雇用時	診断年齢	職務	作業	潜伏期間（月）
キフン事業所	女性	白血病（分類不明）	1994	18	オペレータ	不明	4
	女性	非ホジキンリンパ腫	1993	21	オペレータ	エッチング	61
	男性	急性骨髄性白血病	1987	29	エンジニア	不明	132
	男性	急性骨髄性白血病	1989	32	エンジニア	不明	138
	女性	急性骨髄性白血病	1988	32	オペレータ	不明	168
	女性	急性リンパ性白血病	2000	23	オペレータ	エッチング	44
	女性	非ホジキンリンパ腫	1995	29	オペレータ	拡散	102
	男性	急性リンパ性白血病	1997	30	エンジニア	その他	89
	女性	急性リンパ性白血病	2003	20	オペレータ	ウエットエッチング	21
	男性	急性骨髄性白血病	1983	46	エンジニア	拡散	271
	女性	急性骨髄性白血病	1995	30	オペレータ	ウエットエッチング	138
	男性	白血病（分類不明）	2005	30	エンジニア	フォト	33
	女性	急性骨髄性白血病	1999	28	オペレータ	エッチング	108
	男性	白血病（分類不明）	2000	36	エンジニア	フォト	108
	女性	急性骨髄性白血病	不明	25	オペレータ	ウェハー検査	不明
	女性	急性骨髄性白血病	1988	30	オペレータ	不明	151
	女性	急性骨髄性白血病	1995	26	オペレータ	テスト	101

（出所）Kim I., Kim H.J., Lim Y. et al. (2012), p.149.

ローバルに展開する企業はREACH規則などに則り，使用する化学薬品を削減・禁止するなど化学物質の管理を行っている。REACH規則は，グローバルに展開する企業にとって無視できないものである。しかしながら実態としては，半導体製造で使用される化学薬品によって健康被害が起きている。サムスン電子の問題は，韓国で起きた問題と捉えるのではなく，グローバルな問題として認識しなければならないことを意味する。

半導体製造において，そのプロセスで使用する化学物質については，各企業によって異なることは既知のことであるが，これについては細かな製造プロセスに使用される化学薬品に若干の相違があるにとどまるものでしかない。全半導体企業が，健康被害と関係性の強い化学薬品を使用せず，半導体を製造することは不可能である。多くの半導体企業がグローバルに工場を展開していることを勘案すると，サムスン電子に限定した問題でないのは明白である。

第3節　環境問題をめぐる半導体関連企業の動向

1．環境汚染に対する半導体企業の対応

太子工場で起きた環境汚染に対する東芝の対応は，自社の経済的利益を優先する身勝手な行動と言わざるを得ない。汚染源の調査を太子町と県が行い，その結果，東芝太子工場407号付近であることが判明している。ここでの汚染原因は，配管のひび割れや作業ミスなど，様々な点が明らかになった。当時，徹底的に原因を究明すべく掘削調査が行われたものの，深さ7メートル付近から地下水が湧出したため中止を余儀なくされた（吉田 2001,137頁）。汚染の主要因としては，埋没された貯蔵タンクの配管からの漏れとの見方が強い（吉田 2001,138頁）。

しかしながら，堀削調査が途中で断念されたため，確たる証拠の発見にまでは至らなかった。したがって，汚染問題について東芝側は，自社工場内にて使用していた有機溶剤と地下水汚染の関係性を完全には認めず，汚染源を不明確にしている（吉田 2001,129,141-142頁）。環境問題を解決するためには，汚染土壌の原因を徹底的に解明する必要性があったことは明白である。これが不十分であると，汚染が永続化することになる。太子工場内において，トリクロロエチレンを地下タンクで貯蔵し，そのひび割れがあった事実を踏まえると，東芝は自発的に汚染問題解決に向けた対応策を検討・実行する社会的義務がある。地下水汚染が判明した後，太子町の水道水源の井戸では，風を噴き上げ，トリクロロエチレンを揮発させる曝気処理が行われている。しかしこの対応は，東芝によって行われたものではない。唯一東芝が行ったことは，寄付金として水道水切り替え費用を負担しただけである（吉田 2001,117頁）。

その後，汚染地域では汚染除去が行われたことにより，1984年5月の段階で汚染レベルは減少したが，1989年の段階でも汚染の基準値を遥かに上回る井戸が確認されている（吉田 2001,138頁）。こうした汚染は深刻であるため，国・県による厳しい規制や改善通知書などが必要となる。それにもかかわら

ず，太子町と東芝との間で明確な半導体工場における汚染協定が結ばれていない。後に東芝は，使用化学物質の届け出を町民課に行うことを義務づけたものの，住民に対する情報の開示は行われていない（吉田 2001, 141 頁）。また君津工場に関しても，調査や浄化に対する費用総額 12 億円のうち，11 億 5,000 万を東芝が支払っている（吉田 2001, 124-125 頁）。本来なら，東芝が全額負担すべき費用である。

東芝の事例から見て取れることは，行政の対応も遅く，結果的に被害を拡大させている点にある。その理由として，行政側が汚染原因を追究する中，もし企業が工場を撤退する意向を示せば，地域にもたらす経済的損失はさらに莫大なものとなる。しかしこうした汚染が今後起きることのないよう，また今後洗浄するにあたり責任の所在を明確化することは，経済的損失と質的に異なる重要性を持つ。このような環境問題を防ぐためには，企業側が法的側面に立脚した情報開示を行うだけでなく，自発的な情報発信も求められる。そして地域住民も企業に対し情報公開を求め，モニタリングを強める必要があると言えよう。

東芝同様，熊本においても深刻な地下水汚染が起きている。中には，有機溶剤による汚染が，国の暫定基準値の 500 倍にもなる井戸が発見された事例も報告されている[6]。こうした環境汚染は，1982 年の環境庁による調査によって発覚した。その後，事態を重く見た県側は，1983 年から有機溶剤の調査を開始し，市内にある 47 の井戸から高濃度の汚染を確認している。そしてこの問題を引き起こした半導体工場の 1 つとして，九州日本電気を挙げることができる。1970 年に操業を開始して以降，九州日本電気の工場から基準値を上回る濃度の有機溶剤が，排出されていたのである。この事態を重く受け止めた当時の熊本市議会は，事実解明に動き出したものの，結果的には十分な説明責任を果たすことなく企業秘密として真相が明らかにされることはなかった。その後，1986 年 1 月に熊本市と九州日本電気が公害防止協定を結び，ようやくトリクロロエチレンなどの有機溶剤を，国の暫定基準の 10 分の 1 以下に抑制する取り決めがなされた。ただし有毒物質の使用状況については，これまでと同様，報告義務が無く企業秘密として取り扱われたのであった。ここで深刻な問題は，極めて汚染の危険性が高い九州日本電気の半導体工場付近に，民家や幼稚園が隣接していることである（吉田 1989, 143頁～147頁）。

有機溶剤が人体に与える影響については，既に多くの研究・報告がなされている。そのため企業だけでなく，県側にも大きな責任があることは明白である。県側は，有害物質が健康被害に与える影響に関して認識していた可能性が高い。これを踏まえると，地域住民の暮らしを担保すべき行政が，その役割を果たすことなく，県に立地する企業の経済的価値を結果的に優先したことになる。

1980年～1990年代にかけ，半導体産業を牽引したのは日本企業である。それに伴い日本各地で半導体製造をめぐる環境問題が浮かび上がった。では2000年以降の半導体産業を見ると，韓国企業が重要な位置を占めている。そして韓国半導体企業の中でも，とりわけ存在感を示す企業がサムスン電子である。このサムスン電子は，先にも見たよう，環境汚染による人的被害をもたらしている。それではこうした人的被害に対して，サムスン電子はどのような対応をとっているのか考察していく。

サムスン電子は2014年に入り，自社が起因する労働災害（白血病など）に対し，被害者側の要求である「公式な謝罪」を受け入れると公表した。自社で勤務し労働災害が疑われる疾患によって，闘病中もしくは死亡した従業員および遺族に，しかるべき保証を確約している[7]。そして2018年11月1日，十数年にわたるサムスン電子における白血病問題にようやく終止符が打たれることとなった。その具体的な内容は，1984年5月以降，キフン半導体・液晶パネル工場に1年以上勤務し，疾病にかかった全員に被害補償を行うよう調停委員が勧告したのである。そしてサムスン電子は，この仲裁案を無条件で受け入れると表明している。調停委員の仲裁案は，被害補償の大幅な減額を被害者側に提示するものであった。その理由としては，対象疾病をこれまでの26種類から46種類に増やすだけでなく，さらに補償対象にはサムスン電子の在職者，退職者，社内で勤務していた下請け業者の在職者，退職者まで含めたからである。支援補償額についてであるが，白血病が最大1億5,000万ウォン（約1,500万円），卵巣がんと乳がんが最大7,500万ウォン（750万円）に決定した。調停委員はまた，サムスン電子代表理事への公式謝罪も仲裁案に含めた。これを受け，サムスン電子は同月中に記者会見を開き，謝罪文を発表する予定としている[8]。

ここから見て取れることは，2014年にサムスン電子は謝罪を受け入れる立場を明らかにしたが，結果的になされていない可能性が高いと言うことである。労働被害者側に求める公式な謝罪が行われていれば，既に解決していると思われる。以上を踏まえると，公式な謝罪が真の意味（被害者側に立った）で果たされるのかについては，これまで以上に注意深くサムスン電子の動向を考察しなければならない。

今後もシリコンウェハを用いて半導体生産を行う限り，多くの化学物質の使用が予測される。企業が被ばくした従業員，そして遺族に対し真摯な態度で向き合うことがなければ，真の意味で環境問題を解決することは出来ない。そればかりか，今後も半導体製造における環境問題が新たに起きる可能性は高い。以上の点を踏まえ，半導体産業全体において競争優先主義を見直すことが，環境問題を解決する第1歩になる。

2. 環境負荷軽減に向けた半導体製造関連企業の動向

半導体企業が環境問題を起こさないためには，有害な化学物質を使用せずに半導体を製造することである。しかしながら，既に述べたように，これは極めて困難であり，そのためには原材料（シリコンウェハ）を見直す技術革新が求められる。シリコンである以上，毒性のある化学薬品を使用せず半導体製造を行うことは不可能と言える。また昨今では半導体需要の高まりや，ウェハの大口径化に伴い，化学薬品の使用量が増加傾向にある[9]。こうした中，半導体企業各社はコスト競争を念頭に置きつつ，環境も配慮した製造革新に一層取り組まなければならない。もちろんこのような取り組みは，半導体企業だけでなく，化学薬品企業にも求められる。環境負荷軽減は，環境問題に取り組むうえで重要な活動であると言える[10]。半導体製造における化学物質の削減に関しては，以下4つの方法が考えられる[11]。

(1) 洗浄工程における薬品使用量の削減

洗浄工程で重要となるのが，少量の薬品でも高性能洗浄を可能にすることである。投入する薬品量の低減を図ることが出来れば，環境負荷低減につながることは言うまでもない。具体的には界面活性剤を添加し，微細なエッチングを可能とするBHF，キレート剤を添加することによってウェハ上に付着したメタル不純物の洗浄除去性能を向上させ，薬品使用量の低減を行うのである。既に界面活性剤を添加することによって，パーティクル除去性能を高める薬品が販売されている。

また洗浄との関連性が高いエッチングのメカニズムを改善し，洗浄プロセスそのものを見直し，廃液処理が容易な薬品に特化するだけでなく，薬品数を削減する動きが見られる。洗浄装置においても，従来のバッチ方式からスピン洗浄装置を用い，洗浄槽内に残る化学物質を減少させることで，洗浄効果が高まるのである。さらに処理槽には，フィルタを内蔵させた循環システムを設けることによって，薬品寿命の延命を図る方法が実際に採用されている。その他にも，処理槽内の薬液状態をモニタリングし，消費した薬品成分を適切なタイミングで供給するシステムも見て取れる。こうした対応により，槽内の薬液寿命の延命を図るとともに，追加投入する薬品量を最小限に留めることが可能となっている[12]。

⑵　産業廃棄物排出「ゼロ」を目指した取り組み

半導体製造において排出される廃液を工場内部で無害化し，産業廃棄物の排出量を「ゼロ」にする方法として，廃棄物を燃焼させ無害化する事例が報告されている。現象液の廃液は，その成分のほとんどが水分である。そこで濃縮処理を施し，抽出された水分のみが再利用されている。なお，濃縮された廃液は外部の処理業者に委ねることで，廃棄物排出量の「ゼロ」を目指すといったものである。半導体製造に用いた「廃液」であるが，他産業では「廃液」でないことが多い。半導体製造に用いる薬品は，純度が高いものでなければならない。そのため，半導体製造においては廃液となるが，他産業では問題なく使用することが可能となる[13]。

⑶　半導体製造における廃液の再生・再利用

工場内において廃液を再利用する場合，主に水処理や燃料などに利用されている。これまで，一度使用した廃液を再度製造工程に用いることは困難と言われていた。しかしながら現在では，廃液を再度利用する技術が開発されている。低品質の薬品を精製し，純度を高めることが可能になりつつある。半導体製造で使用された廃液が，一度外部に委託された後，再び半導体製造において使用できるまでに処理が施されようになっている。再利用が可能な化学物質としては，主に硫黄やリン酸である。こうした半導体製造における廃液の再利用は，環境負荷低減を行ううえで重要な意味を持つ。実際に大門（1999）らは，再利用・再資源化の事例をまとめている。

⑷　廃液の再利用を目指した地域内ネットワークの確立

半導体製造で使用された廃液を静脈企業が引き取った後，廃液をそのまま他産業で利用することもあれば，分解除去を施し無害化し，他産業でも利用する場合がある。しかしながら問題は，静脈企業に引き渡す際に発生する運賃コストである。これが半導体企業にとって，大きなネックとなっている。したがって，排出する際は，出来る限り単一の成分をある程度まとめた状態で搬出するだけでなく，受け入れ側の距離的な側面も考慮しなければならない。

こうした取り組みは半導体企業だけでなく，薬品企業，製造装置企業が密接に連関しあい，始めて可能になり，ひいては環境負荷低減が進むものと思われる。もちろん，半導体製造工場において使用された廃液を他産業で使用する場合には，地域内における廃液処理を含め，それを再利用する他産業との兼ね合いも考慮しなければならない。以上の点から環境負荷低減に向けた取り組みは，地域内ネットワークを「いかに確立するのか」が問われると言えよう。

第４節　結　　論

半導体産業における環境問題として，土壌・地下水汚染に起因した地域住民への健康被害，および工場内部で働く従業員への曝露を指摘することができる。土壌・地下水汚染は，自然環境を破壊するだけでなく，後に地域住民への人体被害と深く関連していた。こうした環境汚染において重要なことは，汚染源の迅速な特定である。汚染源が明確になることによって，最適な浄化方法の選択が可能になるだけでなく，被害を最小限に食い止めることができるからである。しかし実情を見ると，半導体企業が積極的に汚染源の特定作業に協力する意識は低い。さらに地域住民への人体被害に関しても，その関連性を否定する傾向が強い。

同様に半導体製造は，工場内部の労働者に対しても健康被害を与えている。そして労働者のみならず，その家族（子供）にまで影響が及ぶ可能性は極めて高い。半導体製造は，工場内外において甚大な健康被害をもたらしているのである。こうした多くの犠牲のうえに，我々は半導体が組み込まれた多くの製品を手に取り，豊かな暮らしを送っている。これを踏まえ，「豊かさとは何か」を振り返り，多くの犠牲のうえで成り立つ社会そのものの在り方を再考しなければならない。

また半導体企業は，製造に使用する化学薬品の削減・研究を積極的に進めている。しかしながら，こうした企業行動の背景として，環境問題を重要な課題とし，自社の成長戦略に位置付けながらも，人体被害に関する認識は未だ不透明な感がある。つまり，化学薬品は高価であるため，半導体企業が取り組む化学薬品の削減活動・研究は，環境問題を主に置いたものではなく，コスト削減の意味合いが強い。たしかに製造コスト削減は，結果的に環境問題と関連しているが，半導体企業は企業間競争だけでなく，環境問題，さらにはその先にある人体への影響までを包含し，薬品削減・研究活動を積極的に行う必要がある。

最後に，今後の半導体企業の課題を指摘したい。環境問題は起きてはならないものであるが，それが発生した際の対応である。企業は市場競争を優先し，研究開発などに莫大なコストを費やすが，環境問題が起きた場合も想定し，そのための費用を考慮しなければならない。環境問題が起きた後，問題の所在を「不明確」にするのではなく，あるいは「想定外」と捉えるのではなく，迅速に対応する姿勢が求められる。これが半導体企業に求められる社会的責任であると言えよう。

（上田智久）

注

1　2016年におけるデジタルカメラの出荷台数は2,418万台であったが，ピーク時の2010年と比べると，5 分の 1 にまで減少している。対してスマートフォン市場は，2016 年に 14 億 7,000 万台と 2009 年以降，急速に伸びている（2017 年 4 月 12 日，日本経済新聞）。

2　日本において，有機塩素化合物（トリクロロエチレンなど）による地下水汚染は，すでに 1981 年に発生している。中杉（1984）を参照されたい。

3　筆者は，多くの大手半導体企業にヒアリングを行う中で，「つい最近，重大な環境汚染につながる可能性があった」との話を聞くことができた。環境汚染は，いつ起きてもおかしくないのが実情であることを我々は再認識しなければならない。技術の進歩（貯蔵タンクの変更）に頼るだけでは，環境汚染を防ぐことができないことを，改めて思い知るヒアリング調査であった。

4　この他にも，半導体製造における労働者被害に関する文献は多く存在する。Beall C. (2005) は，1965 年～1999 年を対象に 12 万 6,836 人に対する大規模な調査を行った。これまで考察してきたように，半導体製造と人体被害に関する精緻データを基にした研究については，欧米において活発に行われている。もちろん，健康被害との関連性を研究する文献の中には，それを否定する論文もある。例えば，栗原稔・相沢好治・高田勗（1988）を参照されたい。

5　裵（2012）の第 5 章「死の半導体工場」において，工場で勤務していた元従業員の人体被害が詳細に論述されている。

6　1982 年の調査によって，5 本の井戸でテトラクロロエチレンが WHO の基準を超え，そのため 1983 年度に第 2 次調査が行われたのである。熊本における地下水汚染に関しては鈴木（1988）を参照されたい。

7　中央日報オンライン（https://japanese.joins.com/article/j_article.php?aid=185351&servcode=300§code=300　2018 年 11 月 6 日アクセス）

8　朝鮮日報オンライン http://www.chosunonline.com/site/data/html_dir/2018/11/02/2018110200795.html（2018 年 11 月 8 日アクセス）

9　例えば，ルネサスエレクトロニクスホームページを参照されたい。これはルネサスだけではなく，多くの大手半導体企業において見て取れる傾向である。

10　環境負荷低減については，この他にも半導体製造において使用する大量の水問題など様々な課題がある。例えば，2018 年 3 月 20 日 13 時～16 時までアイシン北海道経営管理部 安全環境 中村英和氏に対して行ったヒアリング調査では，次の点が明らかになった。後工程に特化したアイシン北海道でも，そのプロセスにおいて前工程と同様，超純水が使用されていた。そしてアイシン北海道では，超純水の約 8 割をろ過し（生産排水量 350m^2/ 日　排水回収量：280m^2/ 日），工業用水（主にボイラー，空調など）に転用しているとのことであった。ちなみに後工程で使用される水量は，前工程と比較した際，20 分の 1，もしくは 30 分の 1 程度である。この点については，2018 年 2 月 16 日 14 時～15 時まで，ルネサスエレクトロニクス環境推進部 坂田泰樹氏に行なったヒアリング調査を基に執筆している。なお，前工程と後工程については本章の 111 頁を参照されたい。この点からも，前工程における水の再利用・排水処理問題は，環境と深く関連していると言えよう。

11　半導体産業における薬品の再生・再利用については志保谷（1999），田中（2000）を基に執筆している。

12　こうした動向は，半導体製造装置協会で行ったヒアリング調査においても確認できた（2017 年 8 月 7 日 13 時～15 時）。半導体製造装置企業全般的に言えることとして，製造で用いる薬品使用量を削減するための研究開発が，特に昨今，積極的に進められているようである。

13　例えば，製造工程において使用された IPA（イソプロピル）は，静脈産業にわたった後，半導体産業以外で再利用される。その際，半導体企業が外部への直接提供を行うわけではない。NDA を結ぶリサイクル専門メーカーが回収した後，他企業によって使用されることになる（2018 年 2 月 16 日ルネサスエレクトロニクスに対するヒアリングを基に執筆）。

第8章
日本自動車企業による廃棄物抑制の進展と限界

第1節　はじめに―課題

企業は物質の使用（資源枯渇）と排出（温暖化等）について環境対応を求められる。本章では前者を取り上げる。なぜなら前者は後者に比べ突発的な政策による影響を受けにくく，自動車企業による環境対応の進展，限界を観察し易いからである[1]。また第1部第2章の理論（物質循環）に対し，事例（自動車企業におけるそれ）を展開するためでもある。

着目するのは日本自動車企業[2]が廃棄物[3]を抑制[4]する際に発生したトレードオフである。具体的には図表8-1の目的間，環境対応間，廃棄物抑制手段間でのトレードオフである（第2節，第3節で詳述）。これら3つのレベルでのトレードオフの発生，解消の程度，要因を通時的に考察し，日本自動車企業による廃棄物抑制の傾向を描く。

後述の通り，日本自動車企業は最初に製造現場における廃棄物抑制へ，次に使用済自動車（ELV[5]：End of Life Vehicle）のそれへと時期により取り組みを変化させている。そこで以下，第2節で製造現場における廃棄物抑制，第3節でELVの廃棄物抑制について進展と限界を考察する。最後に第4節において結論を述べる。

図表8-1　日本自動車企業による廃棄物抑制に関わる3つのレベルでのトレードオフ

レベル	対立内容【具体例】	
❶ 目的間	環境対応向上【再生品増加】	その他の目的【新品による長期保証】
❷ 環境対応間	廃棄物抑制【鉄鋼→再利用容易】	その他の環境対応【樹脂→燃費向上】
❸ 廃棄物抑制手段間	廃棄物抑制A【メッキ無→再利用容易】	廃棄物抑制B【メッキ有→長期使用可】

（出所）筆者作成。

第2節　フェーズ1　製造現場における廃棄物の抑制（1970年代中頃）

1．背景

トヨタは『環境報告書1999』の中で廃棄物低減活動を1973年に開始したと明記している[6]。この活動の契機は第1次オイルショックである。同社安全衛生環境部従業員が第1次オイルショックという「この外圧は，廃棄物対策を有無をいわせず原価の問題として把えさせ，廃棄物低減運動の大きな潮流を作り上げるにいたった」（杉原・岩井 1978, 370頁）と述べている。廃棄物対策が原価の問題となったのは，図表8-2の通り1973年から1974年にかけて重油等の価格が跳ね上がっていることから理解できるだろう。

一方製造現場以外で発生する廃棄物に関しては，第1次オイルショック以前

図表8-2　重油等価格推移（1973～1977年度）

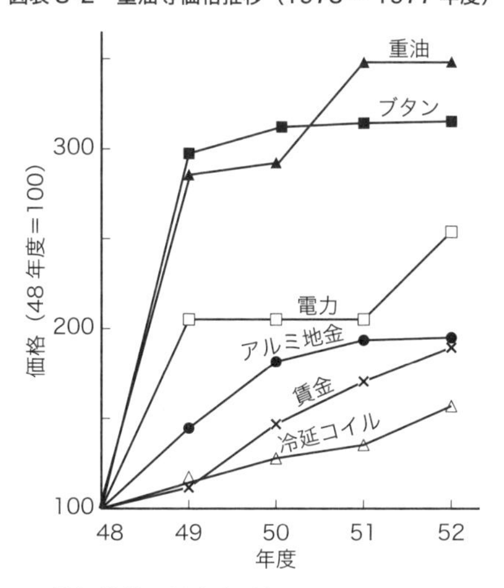

（注）横軸は和暦（昭和）。
（出所）高瀬（1978），388頁，図1より転載（図表の意味・内容とは無関係なフォント等のみ変更）。

図表 8-3　日本車生産台数推移（1956～1979 年）

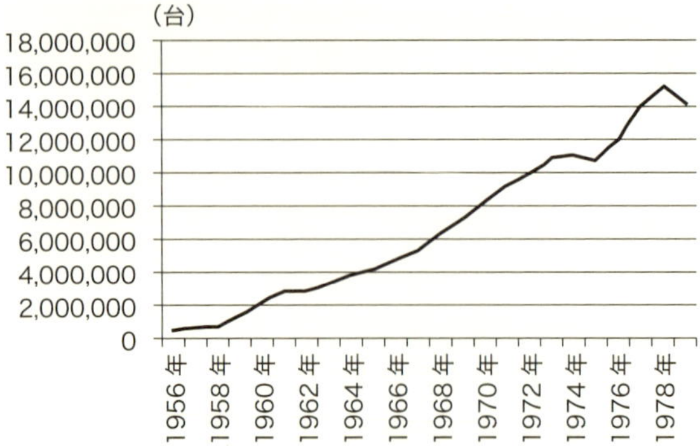

（注）2 輪車，3 輪トラックを含む。ただし 3 輪トラックは 1974 年までである。1975 年以降統計がとられていないためである。

（出所）通商産業大臣官房調査統計部（1960），278，286，292 頁；同（1964），286 頁，292 頁，300 頁；同（1969）276 頁，284 頁，294 頁；同（1974）259，267，276 頁；同（1976）281 頁；同（1979）285，299 頁；同（1984），286，304 頁より作成。

から潜在的な問題として蓄積していた。それは ELV 対策が講じられなかったことである。図表 8-3 の通り 1950 年代末から自動車生産は急拡大しており，これが後に膨大な ELV となっていった。

ELV の再資源化手法が開発されなければ，ELV の大部分が最終処分場[7]に埋め立てられることになる。トヨタの生産技術開発部従業員は，1978 年に埋立地不足を問題視しており，再資源化の必要性に言及している[8]。自動車生産急拡大期に ELV 対策を後回しにした付けが回ってきたのである。

2. 廃棄物抑制の提案内容

上記背景のもとトヨタが廃棄物抑制に向け提案したのは，図表 8-4 にある材料の節約，循環（リサイクル[9]），転換の 3 つであった[10]。これら材料に関する 3 提案のうち，フェーズ 1 で十分に実行されたのは節約のみであり，循環と転換は後の課題とされた。以下，実行に関するこの違いについて考察する。

トヨタの技術管理部従業員は材料の節約に関して 1974 年に次の報告をしている。「表 2（本章の図表 8-4―引用者）から判断でき，具体的な省資源として考えられる対策は，何もとりたてて新しい項目があるわけではないというこ

図表 8-4　第1次オイルショック直後に列挙されたトヨタ省資源化対策（実施中，アイデア段階双方）

- 製品資源の節減
  - 部品の簡素化
    - 装飾部品の簡素化
    - 塗色数の削減
    - 部品の共通化，一体化
    - 製品種類の削減
  - 材料の節減
    - 重量軽減
    - 不良率の低下
    - 入手容易な材料への転換
    - 使用量の少ない新材料の開発
  - 製品資源の再循環
- 製造資源の節減
  - エネルギーの節減
  - 直接，間接材料の節減
  - 製造資源の再循環
- 使用段階資源の節減
  - 低燃費設計
  - 新燃料，新機関の開発

（出所）中村（1974），837頁，表2に一部同836頁の説明を加筆。

とであろう。とくに，新技術の開発や資源の再循環とかいった項目を除いて考えると，恐らく現在では大なり小なりどこの企業も導入している合理化とかコストダウンの対象にほかならない。（中略―引用者）石油危機で急激にクローズアップされた省資源の必要性とは，何も改たまってむずかしく考えるまでもなく，『従来からのコストダウン活動の継続』であると基本的には定義していいであろう。逆にいえば，コストダウンにつながらない省資源は自己満足はあっても経営的には意味がないといえる」[11]（中村 1974, 837頁）。この通り同社において材料の節約は原価低減[12]の一部であった。

一方材料の循環，転換に関しては，トヨタ生産技術開発部従業員が次の報告をしている。直接材料の省資源化には「大きく分けて製品材料そのものの節約と再循環，代替材料の使用があるが，再循環には長期的な研究時間が必要であるし，代替材料は設計的，製造設備，品質評価など多くの困難をともなうものが多い」（高瀬 1978, 392頁）。少なくとも1970年代後半において同社は，材料の循環，転換に消極的であったことが窺える。

3. 成果と限界

上記提案に沿って廃棄物抑制が図られた。トヨタの製造現場で発生する廃棄物は，総量も生産台数当たりの量も図表8-5のペースで減少した。1973年から1974，1975年にかけて廃棄物が大きく減少した。これは主に次の改善の成果であった。第1に古紙の分別，収集，売却，第2に鉄，非鉄金属を含有するスラッジ[13]，スラグ[14]の分離売却，第3に廃プラスチックの分別，収集，再利用，第4に廃砂の異物除去による再利用である[15]。

ただし図表8-5のどの推移をみても，廃棄物発生量の削減は1976, 1977年には停滞している[16]。その後も製造現場における生産台数当たり廃棄物発生量の削減は，1990年代前半まで停滞が続いた[17]。

4. 小括

製造時の廃棄物抑制は原価低減の一環として実施された。原価が問題であったから第1次オイルショック直後に成果が集中してみられた。図表8-1❶でい

図表8-5　トヨタの製造現場における廃棄物発生量推移（1973～1977年）

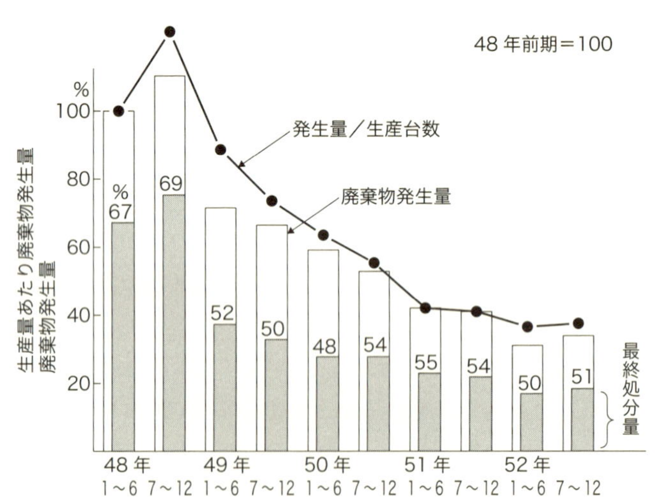

（注）横軸上段は和暦（昭和），同下段は当該年の月。
（出所）杉原・岩井（1978），371頁，図2より転載（図表の意味・内容とは無関係なフォント等のみ変更）。

えば環境対応向上（廃棄物抑制）という目的と競争力[18]向上（原価低減）という目的とが一致していた。目的間でトレードオフがないからこそ，廃棄物抑制が短期間に進展したと考えられる。

一方トヨタはELVが大きく関わる埋立地不足も認識していた。しかし自動車の材料を循環，転換し，EVLの埋立量を減らすことは，製造現場での廃棄物抑制とは異なり，競争力向上に直結しない。この問題はフェーズ2に入るまで先送りにされた。

第3節　フェーズ2　ELVの廃棄物の抑制（1990年代後半～2000年代）

1．背景

日本自動車企業が積極的にELVの廃棄物抑制に乗り出したのは1990年代後半である。この抑制は豊島事件[19]を受け1997年に制定された使用済み自動車リサイクル・イニシアティブ[20]等への対応であった。

またELVの廃棄物抑制の背景として上記規制以外に2点指摘できる。第1に埋立処理コストの無視しえないレベルでの高騰，埋立地不足である。使用済

図表8-6　ASR発生量推移（1980～1989年）

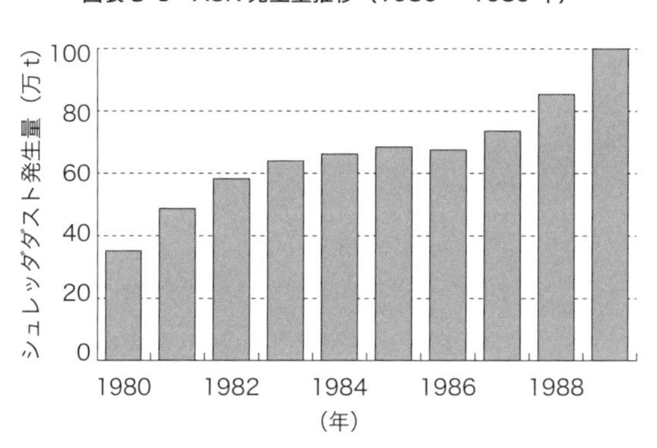

（出所）丹下・大庭・三浦（1992），40頁，図3より転載（図表の意味・内容とは無関係なフォント等のみ変更）。

自動車の破砕くず（ASR[21]：Automobile Shredder Residue）は，1980年代に図表8-6のペースで増加した。1980年から1982年，また1987年から1989年の増加が顕著であった。後者の時期に埋立地が逼迫し[22]，ASRの1t当たり埋立処理コストは，1990年代初頭に1980年の5～6倍にも上昇した[23]。このようにASR削減の必要性は1980年代後半に著しく高まった。

第2に欧州における競争条件の変化の兆しである。1990年代初頭ドイツの環境保護局は，新車用樹脂の25％にリサイクル材を使用することを求めた。日本の自動車業界はこのリサイクル規制がドイツを超え，欧州全体に広がるものと考えていた[24]。日本自動車企業はQCDFで高いパフォーマンスを発揮したとしても，上記リサイクル規制が広がるほど欧州での販売が困難となる。この点でリサイクル材使用の重要性が増した。

トヨタはELV大量発生による埋立地不足を遅くとも1970年代後半には認識していた。しかしELVの廃棄物抑制は1990年代後半まで実施されなかったと前述した。これほど長期に亘って抑制が先送りされたのは，図表8-1の3つのレベルでのトレードオフ，とりわけ❶によると考えられる。

【❶廃棄物抑制↔競争力向上】第1に再生品利用の増加と製品の信頼性確保とが相反する。新車にリビルト部品を使用するほどリサイクル促進となる。しかし新部品を使用した場合と同期間の保証はできない[25]。第2に解体（分解）志向設計[26]と組立志向設計とがしばしば相反する。たとえばボルト，ナットによる締結はスナップフィット[27]によるそれに比べ解体（分解）が容易である。しかし前者は後者に比べ組立性に劣る[28]。第3にリサイクル促進とモデル多様化戦略とが相反する[29]。モデルが多様化するほど解体（分解）が複雑化し，リサイクルが困難となるからである。以上の通りリサイクルの促進は，品質（信頼性），コスト（組立性），製品多様性を向上させ，競争力を高める取り組みとトレードオフの関係にある。競争力向上が至上命令である以上，このトレードオフはリサイクル促進の最大の障害であったと考えられる。

【❷廃棄物抑制↔その他環境対応】自動車の廃棄物抑制と燃料節約（CO_2排出量削減）とが相反する。快適性と安全性を向上させる部品の増加とともに，車重は図表8-7の通り増加傾向にあった。車重増加で燃費が悪化（CO_2排出量が増大）するため，軽量化が強く求められ続けた。鉄鋼の樹脂への置換は軽量

図表 8-7　車両 1 台当たり重量推移

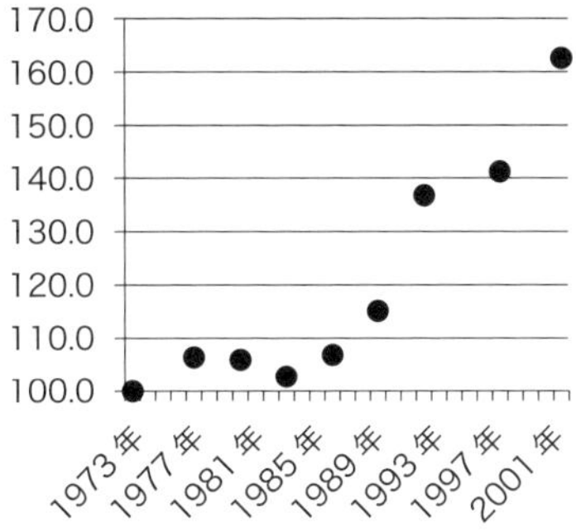

（注）1973 年を 100 としたときの指数。
　　同一モデルでの経年比較ではない。
（出所）㈳日本自動車工業会（2001），51 頁の表より作成。

化に有効であり，また樹脂はマグネシウムやアルミニウムより低コストである[30]。それゆえ 1970 年代から樹脂化が積極的に進められた[31]。しかし樹脂は鉄鋼に比べリサイクルが困難であり，樹脂化の進展とともに自動車のリサイクル率は低下した[32]。樹脂のリサイクルを阻む 1 因は樹脂の多様化にあった。企業間，モデル間，部位間でさえ異なる材料が使用された結果，リサイクル部品の用途が狭くなったのである[33]。以上の通り廃棄物抑制の取り組みは，燃料節約（CO_2 排出量削減）とトレードオフの関係にある[34]。

【❸廃棄物抑制手段 A ↔ 同 B】リサイクルの容易化と自動車の長寿命化はいずれも廃棄物抑制手段であるものの，これら手段同士が相反する場合がある。たとえば亜鉛メッキにより鋼板は防錆が上がり，長寿命化する。しかし使用済亜鉛メッキ鋼板を電炉でリサイクルする際，特別な溶融手法がなければ（次項参照），炉に亜鉛が浸透し，炉の寿命が低下する[35]。この問題は表面処理なしの裸鋼板を使用すれば防止できるが，その場合自動車の防錆が低下し，自動車の寿命が短くなる。以上の通りリサイクルの容易化と自動車の長寿命化はトレードオフ関係にある場合がある[36]。

2. 廃棄物抑制の新たなアプローチ

上記背景のもと日本自動車企業が採用した廃棄物抑制アプローチについてみ

図表 8-8　樹脂再資源化の４つのアプローチ

	例	分解のレベル	用途	部品完成までのエネルギー
① 燃料化	エネルギー	▲ 高	▲ 広	▲ 多
② 再資源化	プレポリマー，原料ガス			
③ 再生化	樹脂材料，充填剤			
④ 再利用	中古部品	▼ 低	▼ 狭	▼ 少

（出所）丹下・大庭・三浦（1992），41-42 頁より作成。

る。前述の通り同抑制の隘路は使用済樹脂の処理にあった。樹脂の廃棄物抑制は図表 8-8 の 4 つのアプローチが考えられていた。使用済樹脂の分解レベルは①，②，③，④ の順に高い。それゆえ用途の幅もこの順序に対応している。ELV の部品を新車の部品へと転換するまでに要するエネルギーは，リユースする④ で最も少ない。これに③，② が続く。100％新たな原材料を使い，1 から射出成型等の加工を行うこととなる① で使用するエネルギーは最も多くなる。① で節約されるエネルギーは原料製造時の熱である。

1990 年代前半ドイツ自動車企業は③ を積極的に進めたが [37]，③ への日本自動車企業の評価は低かった。ELV から樹脂部品を解体する際の工数を問題視したためである。日本自動車企業が重視したのは分解，選別不要の① であった [38]。① に向けた手法の開発が試みられ，ガス化溶融が確立された [39]。この開発は使用済自動車の再資源化等に関する法律（略称：自動車リサイクル法 [40]）により後押しされた。同法は燃料化＝エネルギー回収をリサイクルとして認定した [41]。

① に次いで注力したのが③ であった [42]。再生化を進める上で重要となるのは，ELV 樹脂の種類を揃えることであった [43]。日本自動車企業では前述の通り樹脂の多様化が進められていたが，多様化した樹脂の統合が 1990 年代に進められた [44]。例えばトヨタでは樹脂は 20 種類以上存在していたが，1991 年から 1995 年までに 2 種類に統合された [45]。

トヨタでは上記樹脂再生化も含め，リサイクル容易化に向けた自動車の設計，再利用開発，回収方法について検討を行う組織が 1990 年代前半に整備された [46]。日産においても 1990 年代にリサイクル推進組織が整備されている [47]。

なお上記樹脂統合がもたらす効果は廃棄物抑制だけではない。競争力向上にも資する場合がある。日本自動車企業は1980年代に拡充した製品ラインナップをバブル崩壊後に高コスト要因として問題視するようになった。それゆえ部品共通化がバブル崩壊後の原価低減の手段となったが，樹脂統合はその一環としても位置付けられる。つまりバブル崩壊以前は樹脂統合による廃棄物抑制と競争力向上とがトレードオフの関係として認識されていたが（図表8-1❶），それ以後は両者が同じ方向をもつものとして認識され，急速に樹脂統合が進められたと考えられる。

3. 成果と限界

上記アプローチによる廃棄物抑制の程度を確認する。2005年以降であればELVの廃棄物量を把握できる[48]。図表8-9の1台当たりASR重量は2007年度から2008年度にかけて約4%増大し，その後横ばい傾向である。一方1台当たり最終処分量は着実に減少している。よって日本自動車企業はASRを減らすことなく（ASRの発生を容認し），最終処分量を削減してきたことがわかる。このことはELVをシュレッダーにかける前にパーツを外し，再資源化，再生化，再利用（図表8-8②③④）を進めなかったことを意味する。第3節第2項で述べた樹脂統合の進展は，再資源化等を促進させる1条件であったが，それらの着実な実現には至らなかったことがわかる。

なお選別後残渣であるASRからさらに資源を回収することもできる。図表8-10よりASRの約24%がマテリアルリサイクルされていることがわかる。しかしASRの約72%が熱回収のため，ASRの発生容認は燃料化（図表8-8①）を前提にしているといえよう。日本においてASR埋立量削減に最も貢献したのは燃料化である[49]。

この燃料化について次の評価ができる。燃料にする以上再資源化されるASRの用途は，図表8-8の通り極めて広い。燃料化は他の再資源化アプローチとは異なり製品多様化を妨げない。さらに分解，選別工数が不要なため他の再資源化アプローチよりも低コストである。つまり日本自動車企業はASR発生を容認し，それを燃料化することで，廃棄物抑制という目的と製品競争力の向上という目的との間のトレードオフを解消し，廃棄物を抑制してきたといえる。

図表 8-9　1台当たり ASR 重量・最終処分量の推移（2005～2015 年度）

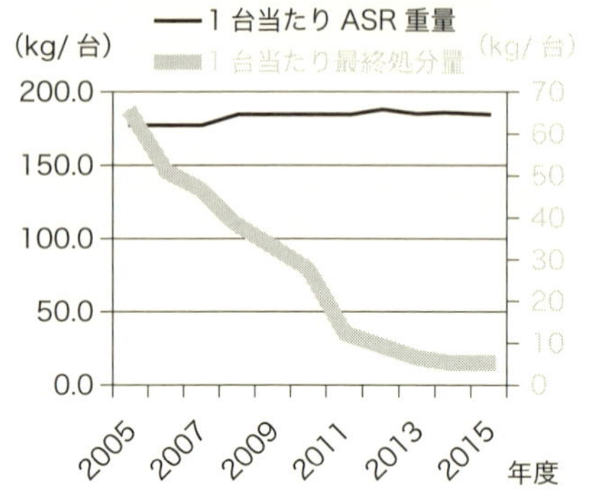

（出所）経済産業省自動車課・環境省企画課リサイクル推進室（2008）（頁数の記載なし）；経済産業省自動車課・環境省リサイクル推進室（2012），7頁；同（2016），7頁より作成。

図表 8-10　ASR 再資源化の内訳（2013 年度）

熱回収		72.4%
マテリアルリサイクル		24.3%
	スラグ	10.6%
	鉄	3.7%
	セメント	2.8%
	ミックスメタル	2.0%
	銅	1.5%
	スラグ・溶融メタル	0.9%
	転炉・電炉原材料	0.8%
	土砂・ガラス	0.7%
	セメント原材料	0.6%
	プラスチック	0.5%
	その他	0.1%
最終処分		3.3%

（原典）環境省資料（ただし資料名確認できず）。
（出所）産業構造審議会産業技術環境分科会廃棄物・リサイクル小委員会自動車リサイクルワーキンググループ中央環境審議会循環型社会部会自動車リサイクル専門委員会合同会議（2015），8頁，表5より転載。

しかし ASR を燃料化する以上，自動車部品の製造においてバージン材を使用することになる。物質使用量の削減は他のアプローチよりも少ない。

4. 小括

ELV の廃棄物抑制は図表 8-1 ❶，❷，❸のトレードオフが存在したために（特に❶が問題となって），1990 年代中頃まで先送りされた。日本自動車企業はこの対応を先送りした分だけ容易に競争力を高められた（第1に再生化手法構築の先送りで製品を多様化し，第2に解体（分解）ではなく組立優先の設計を可能にし，第3にリビルト品ではなく新部品を使用することで部品の長期保証（品質向上）を可能にした）といえる。しかし他面ではこの対応の先送りが豊島事件の1因となり，その後 ELV 廃棄物規制への対応が喫緊の課題となった。

ELV 廃棄物抑制には4つのアプローチが存在した（図表 8-8）。それらのなかで日本自動車企業は燃料化に最も注力した。同企業の競争力要因である幅広い製品ラインナップ，組立志向設計と相反しないアプローチが燃料化であった。しかし燃料化は他のアプローチに比べ物質使用量に無駄があった。

第４節　結　論

第１次オイルショックによる原料価格急騰により，製造現場では廃棄物抑制が原価低減の重要な対象となった。同抑制はそれまでの競争力強化に向けた取り組みの延長線上にある（原価低減の展開である）から短期間に進展した。これが日本自動車企業による廃棄物抑制のフェーズ１であった。

一方 ELV 廃棄物の抑制は先送りされた。この先送りの分だけ競争力強化が容易となった。具体的には製品多様化，組立志向設計，部品の長期保証が可能となった。また廃棄物抑制以外の環境対応として燃費向上＝CO_2 抑制も容易となった。これら競争力強化と燃費向上＝CO_2 抑制の裏側で，先送りされた問題が蓄積していった。この問題が豊島事件として顕在化した後，日本自動車企業は ELV 廃棄物を本格的に抑制しはじめた。そこでは製品多様性，組立性，品質を犠牲にせずに済むアプローチ（ASR の燃料化）が積極的に採用された。これが日本自動車企業による廃棄物抑制のフェーズ２であった。

以上より日本自動車企業における廃棄物抑制は，主として競争力の維持，強化との関係で展開されてきたといえる。両者の方向が一致したとき，同抑制は急速に進展した。逆に両者の方向がずれたとき，競争力を維持できる枠内で廃棄物抑制アプローチ（問題解決の先送り含む）が模索された。それゆえその枠が同企業による廃棄物抑制の限界であるといえる。ASR の燃料化は製品多様性，組立性，品質とトレードオフしないが，資源上無駄の多いアプローチであった。

ただしそもそも ASR 燃料化が日本自動車企業にとって廃棄物抑制の１選択肢となったのは，それが法で許容されたからであった。資源上無駄が多いにもかかわらず，同燃料化はなぜ認められたのか。廃棄物抑制制度の形成，維持または変更プロセスを分析し，この形成・維持／変更の構図（各関連主体の影響力や豊島事件に代表される外的インパクト等の体系）を提示できれば，同抑制に向けて資源の無駄最少化を優先する上での手掛かりが得られるのではないだろうか。この考察を残された課題としたい。

（宇山　通）

注

1　その時々の各国の政策，関連産業の動向からより強い影響を受ける後者は，自動車企業のみを視点とした考察には向かないであろう。近年の環境規制だけをみても，温暖化物質抑制に果たす自動車企業以外の要因がいかに大きいかがわかる。例えばガソリンエンジン，ディーゼルエンジンに対するカリフォルニア，中国，フランス，インド，イギリスの規制は，自動車企業によるパワートレイン開発のロードマップに多大な影響を与えている（『日本経済新聞』2016年4月2日付朝刊；『日経産業新聞』2017年3月30日付；『日本経済新聞』2017年7月8日付朝刊；『日本経済新聞』2017年7月13日付朝刊；『日本経済新聞』2017年7月27日付朝刊）。

2　最大規模のトヨタ自動車㈱（工販合併以前も併せて以下トヨタと略記）を中心にとりあげる。その規模ゆえに廃棄物抑制に果たす役割と責任が最も大きいと考えられる。

3「廃棄物処理法では，廃棄物を『自ら利用したり他人に売ったりできないため不要になったもので，固形状または液状のもの』と定義し，産業廃棄物と一般廃棄物に分類される」（(特非)全日本自動車リサイクル事業連合 2010, 236頁）。

4　製品の使用可能期間延長と使用済製品のリサイクル進展を意味する。

5　ELVは「道路運送車両法上，運行の用に供さないと判断し，廃車もしくはリサイクルの処理がなされる自動車を意味する」（(特非) 全日本自動車リサイクル事業連合 2010, 147頁）。このリサイクルはELVを解体（分解）し，部品または原料として販売・利用するまでのプロセス，または熱源として利用するまでのプロセスを意味する。

6　トヨタ自動車㈱（1999），36頁。また同年まで廃棄物抑制，省資源化活動へ積極的に取り組まなかったことが，同社技術管理部従業員の発言に確認できる。「ここ十数年来，（中略—引用者）量産化設計に追われて『省資源』という意識はあまりなかったであろうと思われる」（中村 1974, 836頁）。

7　ELVのうちリサイクルされなかった部分が埋め立てられる場所を指す。最終処分場は遮断型，安定型，管理型に分類される。前2者では汚染を防止できない廃棄物が管理型処分場に埋め立てられる。後述の豊島事件を受け，自動車では管理型での処理が義務付けられた（(特非) 全日本自動車リサイクル事業連合 2010, 127-128頁；古山 2001, 47頁）。

8「廃棄物は廃棄物処理法にもとづく処理および処分を実施するために，種類，量，性状，排出時期の異なる廃棄物について，おのおの脱水，焼却，破砕，こん包，隔離などに多くの人手とエネルギを要する。これらは，自動車の生産台当たり700円に近い費用となる。さらに，埋立地の取得もむずかしくなってきており，大幅に廃棄物を減らすため再資源化を進めなければならない。また，埋立上，質的に問題となる重金属含有廃棄物については埋立処理コストも高く，公害対策上も問題をおこすおそれもあるので，完全クローズドシステムによる回収，再利用が必要である」（高瀬 1978, 394頁）。

9　自動車リサイクルは狭義にはELVから材料を回収，処理し，新たな自動車材料とすること＝マテリアルリサイクルを意味する。また材料レベルではなく部品のリユースもリサイクルとして広く認識されている。さらにELVを燃焼し，その熱エネルギーを利用するサーマルリサイクルも広義にはリサイクルに含まれる（(特非) 全日本自動車リサイクル事業連合 2010, 286頁）。

10　同社生産技術開発部所属従業員も省資源化に関して同様に整理している（高瀬 1978, 392頁, 図

10)。

11　同従業員は次の報告もしている。「省資源とは終極のところ従来からのコストダウンの推進ということに他ならないが，社会的要請および自動車業界が直面している状況から，『ユーザーコストを含めたさらに徹底したコストダウンの推進』という考え方が必要であり，(後略—引用者)」(中村 1974, 839頁)(傍点は引用者)。

12　同社は原価を単価と原単位に分けている。前者は重量，体積，時間当たりの費用である。例えば材料を重量当たりの価格が低い企業から調達すれば単価低減となる。一方後者は部品1個当たりの費用である。たとえば部品1個生産するのに必要な材料を減らせば，原単位低減となる(青木 2007, 142-145頁)。よって原単位低減は資源節約，廃棄物抑制につながる。

13　「汚泥ともいう。下水処理や工場廃水処理の過程で生じる泥状物質(後略—引用者)」(『デジタル化学辞典第2版』(森北出版㈱) ジャパンナレッジ版)。

14　「鉄鋼製錬，非鉄製錬における目的金属以外の不純物金属酸化物の混合融体。溶鉱炉，反射炉，転炉，電気炉などの高温炉内で，目的金属溶融体の上に浮かんでたまる(後略—引用者)」(『デジタル化学辞典第2版』(森北出版㈱) ジャパンナレッジ版)。

15　杉原・岩井 (1978), 371頁。

16　これは図表8-2で確認できる通り1975年度から1977年度にかけての資源価格指数の上昇が，それ以前に比べて緩やかになったことが影響している。トヨタ生産技術開発部従業員は，エネルギーの「需給関係の弛緩と円高による諸資材の輸入価格の低下が，(第1次—引用者) オイルショック時期に比べて省資材活動の迫力の低下をもたらしたことは否めない」(高瀬 1978, 388頁) と報告している。また安全衛生環境部従業員も「あれほど叫ばれていた資源枯渇の危機感が低成長時代の需要縮小の影響もあって，ややもすると楽観論に傾きがちな昨今である」(杉原・岩井 1978, 370頁) と報告している。

17　製造現場における生産台数当たり廃棄物発生量について1973年を100とすると，1976年36, 1978年29, 1980年28, 1982年29, 1984年31, 1986年28, 1988年28, 1990年30であり(田口・山本・倉井 1998, 63頁, 図1)，発生量抑制の停滞がわかる。

　その後トヨタでは製造現場における廃棄物量が1995年に1990年の半分にまで抑制された。これには発生した廃棄物をリサイクルすることで減らす後処理アプローチから，そもそも廃棄物を発生させない源流アプローチへと切替えたことが大きく寄与している。またこのアプローチ転換の背景には，地球環境保全活動への国際的な高まりがあったという(田口・山本・倉井 1998, 63-64頁)。

18　QCDFが生産に関する競争力指標である(藤本 2001, 100-104頁)。それぞれQuality＝品質，Cost＝コスト，Delivery＝納期，Flexibility＝QCDがある要因(製品多様化等)により悪化しない程度である。

19　高松市沖の豊島に1978年から13年間で50万t超の産業廃棄物が不法投棄された。不法投棄の現場からダイオキシン等の有害物質が検出された。ELVの増加によりASR処理コストが増大した結果，コスト回避＝不法投棄として豊島事件が起こった((特非)全日本自動車リサイクル事業連合 2010, 207頁；露口 1998, 21頁)。

20　従来の規制にはない1つの特徴として，リサイクル率等に関する数値目標の設定がある。またこの規制では自動車リサイクルの関連主体の役割が定められている。本章で問題とする自動車企業に関しては，設計の工夫や新たなASR処分方法の開発によりリサイクル率を向上させること等がその役割とされた(永田 1998, 3, 5-6頁)。

21　ELVを破砕し，金属等を回収した後の破砕くずである。車両重量の20%程度がASRといわれる。ASRには地下水や土壌の汚染物質も含まれるため，管理型処分場での埋立処理が1996年より義務付けられている((特非)全日本自動車リサイクル事業連合 2010, 44, 144-145頁)。

22　1990年代初頭には首都圏郊外でASRの埋立地を確保することが困難となり，ASRを遠方まで運搬し，そこで処理するようになった（丹下・大庭・三浦 1992, 40 頁）。

23　1980 年の ASR 埋立費用は約 3,000 円／t であった（永田ほか 1992, 10 頁）。

24　丹下・大庭・三浦（1992）, 40 頁。

25　永田ほか（1992）, 13 頁。

26　解体を容易にするには第 1 に分解作業そのものの削減（複合材料から単一材料への転換等），第 2 に分解の単純化（分解時の特殊工具不要化等），第 3 に分解の標準化（分解に取り組む際の姿勢，角度の統一等）が重要である（Seliger G., Hentschel C., Kriwet A. 1997, p.391, Fig.4.11.12）。

27　部品に挿入することで部品同士が容易に結合されるが，部品同士の解体（分解）が困難となる場合（フックが内向き等）がある（山際 2012, 114, 116 頁）。

28　組立志向設計と解体（分解）志向設計とのトレードオフ例としてこの他に，部品点数削減に向け 1 部品当たりの機能を拡張する際，複合材料を使用せざるをえない場合があり，解体（分解）が困難となることが挙げられる（Seliger G., Hentschel C., Kriwet A. 1997, p.390, 392）。

29　同じ車名，同じボディスタイルの自動車であっても，使用される過程で運転の違い，部品の腐食の違いが生じるため，リサイクル方法を統一することは困難である（Seliger G., Hentschel C., Kriwet A. 1997, p.388）。モデルが多様化すればより一層リサイクルは複雑化する。トヨタ，日産自動車㈱（以下 日産と略記）では 1960 年代中頃からボディバリエーションの多様化，モデルの価格ごとの階層化が進められていた（トヨタ自動車㈱ 1987, 本編の 454, 499 頁；日産自動車㈱社史編纂委員会 1975, 108-109 頁）。

30　高橋（2018），33 頁。

31　赤穂・田畑（1982）, 874 頁，表 7；永田ほか（1992）, 9 頁，図 1；同 13 頁，図 4；西岡（1999a），16 頁。

32　丹下・大庭・三浦（1992）, 40 頁。

33　西岡（1999b）, 22-23 頁。

34　廃棄物抑制はこの燃料節約（CO_2 排出量削減）以外に，溶接時電力使用量削減ともトレードオフ関係にある。亜鉛メッキが施された鋼板は，それが施されていない鋼板に比べ溶接時に多くのエネルギーを要する（近藤・斉藤 1986, 46 頁，図 1）。そしてボディーに占める亜鉛メッキ鋼板の溶接点数割合は，1970 年代前半 0％に近かったが，1990 年頃 100％近くにまで及んだ（柴田 1989, 83 頁，図 2）。

35　中谷・植村（1998）, 28 頁。

36　自動車リサイクル促進の 1 つの課題は，軽量化につながるような「社会環境の変化にマッチするような素材を提供していきながら，なおかつスクラップがダーティーにならないような材料開発を進めていくことです」（永田ほか 1992, 13 頁）と業界関係者が 1990 年代前半に座談会で述べている。

37　丹下・大庭・三浦（1992）, 41 頁。フォルクスワーゲン㈱グループは図表 8-8 ① に次の批判をした。1kg のポリプロピレン製造には 2kg の原油が必要である。それゆえ使用済ポリプロピレン 1kg には原油 2kg が消費されている。この使用済ポリプロピレン 1kg を燃料化した場合，原油で 0.8kg 相当の熱しか得られない。つまりこの場合燃料化には原油 1.2kg 分のロスがある。それゆえ同社は ① ではなく③ に注力し，1990 年頃にはフェンダー内側のカバー，ファンベルト・カバー，工具ケース，サイドステップ等に再生樹脂が使用された自動車を製品化している（フォルクスワーゲングループ東京代表部 1990, 16 頁）。

38　永田ほか（1992）, 12 頁。

39　金子（2002）, 50 頁。

40　自動車製造企業また同輸入企業に対し，エアバッグ，ASR のリサイクルおよびフロンの破壊を義務付けた（成立 2002 年，施行 2005 年）。所有者が支払うリサイクル関連料金は，（公財）自動車リサイクル促進センターに預託される。自動車企業は同料金を負担しないため，その低減に向けた活動が活性化せず，リサイクル容易設計も進展しにくくなっている（大塚 2002, 16-17頁；(特非)全日本自動車リサイクル事業連合 2010, 140-141頁）。

41　田中（2004），58-59頁。

42　②はバージン材と比べコスト，品質に問題があるとされた（丹下・大庭・三浦 1992, 42頁）。

43　丹下・大庭・三浦（1992), 41-42頁。

44　西岡（1999b), 19-20頁；㈱日経BP社（2000), 38-40頁。

45　㈱日経BP社（1998), 76-77頁。

46　トヨタはリサイクル委員会を1990年に設置した。委員長には副社長が就いた。1992年にはリサイクル委員会を含む3つの環境関連委員会の上部組織としてトヨタ環境委員会が設置された。委員長には社長が就き，環境対応の方向付け，全社的促進がなされた（トヨタ自動車㈱ 1998, 16-17頁）。トヨタ環境委員会はその後2014年に会長を委員長とするCSR委員会となった（トヨタ自動車㈱ 2014, 10頁）。翌2015年には同委員会は解消され，コーポレート企画会議が同委員会のポジションに置かれた（トヨタ自動車㈱ 2015, 8頁）。リサイクル委員会は2006年度に環境マネジメント委員会となり（トヨタ自動車㈱ 2007, 29頁），2008年には資源循環委員会となった（トヨタ自動車㈱ 2009, 15頁）。

47　日産では1990年にリサイクル委員会が発足し，リサイクル容易化に向けた製品作りがなされた(㈱日経BP社 2001, 34頁)。

48　自動車リサイクル「法施行以前は，使用済自動車が産業廃棄物として処理されない限り，その処理の流れは不透明であった。法施行後は，電子マニフェスト制度や改正道路運送車両法によって使用済自動車や中古車輸出の流通ルートが明確化され，その数は施行状況調査として毎年公表できるようになった」(豊住 2012, 5頁)。

49　無論燃料化以外のリサイクルが皆無であったということではない。例えば前述のトヨタリサイクル委員会はバンパーリサイクル等で成果を上げた（トヨタ自動車㈱ 1999, 15頁）。2004年度には年間で80万本のバンパー回収，再利用を実現したという（トヨタ自動車㈱ 2013, 386頁）。こうした再生化事例はあるものの，1台当たりASR発生量が抑制されていないことから（図表8-9），燃料化が廃棄物抑制の主たる方法になっているといえる。なお軽量で高強度な炭素繊維強化プラスチックに関しても，日本自動車企業はコスト競争力低下を回避するため，再生化よりも燃料化を優先している。この燃料化確立に向けた基礎研究が，（一社）日本自動車工業会における2018年度下期の1つの課題となっている（産業構造審議会環境部会廃棄物・リサイクル小委員会自動車リサイクルワーキンググループ中央環境審議会廃棄物・リサイクル部会自動車リサイクル専門委員会 2018, 28-32頁）。

第9章
電気機械のリサイクルにおける静脈企業ネットワーク
—主に産業廃棄物としての電気機械を対象として—

第1節　はじめに

廃棄物は大きく一般廃棄物と産業廃棄物に分けることができる。本章で扱う電気機械も同じであり，特に一般廃棄物として廃棄される電気機械のことは通常「家庭用電気機械器具（家電）」と呼称される。他方，産業廃棄物として廃棄される，家電に類する電気機械[1]を呼称する用語はないが，本章では「事業用電気機械器具（事業用電機）」と呼ぶこととする。

まず，家電リサイクルに関する法的枠組みを整理しておこう。家電リサイクルに関する法的枠組みは，1998年に制定された家電リサイクル法（特定家庭用機器再商品化法）と，2012年に制定された小型家電リサイクル法（使用済小型電子機器等の再資源化の促進に関する法律）の2種類がある。両者の違いは，第1には対象となる家電の違いである。家電リサイクル法の対象となるのは，①家庭用エアコン②テレビ（ブラウン管式・液晶式・プラズマ式）③電気冷蔵庫・電気冷凍庫④電気洗濯機・衣類乾燥機の家電4品目に限定されている[2]。他方，小型家電リサイクル法においては，その対象を「一般消費者が通常生活の用に供する電子機器その他の電気機械器具」としたうえで，具体的には政令で定めることとなっており，政令では28品目が対象品目として規定されている。おおむね，家電リサイクル法対象外の，一般的に使用される家電が小型家電リサイクル法の枠内の製品であると考えてよいであろう。さて，両法律の違いは対象品目にとどまらない。それは，製品を生産する動脈企業である家電メーカーの位置づけの違いである。家電リサイクル法は，田中・羅

(2018) が「EUのWEEE法令と比べて，日本の特徴は，『排出者責任と拡大生産者責任』という概念に貫かれ，世界に先駆けて家電メーカーにリサイクル（再商品化）業務実施を義務付けた点にある」(75頁) と指摘するように，リサイクルの実施責任は家電メーカーすなわち動脈企業に課せられている。対して小型家電リサイクル法は，拡大生産者責任の原理は取らず，リサイクルに関わる当事者の活動を促進する努力義務を規定するにとどまっている（小林2014)。すなわち，小型家電リサイクルは，法律によって環境を整えることによって，関係当事者が必要な努力を行うことを期待するという性格を有するものとなっている。

両法律の下における家電リサイクルの現状を簡単にみておこう。家電リサイクル法によってリサイクルされる家電4品目の再商品化[3]率（2017年度）は，① エアコン：92% ② ブラウン管式テレビ：73%，液晶・プラズマ式テレビ：88% ③ 冷蔵庫・冷凍庫：80% ④ 洗濯機・乾燥機：90%であり，いずれも家電リサイクル法に定められたリサイクル率の基準値を上回っている[4]。続いて，小型家電リサイクル法の実績を見てみよう。経済産業省および環境省は2013年に告示した「使用済小型電子機器等の再資源化の促進に関する基本方針」において，市町村又は認定事業者[5]等により回収され再資源化を実施する量に関して，2015年度までに，1年あたり14万tを回収することを目標として掲げた。しかしながら，図表9-1の通り，同年度の回収実績は6万6,978tであり，目標の半分にも到達しておらず，2017年に目標達成年度を2015年から2018年度へと変更している[6]。目標との関係だけで実績を評価することはできないが，家電4品目のリサイクルは目標には到達しており，小型家電リサイクルは現状においてはその水準には達していないということは確認しておきたい。

図表9-1　使用済小型家電回収状況（t）

	市町村	認定事業者	合計
2013年度	20,507	3,464	23,971
2014年度	38,546	11,945	50,491
2015年度	47,942	19,036	66,978

（出所）総務省行政評価局，2017，9頁。

他方，事業用電機に関しては，廃棄物処理法における適切な産業廃棄物の処理を求める法律以上のものは存在せず，リサイクルの義務付けや促進が法的には担保されていない。もちろん，テレビ等家電4品目が事業所から出た場合，家電リサイクル法に基づいてリサイクルを行うことも可能であり，また推奨されるが，それは排出事業者の選択によるものである。

第2節　既存研究の整理と課題設定

電気機械のリサイクルに関しての研究としては，家電リサイクル法に関する研究が最も進んでいると言えよう。代表的な研究としては，羽田裕の一連の研究や田中・羅（2018）が挙げられる。羽田の研究は，法の施行直後である2011年から2015年ごろにかけての実態調査を踏まえた議論がなされており，田中・羅（2018）は，「家電リサイクルシステムが定着した現段階」（77頁）である2015年〜2018年を対象としている。両研究に共通する視点は，家電4品目のリサイクル体制として存在するAグループ，Bグループの比較研究という点である。家電リサイクル法施行に際し，家電メーカー等はA・Bの2グループに分けられた。そして，各グループごとに再商品化を実際に行う静脈企業を設置した（Aグループ：28，Bグループ：17，A・B共同：2[7]）。さらに両者に共通する視点は，両グループの特徴に影響を与える動脈企業の位置づけの相違という視点である。例えば，羽田（2003）は，Aグループを「静脈産業外部委託型」のシステム，Bグループを「静脈産業内部型」のシステムと特徴づけている。その上で，「静脈産業外部委託型は，家電業界が静脈部分を外部委託することによって，家電産業と静脈産業の連携を図る」ものであるが，「このシステムでは家電業界が静脈産業を間接的にしかコントロールできない」のに対して「静脈産業内部型では，静脈部分を家電産業に内部化することによって，家電業界が静脈産業を直接的にコントロールできる」とし，考察の結果として，「静脈産業を内部化するという静脈産業内部型は，今後のリサイクルシステムにおいて必要不可欠な存在であると考える」と結論付けている（94-95頁）。また，田中・羅（2018）は，まず，「両グループともにリサイクルプラント費用が傾向的に低下，再商品化率が傾向的に向上し」ており，さらに，家電リサイクル法施行当初は「Aグループがコスト優位性，Bグループが高い再商品化率を持ったが，16年間を経て，両グループ間の格差は縮小する傾向」があり，その理由を「主導メーカーによる持続的なリサイクル技術研究開発および設備投資の成果であると評価できる」とし（84頁），なぜ，家電メーカーがこのような積極的な役割を果たしてきたのかを考察したうえで，「家電リサイクル事業は単純なCSR活動を超えて，家電メーカーにメリットをもたらすビジネスモデルに進む潜在的可能性があると考えらえる」と結論付けている（89頁）。このように，家電4品目のリサイクルの既存研究の共通点は，動脈企業が考察の前面に出てくることであり，それは，拡大生産者責任の考え方をとっている家電リサイクル法の趣旨からいって当然のことであろう。逆に言えば，関係当事者の努力義務を規定するのみの小型家電リサイクル法下においては，より静脈企業自身の主体的役割が期待されるということになるのであるが，既存研究において，こうした小型家電リサイクルに関わる静脈企業の経営学的研究はほとんどなされていない[8]。

他方，事業用電機のリサイクルに関してはほぼ研究がなされておらず，そもそも事業者からの排出実態すらほとんど調査がなされていないのが現状である[9]。

さて，本章で考察対象とするのは，J・RIC（Japan Recycle Improvement committee）という静脈企業ネットワークである。J・RICは，1998年に株式会社リーテム（以下，リーテム）によって構築された。企業ネットワークであるという点でいえば，家電4品目のリサイクル体制と共通性を持つが，違いは，①J・RICが家電ではなく事業用廃棄物を対象としていること，つまり，廃棄物の排出者が企業であること，②J・RICは静脈企業自身が形成したネットワークであること，である。以下では，J・RICはいかに誕生したのか，その意義はどの点に見出せるのかを具体的に考えてみたい。

第3節　株式会社リーテムおよびJ・RIC

1．リーテムの概要と歴史

リーテムは，東京都に本社を置く。事業内容は，同社HPによると，資源リサイクル及びリユース，製鋼原料及び非鉄貴金属原料の売買，建築物・工作物の解体・移設・撤去，資源循環・リサイクルに関するコンサルティング，エコインダストリアルパークなどにおけるリソースマネジメント及びエコセンターマネジメント，産業廃棄物処分（中間），産業廃棄物収集運搬，一般廃棄物処分である。水戸工場を茨城県茨城町に，東京工場を東京都大田区に有している。

リーテムの創業は1909年である。茨城県水戸市で，鉄スクラップを扱う古物商として誕生した。鉄，非鉄を集めて精錬所へ納入するのが，その主な事業内容であった[10]。中でも，1910年に久原鉱業所日立鉱山付属の修理工場として発足した，後の株式会社日立製作所[11]およびその関連工場・企業から排出される鉄系廃材は，創業以来，同社の発展にとっては重要な意味を持ったと言える[12]。1951年に法人組織とし，株式会社中島商店となった。1970年には，約3haという広大な敷地の中に水戸工場を設立した[13]。

このように，創業以来，主に鉄スクラップの収集を行い，成長してきた同社の転機となったのが，1993年であった。このころ，同社の中で，それまでの単純な鉄回収業からいかに脱皮するかが課題としてとらえられるようになっていた。最初考えられたのは自動車シュレッダーへの進出であったが，このころは，自動車のシュレッダーダストの処理が問題化していた時期であり，この分野への進出は断念した[14]。そこで，携帯電話やパソコンなどの，鉄・非鉄・プラスチックなどの様々な物質から生産されている金属樹脂複合廃棄物の処理・リサイクルをめざし，1993年に，「リーテム・リサイクルシステム・プロセスⅠ」（以下，プロセスⅠ）を導入した[15]。このシステムは，同社が独自に開発したシステムである[16]。

同システムのフローは以下の通りである。まず，受け入れた廃棄物を，鉄系製品と金属樹脂複合廃棄物とに選別する。鉄系製品は，適当な大きさに切断され，鉄スクラップとして電炉メーカー，高炉メーカーに売却される。金属樹脂複合廃棄物は，次に手解体の工程に入る。ここで，フロンが含まれるものに関してはフロンを回収し，フロン破壊業者に引き渡される。紙，プラスチック，蛍光管，電池，ハーネス，CRT ガラス，その他リユース可能部品は，それぞれ専門のリサイクル業者に引き渡される。これらの物質が取り外された廃棄物が，プロセスⅠに投入される。プロセスⅠでは，まず廃棄物を破砕する。破砕の過程で発生する粉塵は，粉体回収物として回収され，非鉄精錬所に引き渡される。その後の工程は下記の通りである。○磁力選別による鉄の回収。回収された鉄は，電炉メーカー，高炉メーカーに販売する。○篩選別で，細かくなった金銀銅滓が回収され，非鉄精錬所に販売される。○渦電流選別によって，アルミが回収され，アルミ二次合金メーカーに販売される。○手選別によって，ステンレスが回収され，特殊鋼メーカーに販売される。○回転篩選別によって，残されたプラスチックの付着した金銀銅滓が，より金銀銅の多い集合と，より少ない集合とに分けられ，それぞれに，非鉄精錬所に販売される[17]。このように，プロセスⅠは金属樹脂複合廃棄物を徹底的に仕分けすることよって，何らかの形で後工程に販売可能な形とし，ゼロエミッションに成功している。

その後，1997 年に，プロセスⅠで培った技術を基に，「リーテム・リサイクルシステム・プロセスⅡ」（以下，プロセスⅡ）を開発・導入した。プロセスⅡは，携帯電話や基盤等の，小型電子機器に対応したものである。

2005 年には，東京スーパーエコタウン内に東京工場を設立した。東京工場は，首都圏から排出される大量の廃棄物を受け入れ，処理することを目的に設立された。ただし，東京工場は水戸工場ほどの敷地面積がないため，水戸工場にて導入したリーテムⅠよりも設備の規模は小さい。そこで，東京工場では破砕した廃棄物を風力選別，磁力選別を行って非鉄金属混合物とした後，水戸工場に輸送し，その後の工程を水戸工場にて行っている。このように，同社は金属樹脂複合廃棄物のリサイクルにおいて，先進的企業として 1993 年以降成長を遂げてきた。

2. J・RICの概要と設立過程

リーテムが1998年に設立したのが，J・RICである。J・RICとは，「全国，エリア規模で事業を展開する排出事業者向けの廃棄物再資源化サービス」のことであり，「リーテムが主幹事となり全国の処理会社をネットワークし，全国同一水準のサービスを実施」することを目的としている[18]。北海道，東北，関東，中部，近畿，中国・四国，九州とエリアを分け，エリアごとに，幹事会社を置いている。なお，リーテムはJ・RIC全体の主幹事であると同時に，関東地区の幹事でもある。これら幹事の下に，全国的にリサイクル企業がネットワーク化されている。

すでに述べた通り，リーテムは1993年に「プロセスⅠ」を導入し，金属樹脂複合廃棄物のリサイクルシステムを確立した。同社は，次に，このシステムを全国規模に展開できないかと考えた。しかしながら，当時社員数35名であった同社自身が，リサイクル事業を全国展開することはできなかった。そこで考えられたのが，リサイクル企業のネットワーク化と，それによる，日本全国で同一水準のリサイクルサービスを同一条件で受けられる仕組みの構築であった。とはいえ，前項で述べたように，金属樹脂複合廃棄物のリサイクル事業において，リーテムは日本でのトップランナーであり，リーテムと同水準のリサイクルサービスを実現可能な事業者をリーテム以外に探し出すのは困難であった。また，地域ごと，企業ごとに成立過程や廃棄物処理の特徴も異なっている。そこで，サービスの均一化には時間がかかることを承知したうえで，「まずは廃棄物を安易に埋め立てたり焼却するのではなく，資源としてできるだけ再利用する方向を目指そうという基本的な考え方，方向性が同じ企業」を探し出し，ネットワークの幹事およびその傘下のリサイクル事業者と手を組むことから始めた。その後，リーテムのリサイクルシステムを順次これら事業者に導入し，ある程度の時間をかけて当初の目的である，ネットワークにおける日本全国同一水準のリサイクルシステムの実現を目指したのである[19]。

第4節　株式会社マテック[20]

1．株式会社マテックの概要

J・RICの北海道地区の幹事会社が株式会社マテック（以下，マテック）である。マテックの創業は1935年である。リサイクルの主要拠点としては，帯広市にある本社と，千歳市，石狩市，苫小牧市，釧路市，砂川市および札幌市（3店舗）にある支店の合計9拠点を有しており，北海道全域をカバーした事業を行っている。1つの支店の営業範囲はおよそ100㎞であり，支店間では営業範囲が重ならないようにしているが，支店によって保有する設備が異なるので，リサイクル製品によっては遠くの支店が処理を行う場合がある。同社の特徴は，鉄・非鉄金属から自動車やプラスチック，ペットボトル，古紙など非常に幅広い分野でのリサイクルを行っている点にある。

2．株式会社マテックの歴史

マテックは，1935年に樺太で，杉山与八商店という名の個人企業として創業した。当時は家族経営的に，リアカーを引っ張って売れるモノをとにかくいろいろと集めていたという。とりわけ，当時樺太には王子製紙株式会社があったこともあり，特に古紙回収に重点が置かれていた。第2次世界大戦の終戦後，帯広市に引き上げ，1950年に帯広市にて営業を再開した。当時の帯広市の人口は5万1,000人余りであり，札幌市の31万3,000人の6分の1程度の規模の市であった[21]。こうした樺太および帯広市における創業の経緯が，同社が幅広い品目のリサイクルを行う要因となった。帯広市という小さな市場においては，品目を限定した専業のリサイクル業では十分な収益を上げることができず，事業として成り立つものをいろいろと集めるということが必要であったのである。ヒアリングによると，同社とは違って札幌市を中心とした道央地域で創業した同業他社は，専業のリサイクル事業を行っている企業が多いとのことであった。

日本が高度成長期に入る中で，廃棄物の量は経済成長に伴って増えていくが，それに対してそうした廃棄物をリサイクルする産業が日本では育っていないと考えた同社は，経済成長に合わせて取扱量および品目を増やしていった。とりわけ，2000年前後から各リサイクル法が導入されたことに対応して，自動車や小型家電，容器包装などのリサイクルを行える体制を整えていった。

リサイクル処理した後の販売先は品目によって異なる。例えば古紙は北海道内向けが多い。他方，鉄に関しては，北海道内よりも，日本の他の地域や国外への販売が圧倒的に多い。北海道外への輸送は船舶が中心となるが，日本の東端に位置していることから長距離輸送のコストがかかってしまう。そのため，できるだけ多くの輸送を一度に行えるように，2万トンクラスの大ロットを中心に輸送を行っている。その際，同社は多くの場合1つの船に同社の製品のみを積載している。それは，1つの船舶に多くのリサイクル企業のリサイクル製品が積み込まれると，中に積載されているリサイクル製品の品質にばらつきが生じるし，輸送の効率も悪くなるからである。特に，今後，韓国や中国がリサイクル品の輸出国となることが見込まれ，国際競争が激しくなる中で，船舶輸送の大ロット化による低コスト化はリサイクル業界全体にとって重要な競争優位の1つとなる。

このような大ロット輸送が可能であるのは，北海道という地理的条件がある。例えば関東ではこの規模での大ロット輸送はできず，5,000トン以下のクラスが一般的であるという。この違いは，積み荷の保管場所の広さの違いである。同社が船舶輸送の拠点としている石狩市や釧路市の港では，積み込み港の近くに10万トン程度の保管スペースがあるため，大型の船舶を1社で利用していても，その船舶がいっぱいになるまで港で保管することが十分に可能である。しかしながら，関東など他の港でそれだけの保管スペースを確保することは難しいため，工場から港に運んだ積み荷はそのまま船舶に運ばなければならない。こういった状況では1社で2万トン規模の船舶をいっぱいにしてから輸送することはできず，結果的に，小さな船舶を使っての，他企業との共同輸送という形態とならざるを得ない。加えて，同社が2万トンの船舶を1社で満載できるだけのリサイクル処理量を有しており，さらに，船舶を満載するまで輸送を待っている間の販売ができない期間，事業が継続できる企業としての体力を有していることが，北海道の地理的条件を活かした大ロット輸送を可能としている。

3. 株式会社マテックの特徴

(1) 地域別・機能別分業

すでに述べたように，マテックは道央を中心に道北・道東にも営業拠点・工場を有しており，北海道全域にわたって事業を展開している。この拠点間の関係は，第1には地域別分業の関係にある。すなわち，1拠点の営業範囲をおよそ100kmとしており，できる限り拠点間の営業範囲の重なりがないように拠点配置がなされている。他方，各拠点が同じ設備を有しているわけではないことから，拠点間は機能別分業の関係も有している。例えば，家電などの鉄・非鉄，プラスチックなどが複合されて生産されている製品をリサイクルする際の最初の工程である破砕を行うシュレッダーの設備を有するのは，千歳市，帯広市，石狩市，苫小牧市，釧路市の各拠点工場である。それ以外のシュレッダー設備のない拠点が回収したものは，近くのシュレッダー設備を有する拠点に配送している。また，シュレッダー後の非鉄ミックスメタルの高精度の分別は，苫小牧市の工場が中心的に担っている。各シュレッダーのラインにそのまま高度な非鉄選別ラインを接続することも可能であるが，回収量と設備投資費用，および輸送費用とのバランスの中で，各拠点間の設備配置を行っている。こうすることで，すべての拠点で北海道中の顧客と結びつき，かつ，各顧客から出される様々な廃棄物の処理を一手に引き受けることを可能としながら，拠点間輸送を行うことで必要最小限の設備投資を行って，効率的な処理体制を構築しようとしている。なお，輸送に関しては，自社物流が基本であり，それを超える物流が発生した時に，外部の物流企業を活用している。このような効率的な地域別・機能別分業の体制を構築することによって，同社は北海道全体を対象にした多様な品目のリサイクルを可能にしている。

(2) じゅんかんコンビニ24の展開

じゅんかんコンビニ24とは，家庭内で不要になった資源物を24時間回収するサービスである。利用者は，不要物をじゅんかんコンビニ24まで持ち込み，専用端末を操作したうえで所定の場所に不要物を捨てる。すると，その種類や重量，個数に応じて「リサイクル貢献度」が付与され，その貢献度が500点に到達するごとに商品カードが発行される。同様の仕組みは全国に存在するが，同システムの特徴は，多種類の不用品を1か所で捨てることができる点にある。じゅんかんコンビニ24の取扱品目は，①新聞・雑誌・ダンボール，②金属類・スチール缶，③アルミ缶，④ペットボトル，⑤携帯電話，⑥パソコン本体，⑦小型家電，⑧古布・繊維類である。このように，家電4品目や，生ごみなどを除いて，日常生活において排出される不要物の大部分を1か所で廃棄することが可能なのである。このような多様な取扱品目と，「リサイクル貢献度」の付与によって各家庭の日常の廃棄物処理の中にじゅんかんコンビニ24が溶け込むことが可能となっている。これは，マテックにとっては各家庭に放置されるか一般ごみとして廃棄されてしまう資源物を効率的に回収する仕組みである。第2章でも指摘した通り，廃棄物の回収における「疎→密」という課題を，ワンストップでの多様な廃棄物の受入れによる持ち込みコストの低減と，ポイントによる廃棄物を持ち込むインセンティブの付与によって克服しようとするものである。じゅんかんコンビニ24は，2012年に札幌市内に第1号店を開店しており，現在札幌市内を中心に22店舗を展開しており，今後も店舗を増やす計画である。また，札幌市は小型家電の回収拠点として市有施設や商業施設に設置する回収BOXだけでなく，じゅんかんコンビニ24も市のホームページ等でアナウンスしている。

⑶　貴金属精錬炉の設置

当社は，2012年から，小型の貴金属精錬炉を設置している。これは，2010年度に経済産業省が公募した「レアアース等利用産業等設備導入補助金」に採択され，補助金を受けることで導入されたものである。精錬には化学に関する知識が必要であるため，化学的知識を有する専門家も4，5名雇用している。通常，鉄・非鉄・プラスチックの複合製品は手解体，シュレッダーによる破砕処理が行われた後に，物質ごとに分離されたのち，それぞれ後処理を行う企業に原材料として売却される。通常リサイクル企業が行うのは選別までであり，精錬まで行うことはなく，マテックにおいても，基本的には非鉄金属は物質ごとに分類されたうえで精錬所に販売している。にもかかわらず自ら精錬炉を有する理由は大きく2つある。1つは，現在同社が実現しているリサイクルの競争力の具体的な把握である。自社で行った選別の結果，どの程度のコストでどのような品質の非鉄を精錬することができるのかを知ることによって，取引時における自社のリサイクル製品の競争力の把握と向上を目指している。もう1つは，自社のリサイクル技術の向上である。現在の選別水準でどのような精錬が行われるのかを知ることで，選別技術へのフィードバックを行い，選別水準の向上を図ろうとしているのである。

4. J・RIC におけるマテックの位置づけ

ここまでの記述で明らかなとおり，マテックは創業以降，北海道という地理的・経済的条件の中でリサイクルの水準を向上させながら，企業としての成長を遂げてきた。このことをJ・RIC 構築との関係でいえば，まさに，リーテムが実現しようとした，日本全国で同一水準のリサイクルサービスを同一条件で受けられる仕組みの構築にとっては，これ以上ない適切な企業が北海道に存在していたということがいえよう。

第5節　中辻産業株式会社[22]

1. 中辻産業株式会社の概要[23]

J・RIC の近畿地区の幹事会社が中辻産業株式会社（以下，中辻産業）である。中辻産業の創業は1917年である。管理機能を持つ本社は大阪府堺市にあり，資本金は3,600万円である。同社は，資源リサイクル事業部と精密鍛造事業部の2つの事業部をもっている。すなわち，同社のなかに静脈事業と動脈事業とが併存しているということになる。より具体的には，資源リサイクル事業としては，鉄・非鉄金属スクラップのリサイクル処理，パソコン・OA 機器・自動販売機・券売機などのリサイクル処理を行っており，精密鍛造事業部では，自動車部品，建築金物，油圧機器などの製造，販売を行っている。資源リサイクル事業を行う工場としては，堺工場および忠岡工場を有し，鍛造事業を行う工場として，泉北高砂工場を有している。

2. 鍛造事業の歴史

同社の創業は1917年である。同社のHPには，「堺市向陽町で中古機械及び製鋼原料の問屋を始める」とある。鉄スクラップに関しては，創業当時から製鋼メーカーに販売し事業を拡大していった。

このように，鉄スクラップの収集・販売を中心的事業としていた同社が鍛造事業を手掛けるようになったのは1952年である。直接的きっかけは，同社が立地する堺市周辺の自転車生産企業から，同社に対して，鉄スクラップ収集だけではなく，部品生産もしてもらえないかとの話があったことである。そこで，同社は鉄スクラップの収集・販売から派生する形で，自転車部品の熱間鍛造生産を始めたのである。

このように，それまで全く手がけていなかった自転車部品生産を行うようになった背景には，第2次世界大戦後の日本における自転車・自転車部品需要の急増がある。日本における自転車・自転車部品生産は1930年代後半から40年ごろにかけて1度目のピークを迎える。1941年以降，戦局の悪化などもあり，急速に自転車・自転車部品生産は低調になるが，終戦後の自転車・自転車部品生産の回復は極めて早く，とりわけ自転車部品に関しては1949年にはすでに戦時期のピークの数量を上回る量が生産されている（田中 2009, 44頁）。

こうして，熱間鍛造による自転車部品生産を開始した同社は，1962年には，「高強度で複雑な形状の部品を大量に生産できる」（篠﨑 2009, 82頁）冷間鍛造を導入している[24]。この冷間鍛造技術をもって，1970年代後半に，同社は建築金物（ドアクローザー関連部品）の生産を開始している。なぜ，建築金物への生産品目の転換を図ったのか。それは，日本における自転車生産が落ち込みを見せ始めたからである。日本における自転車生産は1973年にピークを見せた後，低下しはじめる（条野・渡辺 2009, 54頁）。そこで，次の生産品として目を付けたのが，建築金物であったのである。

こうして建築金物生産に進出したが，当時から自動車部品事業への進出は考えていた。そのためには，他の企業があまり手掛けていない技術が必要であると考え，1990年代に閉塞鍛造技術を導入した。

同社の自動車部品事業の最初は，1990年代後半に実現した，イギリスに本社を置くグローバル企業である大手自動車部品メーカー（以下，A社）との部品取引であった。当時，中辻産業は建築金物での取引がアメリカ企業とあったが，その関係でアメリカに渡る際，自動車部品に関しても営業活動を行っていた。その際，A社との橋渡しをしたのが，当時中辻産業がアメリカ，メキシコへの輸出業務委託をしていた国内大手総合商社であった。A社は，当時国内の大手自動車部品メーカーとの取引を行っていたが，A社の判断として，一社購買はリスクが高く，他の購買先を模索していた。そこに中辻産業が入り込んだのである。とはいえ，最初からA社の求める水準の自動車部品を生産することができたわけではない。すでに取引のあった国内大手プレス機メーカーの協力も得ながら技術蓄積し，A社の求める水準の自動車部品を生産することが可能となり，取引が正式に始まった。

それ以降，2000年代後半に国内大手ベアリングメーカーとの取引を，自らの営業努力によって開始した。さらに，2010年ごろには，アメリカ自動車部品メーカー（以下，B社）との取引も開始した。これは，冷間鍛造を始めたころから取引のある国内大手金型メーカーからの誘いをきっかけに，B社向けの自動車部品を共同開発し，参入したものであった。B社への参入の際には，同社にとっては新技術導入となる，温間鍛造を使った生産を開始した。

3. 資源リサイクル事業の歴史

すでに述べた通り，同社の創業は鉄スクラップの収集であり，その意味では，資源リサイクル事業が同社の創業の事業ということになる。しかし，既述の通り自転車部品生産を出発点とした鍛造事業が市場・技術において大きな変化を伴っていたのに対し，鉄スクラップ収集に関しては，1990年代終わりごろまで，それほど大きな変化は見られない。それは，創業当時から，鉄スクラップを収集して製鋼メーカーに販売すれば，常に利益があがっていたためである。

こうした状況の中，1998年に，リーテムによってJ・RICが全国ネットワークとして組織化され，中辻産業が幹事会社を引き受けることとなった。同社が幹事会社を引き受ける判断をした背景には，今後の鉄スクラップ収集事業への懸念があった。一方で，リーテムおよびJ・RICが対象とするリサイクルは，OA機器や電子機器類に含まれるレアメタル，複合素材であり，これらの生産量および需要は今後の伸びが期待された。そこで，J・RIC への参加をきっかけに，レアメタル，複合素材リサイクルを資源リサイクル事業に取り込むことで，資源リサイクル事業の全体のバランスをとるべきであると判断したのである。このような経営判断をすることは，当時としては先進的であったと言える。ヒアリングによると，少なくとも大阪で鉄スクラップ収集業をしている他の企業においては，レアメタル，複合素材リサイクル業への関心はほぼなかったようである。

1999 年に，産業廃棄物中間処理業許可を大阪府から取得し，OA 機器に含まれるレアメタル収集の技術を習得していった。こうした取り組みの 1 つの成果といえるのが，2001 年，広域処理認定を受けた日本 IBM や株式会社日立製作所の中間処理業者に指定されたことである[25]。広域処理認定の意義は廃棄物処理に当該廃棄物の生産者が直接かかわることで，より効果的で適正な処理が行われることを期待する点にある。ただし，多くの場合生産者が生産した製品は地理的に広範囲に広がっているため，生産者が自らの生産物を廃棄処理するためには，多くの自治体において廃棄物処理業の認可が必要となる。このようなことは非現実的であり，生産者が直接廃棄物処理にかかわるうえで大きな制度上の足かせとなる。そこで，広域処理認定を受けることで，自らが生産した廃棄物を日本中で処理することができるようになるのである。ただし，実際に日本中でこうしたメーカー等が自ら廃棄処理を行うことはやはり現実的ではない。そこで，実際には，メーカーによって選定された中間処理業者が廃棄物処理を行うのである。

中辻産業は，日本 IBM の「機器回収リサイクルサービス」の，関西地区担当として選ばれた。同社は，日本 IBM からの厳しい審査の過程を経て認定を得るに至ったわけであるが，認定を得ることができた理由は大きく 2 つあった。1 つは，中辻産業自身が日本 IBM の課す厳しい廃棄物処理条件を技術的に満たし，工場審査をクリアしたことである。もう 1 つは，日本 IBM の「機器回収リサイクルサービス」の関東地区を担当し，すでに日本 IBM との一定の信頼関係にあったリーテムとの取引実績への信頼である。

以後，同社はレアメタル，複合素材のリサイクル処理業を益々推進し，2013 年には，環境省，経済産業省より「使用済小型電子機器等の再資源化の促進に関する法律」の認可を取得した。また2015年にはレアメタル，複合素材に併せて小型電子機器等のさらなる加工精度および量的加工能力の向上を目標に竪型破砕機を導入するなど，資源の総合リサイクルによる地球環境保全に寄与する事業構築の発展に日々取り組んでいる。

第6節　J・RICに見る静脈企業ネットワーク構築の意義

以上，リーテムの静脈企業としての発展過程，J・RIC誕生の背景，北海道地区幹事会社のマテックおよび近畿地区幹事会社の中辻産業の歴史的発展過程，および各社とJ・RICとの関係について整理を行った。最後に，J・RICの事例から抽出できる静脈企業のネットワーク化の意義について考察したい。

すでに述べた通り，J・RICが主に回収対象としている事業用電機に関しては，家電のようなリサイクルを行うことを義務付けたり促進したりする法的根拠は存在しない。にもかかわらずこうした仕組みが発展したということは，廃棄物を出す企業の廃棄物問題に関する意識の高まりがあることが推測される。こうした企業の意識の高まりは，廃棄を委託する静脈企業への評価の厳しさにつながるのであり，リサイクルを適切に行う静脈企業にとってはビジネスチャンスが広がることを意味する。しかし，ここで問題となるのは，静脈企業と排出事業者との事業範囲の地理的な相違である。現在の経済環境において動脈企業の多くが日本全国，さらには世界中で事業を展開している。他方，静脈企業の現状はといえば，第2章でも指摘している通り，動脈企業と同様の規模の拡大，事業の地理的展開を行うことは難しい。このことは，適切な廃棄物処理を必要とする企業にとっては地理的展開をするたびに，適切な静脈企業を探さなければならないことになる。こうした中，J・RICは，既存の静脈企業との関係を前提に，他の地域での他の静脈企業との取引を，既存の取引と同様の信頼をもって廃棄物処理を委託することを可能にしているのであり，大幅に探索コストを減じることが可能になる。これを実現するために，リーテムは日本全国に「同一水準」のリサイクルが可能な企業ネットワークを構築しようとした。同一水準であることは，利用する企業にとっても重要であるが，リーテムをはじめとしたネットワーク参加企業にとっても重要な意味を持つ。なぜなら，万一ネットワーク参加企業が自らの処理水準よりも低かった場合，それは自企業への評価に直結するからである。この論理は，ネットワークの処理水準を低下させない原理の1つである。北海道の幹事会社となったマテックは，まさに同一水準のリサイクルを実現できる企業だったと言えよう。

また，中辻産業の事例からは，J・RICのもつもう1つの意義を見出すことができる。それは，高水準のリサイクルを可能にする静脈企業の育成機能である。中辻産業の静脈企業としての成長において，J・RICへの参加は極めて大きな画期であった。中辻産業は，鍛造事業における市場の見極めや適切な投資などから，中小企業経営として適切な社会環境への対応能力を有していたとみることができる。リーテムがJ・RICの近畿地区幹事会社として中辻産業に声をかけたことをきっかけに，同社は資源リサイクル事業においてもこの能力を発揮し，リーテムや日本IBMなどとの関係の中で，鉄スクラップ事業からレアメタル複合素材リサイクルに事業を拡大した。つまり，J・RICは，単に中小静脈企業をつなげただけではなく，静脈事業においては必ずしも発揮されていない中小企業の能力を，静脈事業に振り向け，そこでも能力を発揮しうる条件を構築したということがいえるのである。

さて，本章では，J・RICの成り立ちからその意義を考察したが，無論J・RICのみの取り組みで日本の事業用電機のリサイクル処理の問題が解決されるわけではない。今後，日本の廃電気機械全体の中で，J・RICがどのように位置づき，また，いかなる発展が期待され，課題を有するのかを引き続き考察していきたい。

（牧　良明）

注

1　産業廃棄物分類表に即して言えば，「不可分一体の産業廃棄物」の中にある「廃電気機械器具」が「事業用電気機械器具」に当たる。

2　以下，家電リサイクル法に規定されている家電を指す場合は「家電4品目」，小型家電リサイクル法に規定されている家電も含めて家電一般をさす場合は「家電」と表記する。

3　家電リサイクル法において，再商品化とは以下のように定められている。1. 機械器具が廃棄物となったものから部品及び材料を分離し，自らこれを製品の部品又は原材料として利用する行為。2. 機械器具が廃棄物となったものから部品及び材料を分離し，これを製品の部品又は原材料として利用する者に有償又は無償で譲渡し得る状態にする行為。

4　一般財団法人家電製品協会（2018）22-23頁。なお，各品目の再商品化基準は，①エアコン：80％②ブラウン管式テレビ：55％，液晶・プラズマ式テレビ：74％③冷蔵庫・冷凍庫：70％④洗濯機・乾燥機：82％である。

5　小型家電の再資源化事業の実施に関する計画を作成し，主務大臣の認定を得た事業者のこと。認定事業者は，再資源化事業を行う際に市町村長等の廃棄物処理業の許可が不要となる。また，事業を行う区域内の市町村から回収した小型家電の引き取りを求められたときは，原則として引き取らなければならない。

6　総務省行政評価局（2017）5頁。なお，環境省（2018）によると，小型家電の2016年度の回収量は6万7,915トンである（170頁）。

7　一般財団法人家電製品協会（2018）7-9頁。

8　小型家電リサイクル法に関する研究としては，法律そのものを検討したものとして小林（2014）が，自治体ごとの実態調査に関するものとして齋藤・劉（2016）などがある。

9　ほぼ唯一，こうした問題意識のもとになされた調査として挙げられるのが，寺園他（2013）である。ただし，寺園他（2013）は事業者からの排出実態を調査したのみであり，リサイクルとの関係は不明なままである。

10　津川（2005）60頁参照。

11　日立製作所として独立したのは，1920年である。

12　杉山（2011）33頁参照。

13　同上。

14　1990年に，兵庫県警が香川県豊島への産業廃棄物不法投棄事件を摘発しているが，この不法投棄された産業廃棄物の多くが自動車シュレッダーダストであった。この不法投棄事件に関しては，曽根（1999）が詳しい。

15　津川（2005）60頁。

16　杉山（2011）33頁。

17　以上のフローに関しては，同社パンフレットを参照した。

18　(株)リーテムパンフレット参照。

19　以上のJ・RIC設立過程に関しては，「リサイクルでスクラム　列島貫く環境企業連合」『日経ビジネス』1999年10月18日号，32-35頁を参照した。

20　本節の内容は，特に断りのない限り，2018年3月14日に同社にて行ったヒアリングによる。ヒアリングには，営業部企画担当部長および特別顧問にご対応いただいた。

21　『昭和25年国勢調査』。

22　本節の内容は，特に断りのない限り，2013年12月2日に同社にて行ったヒアリングによる。ヒアリングには，常務取締役，冷間鍛造事業部工場長，冷間鍛造事業部事業推進課長，リサイクル事業部工場長，リサイクル事業部営業課長の5名の方にご対応いただいた。

23　本稿の内容は，中辻産業ホームページ（http://www.nakatsuji-limited.com/default.htm：2016年5月12日閲覧）を参照した。

24　篠﨑（2009）によると，日本における冷間鍛造の導入時期は，自転車産業で1952年ごろ，自動車産業で1960年ごろである（82頁）。

25　広域処理認定制度が制定されたのは，2003年であるが，その前に，ほぼ同じ考え方である「広域再生利用指定制度」が1994年に創設されている。「広域再生利用指定制度」は2003年に廃止され，「広域認定制度」に引き継がれる一方，「広域再生利用指定制度」においてなされた指定は，当分の間有効であるとされた（米谷 2006）。以上の経緯とヒアリング内容とを重ね合わせると，中辻産業が両社の中間処理業者に指定された際に両者が受けていたのは広域再生利用指定であったと考えられる。なお，広域再生利用指定を受けた日本IBMと日立製作所は，企業などの法人で使用済みになった事業系PCの回収・リサイクル事業を強化するために，共同運用システムを構築し，2002年11月18日にサービスを開始した（2002年11月11日付　日本IBMプレスリリース）。

第10章
廃棄物処理・リサイクル業から循環型素材産業への進化
—協栄産業のPETボトルリサイクルを事例に—

第1節　はじめに

プラスチック類はその機能性（軽量性，成形性，耐薬品性など）から各種産業で重要な素材として活用される一方，温暖化，マイクロプラスチックといった環境問題から継続的な利用の是非が問われている。実際，一部の企業ではプラスチック製品の使用禁止，代替材料への転換といった動きが本格化しつつある[1]。

こうした動きは循環型経済（サーキュラーエコノミー）[2]の追求という点では一定の合理性があるものの，その行き過ぎた議論はプラスチックリサイクル技術・システムの歴史的な到達段階を軽視し，プラスチックという既存資源の循環利用の可能性すら否定しかねない。

しかし現在の使用済みプラスチックは，リサイクルプロセスを経ると，品質の劣化によって同じ仕様の材料として再生利用が困難となることが多く，その意味では循環型経済の方向に寄与しているとは言い難い状況があるのも事実である。例えば，ポリ袋や各種製品の包装用プラスチックの場合，材料リサイクルの割合が全体の36.6%（2017年度）となっており，さらにその内容はパレット用（38.1%：同），再生樹脂（32.7%：同），日用雑貨・その他（10.5%：同）となっており，リサイクル前と同水準ないし同一カテゴリーでの再生利用がなされていない[3]。しかもこれらの用途へのリサイクル材料の販売価格は低く，リサイクル工程に伴うコストすら回収することができないため，プラスチック排出事業者への賦課金や自治体の財政負担なしには成り立たない構造になっている。

しかしPETボトルリサイクルをみると，日本では飲料用ボトルの材料として利用可能な使用済みPETボトルのリサイクル技術（=「ボトルtoボトルリサイクル」）が確立され[4]，リサイクル材を100%使用したPETボトルが徐々に広がっている[5]。使用済みPETボトルのリサイクル技術に関する取り組みは，1980年頃から世界的に始まったが，技術上の課題から飲料用PETボトル以外の用途（短繊維・長繊維，卵パックなど）に限られてきた。しかし，本章が取り上げる協栄産業株式会社（創業1985年，本社：栃木県小山市。以下，協栄産業と略）は，2006年に食品衛生基準をクリアーするリサイクル材の開発・製造を開始した。また，2012年4月には同社のリサイクル材の提供を受けたサントリーホールディングス株式会社（以下，サントリーに略）がリサイクル材100%のPETボトルによる清涼飲料水の販売を開始した。さらに，2018年10月現在，協栄産業では再生フレークからPETボトル成型の中間材であるプリフォームを直接生産するプロセスの開発にまで至っている。

以上は，先の包装用プラスチックのリサイクルとは異なり，生産・消費活動への物質循環・価値循環を実現する「循環型素材」の生産であり，循環型経済に対する技術的な解決策である。地下資源としての化石燃料の採掘とその燃料利用，使用済みプラスチックの燃料としての再利用は循環型経済とは矛盾するが，一旦素材として利用されたプラスチックの循環利用は循環型経済とは直接に対立しないのである。

第2節　協栄産業のボトルtoボトルリサイクル

協栄産業は，1985年に創業したPETボトルリサイクル専業事業者である。同社は，協栄産業グループという形態をとっており，使用済みPETボトルの引取・回収・洗浄等のプロセスをジャパンテック株式会社，東京ペットボトルリサイクル株式会社[6]が，1次処理後のリサイクル材への製品化過程を協栄産業が担当するという分業体制を取っている。その他，協栄物流株式会社（一般貨物自動車運送事業，倉庫業），有限会社群馬マイプロテック（フィルム・

シート製造，スリッター加工)，フェイス沖縄株式会社（ペットボトル再商品化事業）がグループ企業としてある。2017年度現在，グループ全体での従業員数は約350名，連結売上高は約150億円である。

PETボトルのリサイクル手法は，化学分解法と洗浄法に大別される[7]。同社が採用する洗浄法とは，PETボトルに付着する不純物等を物理的・化学的手段によって剥離する方法のことで，①使用済みPETボトルを破砕し，フレーク状にする，②水ないしアルカリ水で洗浄し，ボトル表面・表層に付着した汚れを除去する，③洗浄されたフレークを溶融し，トコロテン状に引き伸ばしたPETを一定サイズでカット（ペレット化）する，という主に3つの工程で構成される（図表10-1)。

洗浄法は，化学分解法と比較して低コストではあるものの，工程での不純物除去の困難性（ボトル以外のキャップやラベルの除去，ボトルに付着する汚染物の除去)，容器成型およびペレット成形の際の溶融工程で生じる加水分解作用による品質劣化（粘性の低下，熱履歴による黄ばみの発生）という2つの技術上の課題から，PETボトルへのリサイクルは極めて困難とされてきた。とりわけ，使用済みPETボトルの場合，飲み残しやタバコの吸い殻などの夾雑物の混入のリスクから食品衛生法の基準をクリアーすることが極めて困難とされており，シート・繊維などの用途が大勢を占めてきた（図表10-2)。

図表10-1　PETボトルリサイクル工程（洗浄法）

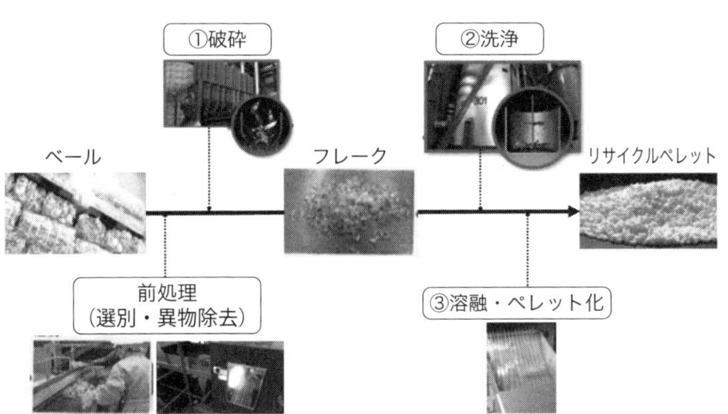

（出所）　協栄産業提供資料に基づき筆者作成。

図表 10-2　使用済み PET ボトルリサイクル材の用途別推移

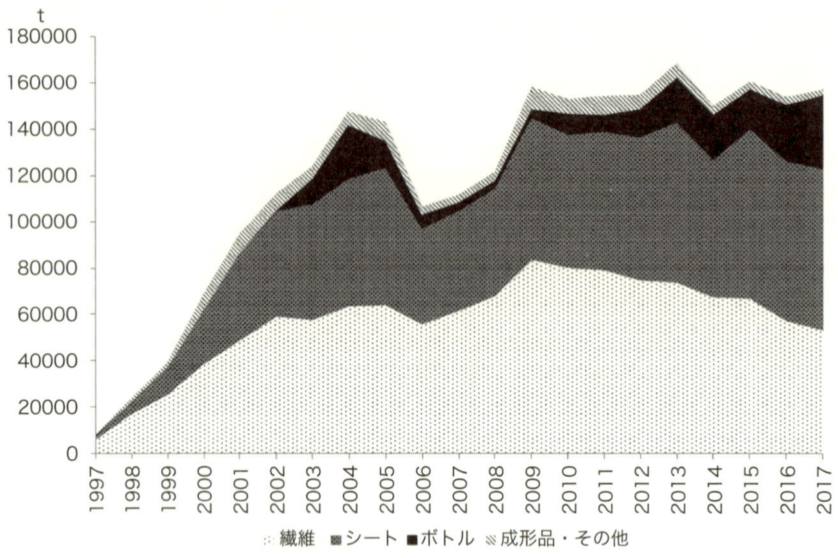

（出所）日本容器包装リサイクル協会「再商品化販売実績：PET ボトル」より作成。(http://www.jcpra.or.jp/recycle/related_data/tabid/507/index.php，2018 年 11 月 20 日閲覧）。

以上の2つの技術上の課題を克服したのが協栄産業のボトル to ボトルリサイクルである。その特徴は以下の3点である。

第1に，調達材料の品質管理である。協栄産業では容器包装リサイクル制度（以下，「容リ制度」と略）に基づく使用済み PET ボトルと，事業者が回収する使用済み PET ボトルという2つのルートから調達している。前者は日本容器包装リサイクル協会の管理のもと，リサイクル事業者が使用済み PET ボトルを入札（競争入札）する。各自治体の使用済み PET ボトルの品質は「PET ボトル分別基準適合物（ベール品）の品質ランク区分及び配点基準」に基づく検査により A，B，D ランクに分けられており[8]，協栄産業では品質・価格・輸送距離等を踏まえて入札を行っている。後者に関して，協栄産業では JR 東日本やセブンイレブンジャパンなどの事業者とも取引を行っており，これらの企業に対し契約段階で素材の分別や簡単な洗浄に関するガイドラインを示すなど，調達材料の品質管理を行っている[9]。

第2に，リサイクル工程での不純物・汚染物除去の徹底である。先にも述べたように，使用済みPETボトルには，①着色ボトルやPET以外の素材(キャップ，ラベル)，②飲み残しなどの夾雑物，が混入している。協栄産業のリサイクル工程では，①については近赤外線装置による透明ボトルと色付きボトルの選別，手作業によるラベルやキャップの取り外し，水洗浄工程でのPETとポリエチレン（PE），ポリプロピレン（PP），ポリスチレン（PS）の比重差を利用した選別などを行っている。②についてはボトルの表層に浸透している汚染物の除去を行うために，同社ではアルカリ水による洗浄を行っている。これは，PETがアルカリに反応するという性質を利用して，低濃度のアルカリ水内で破砕されたPETボトルを一定時間攪拌することで表層を削り，染み込んでいる夾雑物を除去するというものである。

第3に，PETの粘性を向上させる装置（再縮重合装置）の導入である。ボトル用のPET樹脂はボトルへ成型する際に熱を加える。その際に粘性が落ちてしまうため，使用済みボトルをそのままではボトル成型用の原料として再利用することができない。これは他のプラスチックには見られないPET特有の性質であり，水平リサイクルを困難にさせる技術上の理由でもあった[10]。同社はオーストリアのプラスチックリサイクル装置メーカーであるエレマ社（1983年創業）の再縮重合装置によりこの問題を解決した。再縮重合装置は破砕されたPETを高温・減圧下で溶融する。その過程で内部に吸着していた異物や異臭などの微粒子が不規則に運動し，分子間の空隙から排出され，さらに粘性を引き下げる要因となる水分子も同時に排出される。その結果，PETの分子結合の規則性が高まり粘性が向上し，PETボトルの成型に適したリサイクル材となる。

第3節　協栄産業のボトル to ボトルリサイクルの形成過程

協栄産業は，創業当時にはビデオテープレコーダー（VTR）用PET樹脂のリサイクルを行い，その後PETボトル工場の成型不良品や賞味期限切れのPETボトルのリサイクル，使用済みPETボトルのリサイクルへと，リサイクルをするための原材料を変化させてきた。これは，PETリサイクルプロセスの技術上の課題の克服，対象材料の質的変化やリサイクル材の用途展開に伴う調達・生産・品質管理上の課題の克服など，ボトルtoボトルリサイクルを実現するための生産システム上の課題を段階的に克服する過程でもあった。

他方でボトルtoボトルリサイクルの実現には，生産システム上の課題を克服するだけではなく，リサイクル材料を飲料容器に利用することの社会的価値をユーザーと共有し，「安全・安心」という法的・心理的課題を克服する必要があった。以下では，同社がどのようにこれらの課題を克服し，ボトルtoボトルリサイクルを実現していったのかをみていく[11]。

1. VTRリサイクル（創業期）
―原材料調達方法の確立と品質劣化要因の気づき―

創業者である古澤栄一氏がプラスチックのリサイクル事業に関心を持った直接のきっかけは，筑波の工業技術院（現，産業技術総合研究所）の研究者から石油資源の枯渇や有効利用の可能性についての話を聞いたことにあった。

1970年代以降，石油資源の高騰やローマクラブの「成長の限界説」の提示など，資源の有効利用・循環利用が重要な課題となっており，日本でも通産省を中心に研究開発のための政策提言がなされていた。例えば，サンシャイン計画（1974～93年），ムーンライト計画（78～93年）などは有名なものとしてあげられるが，ほぼ同時期に廃棄物の有効利用政策として「スターダスト80'計画」（74～82年）が策定された。同計画は，都市に滞留する家庭ごみ，とりわけ生活スタイルの変化に伴って急増したプラスチックごみの資源化のための技術開発に関する計画であり，その主要な目的は「熱分解」による油化であった。

1980年当時，古澤氏は栃木県にて会社勤めをしていたが，油化技術を研究していた工業技術院での話をきっかけに，「石油資源の枯渇という社会的課題，石油資源の乏しい日本の経済的自立性・持続性に貢献ができる技術を開発し，ビジネスを起こしたい」と考えるようになり，工業技術院の研究者に相談しつつ，独学で熱分解装置の開発に成功し，販売を開始した。

しかし1982年以降，石油価格が急落したため，熱分解による油化では全く採算が合わないという事態となった。こうした経験から，古澤氏は熱分解技術がリサイクル技術としては高コストであるという結論に至り，熱分解以外の方法によるリサイクルを模索するため，勤めていた会社を辞め，協栄産業を創業した。

当時のプラスチックリサイクルのうち，PE，PP，PS，ABS といった汎用樹脂についてはすでに複数のリサイクル事業者が参入しており，新規参入が困難であった[12]。そこで，古澤氏はまだリサイクル事業者が参入していなかった PET 樹脂のリサイクル事業化に向けた取り組みを始めた。

1980 年代の PET 樹脂の主要な用途は家庭用 VTR のフィルムであった。当時は「VHS・β戦争」の影響もあり家庭用 VTR が大量生産され，工場での成型不良品や VTR 成型時にカットされる端材が大量に発生していた[13]。PET 樹脂は粘性の高さから他のプラスチックリサイクルで利用されていた押出成形機では上手く押し出すことができず，また加水分解による品質劣化の解決の目処が立っていなかった。また，VTR メーカーもリサイクルを通じて PET フィルム成型に関わる技術が漏洩するという懸念を持っており，リサイクル事業者も VTR メーカーもリサイクルに対して消極的であった。

以上の状況に対し，協栄産業は，① 既存装置の PET リサイクルプロセスへの転用・改良，② トレーサビリティの導入，③ 分別回収の徹底により，品質劣化と技術漏洩を克服した。

PET フィルムリサイクルの技術上の課題は，リサイクルフローでの加水分解や熱劣化による粘性の低下をいかに防ぐかということであった。古澤氏は，当時各種プラスチックのリサイクルに使われていたグラッシングミキサーを改良し，粘性低下を数％程度に抑制したペレットなどの製造に成功した。さらにこの手法ではフィルムから形状が変わるため，技術漏洩の懸念が解消された。また同社では回収・リサイクルした PET 樹脂の販売に際して，すべて販売先の伝票を保管し，排出元である VTR メーカーに確認できるようにした。これは今でいう廃棄物のマニフェスト制度と同じである。

以上の生産技術・生産管理上の対策に加えて，同社が VTR リサイクルに際して行った重要な取り組みは「分別回収」であった。当時，自治体では「沼津方式」と呼ばれる分別・集団回収が徐々に広がっていたが[14]，企業の廃棄物回収は一括回収・廃棄が一般的であった。これに対し，古澤氏はVTR工場各社の責任者に対し分別・回収による資源的価値の向上について粘り強く説明し，廃棄物の分別ボックスを設置させた。その結果，PETフィルム端材や成形不良品の効率的な回収により，手作業による仕分けが不要となりリサイクルコストが低減した。

2. PETボトルリサイクルの開始―品質劣化対策の技術開発・導入―

協栄産業の家庭用VTR製造工場の端材・成形不良品のリサイクル事業は，1986年のプラザ合意を契機とする円高や原油安の影響を受けたVTR工場の海外移転により事業転換せざるを得なくなった。そこで同社が着目したのがPETボトルのリサイクルであった。

食品用途のPETボトルは，日本では1977年に醤油用ボトル，1982年に1L以上の清涼飲料水用ボトルで認可され，市場に普及し始めていた。他方で，1980年代のPETボトル成形技術は現在と比較すると未成熟で工場内でかなりの割合の成形不良品が出ているという状況であった。そこで協栄産業は1988年から関東地域のPETボトル容器工場からの成形不良品や端材を引き取り，リサイクルする事業を開始した。

当初，PETリサイクル材は繊維用途として販売していたが，高い粘性の使用済みPETボトル用途から低い粘性の繊維用途のリサイクル材を生産するには，敢えて加水分解をするという無駄が発生していた。そのため同社は，リサイクル材の新たな用途として粘性の高いシート用途（卵パックなど）へとシフトさせていった。

一般に各種生産材として利用されるPET樹脂は押出成形機・射出成形機の仕様に合わせてペレット状に成型される必要がある。先に述べた洗浄法によるPETリサイクル工程では，破砕されフレーク状になったPET樹脂を洗浄した後，ペレット形状にするために溶融する。このペレット成型の過程で粘性が10％程度低下する。粘性の低下度合いをいかに抑えるかがシート用途のリサイクル材の生産には重要な課題であった。

この点に関わって協栄産業はグラッシングミキサーによるPETリサイクルを実現していたが，さらなる粘性低下抑制に向けて1990年に真空減圧法を新たに開発した。これは既存のグラッシングミキサーと押し出し機を結合させ，押出工程に取付けたブースターポンプにより，減圧雰囲気下で260℃の温度帯で溶融したPETを真空引きするもので，粘性低下を抑制したペレットの連続生産が可能になった。さらに1993年に，ポリプロピレン専用の破砕・溶融一体型のリサイクル装置を販売していたエレマ社にPET専用の破砕・溶融の一体型装置の開発・改良を依頼し，同装置を導入した。

協栄産業は，粘性低下を抑制するPETリサイクル技術の開発・導入により容器リサイクルビジネスの目処がついたため，1994年に栃木工場（栃木県下都賀郡壬生町）を竣工し，PETリサイクル事業への本格的な参入を開始した[15]。また，同社はPETボトルが他のプラスチック製品に比べて単純な素材構成であること，VTR用のPETフィルムとは異なり添加剤がほとんど含まれていないピュアな素材であることから，同一水準の用途へのリサイクルが実現しやすいのではないかと考え，PETボトル向けのリサイクル材を生産するための技術開発に着手した。

3. 容リ制度の成立・変容―「国内循環」から「アジア循環」へ―

協栄産業のボトルtoボトルリサイクルの実現にとって，品質の高い（非PET素材や夾雑物の混入率の低さ）使用済みPETの大量調達は重要な要因である。これに関わって大きな役割を果たしたのが容リ制度である。

1996年4月，全国清涼飲料工業会は，1L未満の小型ボトルへのPET使用の自主規制を解禁した。これ以降，飲料用容器としてのPETボトルの利用が急速に拡大するのだが，家庭から排出されるPETボトルについては，容器包装リサイクル法（1995年6月成立，1997年4月本格施行）のもと，回収・リサイクルされる制度が構築された。同制度に基づくPETボトルリサイクルは，① リサイクル事業者は排出事業者から支払われる使用済みPETボトルの委託処理費用と，リサイクル材の販売収入という2つの収入源が事実上保証されていること，② リサイクルフローに関連する諸費用のうち，自治体が家庭からの分別回収・1次選別・保管を，容器メーカー，飲料メーカーなどの排出事業者がリサイクル事業者への委託処理分を負担するという費用負担構造であること，に特徴があった[16]。

同制度の成立当時は国内循環を前提に考えていたため，飲料メーカー・容器メーカーらはリサイクルシステムの実現と委託処理費用の軽減を目的に，飲料容器の規格化，共同出資によるリサイクル事業者の設立，既存のリサイクル事業者への工場建設要請，欧米の先駆的なリサイクル技術の導入によるリサイクルプロセスの改善努力，独自の技術開発などが行われた[17]。協栄産業に対しても容リ制度への参加要請，リサイクル工場の建設要請があり，同社は1999年に栃木工場，2001年に宇都宮工場を新設し，容リ制度の入札に参加するようになった。

しかし，2000年代に入るとPETリサイクル市場の事態は急変した。その直接のきっかけは中国への廃プラスチックの大量輸出であった。当時の中国は「世界の工場」として急成長する一方，その前提となる原材料不足から鉄くず，古紙，廃プラスチックといった使用済み材料・製品（≒廃棄物）を世界各国から大量に輸入するようになった[18]。その結果，国内の使用済みPETボトルは，国内の制度に則ってリサイクルするよりも中国へ輸出する方が経済的に有利になり，飲料・容器メーカーから処理の委託を受けた廃棄物処理業者や一部のリサイクル事業者，一部の自治体では経済的負担の軽減を目的に中国への輸出を行うようになった。とりわけ日本の使用済みPETボトルは，容リ制度を通じて材料構成の規格化（容器の透明化，ラベル・キャップ・ラベル材料のガイドライン作成など），家庭での1次処理の啓蒙（キャップを取る，ラベルを剥がす，洗う）もあり，不純物の少ない「プラスチック材料」であったことから海外市場での引き合いは多かった。

このことは国内のPETボトルリサイクル事業者にとっては，原材料の供給不足をもたらした。そのため，リサイクル事業者らは容リルートによる使用済みPETボトルの確保を巡って入札価格の引き下げ競争を展開した。その結果，2006年の使用済みPETボトルの平均落札価格はプラス価格からマイナス価格へ，すなわち引取料金を受け取って廃棄物を受け取る「逆有償取引」から，お金を支払って商品を受け取る「有償取引」へと転換した（図表10-3）。

逆有償から有償への使用済みPETボトルの入札価格の変化は，排出事業者からみれば国内循環に伴う費用負担を事実上消滅させるものであった（図表10-3）。そのため，中国へのPETボトルの輸出は資源がアジア規模で循環利

図10-3　使用済みPETの平均入札価格とPETボトルのリサイクルに伴う関係事業者の容リ協への支払額の推移

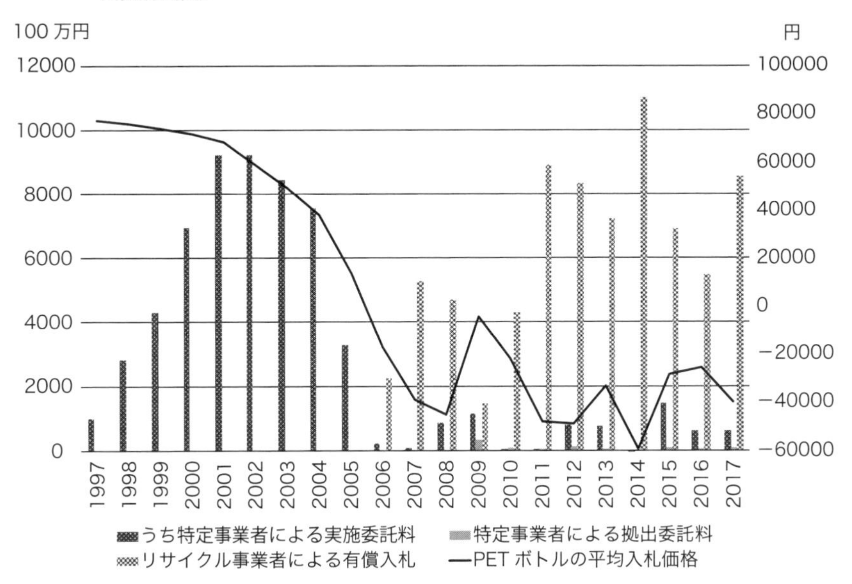

（注）実施委託料とはリサイクル業務の委託に伴う費用，拠出委託料とは自治体による使用済みPETボトルの1次処理に伴う合理化の成果に対して支払われる費用のことである。
（出所）日本容器包装リサイクル協会「収支計算書」各年版および同「落札単価の推移」より作成。

用されるのと同義，すなわち「アジア循環」として歓迎された。実際，容器メーカー，飲料メーカーらで構成されるペットボトルリサイクル推進協議会の発行する『PETボトルリサイクル年次報告書2007年版』では，海外に輸出されているPETボトルについても事実上リサイクルされているものとして，回収率とそこから算出されるリサイクル率に入れて良いものと定義し直している。

使用済みPETボトルの国内循環からアジア循環への変化は，協栄産業にとって2つの影響をもたらした。

第1に，国内を基盤とするPETボトルリサイクルシステムの成立要件の明確化である。有償取引化以前のPETボトルリサイクルビジネスは，委託処理費用を前提にした廃棄物処理業の延長上的な事業者が多かったため，「PETリサイクル材＝低品質，低価格」が常態化していた。一部の事業者では，化学分解技術を利用したPETボトル向けのリサイクル材の開発・製造に取り組んでいたが，これも高い委託処理費用を前提にしたものであった。しかし使用済みPETボトルの取引が有償化したことにより，これら委託処理費用を前提とするリサイクル事業者の多くは事業撤退，倒産した。なかでも化学分解技術によるボトルtoボトルリサイクルに取り組んでいたペットリバース社が民事再生法を適用（2005年9月）[19]されたことにより，使用済みPETボトルを購入しても十分に収益性を確保できるリサイクルシステムしか国内では生き残れないことが明確となった。

第2に，排出事業者および政策当局に使用済みPETボトルを国内循環させる強い動機がなくなったということである。そのため使用済みPETボトルを飲料用ボトルの材料にリサイクルするという協栄産業の取り組みは，PETボトルに関係するステークホルダー（政策当局，排出事業者）にとって経済的・社会的合理性の見えづらい「高コスト」のリサイクルと受け止められた。よって，同社の目指す「ボトルtoボトル」のリサイクルシステムの実現には，生産システム上の課題の克服に加えて，その「社会的価値」をステークホルダーと共有することが重要な課題となった。

技術上の課題についていえば，同社のPETリサイクルの品質高度化に関する取り組みは1994年から始まっていたこともあり，使用済み飲料容器に含浸する夾雑物の除去に関するアルカリ洗浄の最適な条件のノウハウ蓄積など，使用済みPETボトルの洗浄および粘性低下の抑制に関する技術は確立していた。よって同時期のボトルtoボトルリサイクルを実現する上での技術上の課題は，再縮重合装置の導入と実プラントでの実証であった。同社は2006年1月に竣工した新工場である小山工場にてボトルtoボトルリサイクルの実証化実験を開始した[20]。

4. ボトルtoボトルリサイクルの実現

一般に新製品が社会的に受容されるには，その製品の社会的価値が認められなければならない。協栄産業のボトルtoボトルリサイクルの場合，それはリサイクル材のユーザーである飲料メーカーがリサイクル材の社会的価値を認めるということを意味する。さらにリサイクル材の飲料用途への活用には，その材料の安全性確保と，消費者の安心という信頼の獲得が不可欠であった。

加えて同社のリサイクルシステムはバージン材料と同程度の価格で販売できれば成立することができた。しかし，リサイクル材は「リサイクル＝粗悪品」というイメージや安定供給の問題などから，一般にバージン材の50〜80％程度の価格で取引されていた。よって飲料メーカーとのボトルtoボトルリサイクルの社会的価値の共有は，バージン材と同等の価格でのリサイクル材の販売の実現にとっても不可欠であった。

ボトルtoボトルの社会的価値として同社がまず示したのは「ULO」という概念であった（図表10-4）。これは，ボトルtoボトルが実現されない限り，どのような対応をとったとしてもPETボトル生産における石油資源の採掘が続くということを示すものであった。しかし，ULOという概念自体は水平レベルでの資源循環の社会的意義，とりわけ循環型経済のモデルを示すという点

図表10-4　協栄産業のリサイクル概念「ULO型」

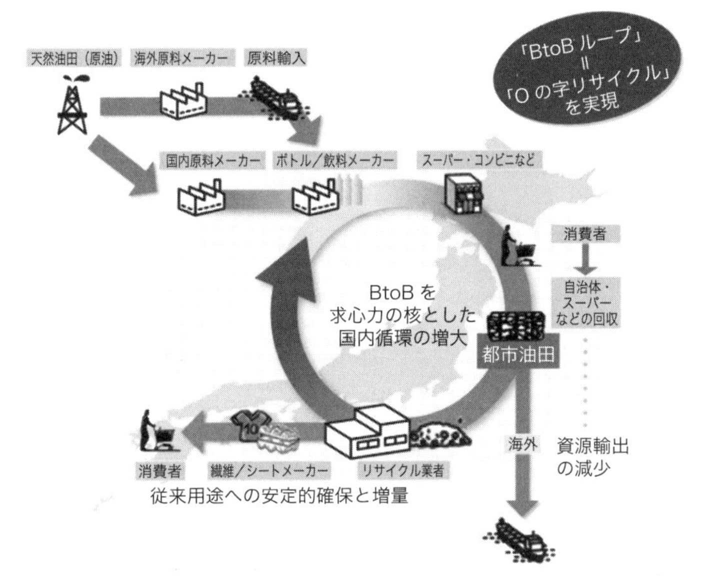

（注）「PETボトル製造→繊維・シートメーカー→消費者」のルートをU字型，海外への使用済みPETボトルの輸出をL字型の非循環リサイクル，ボトルtoボトルリサイクルをO字型の循環型と捉えている。
（出所）同社Webより転載。

では重要ではあるものの，社会的価値を具体的に示すものではなかった。

品質保証に関していえば，同社は厚生省告示第370号「食品，添加物の規格基準」に基づくPETの材質試験項目[21]の基準を満たしており，そのことはフラウンホーファー研究所の安全証明書，SGS社の検査報告書という第三者試験でも確認されていることから，自社リサイクル材料の食品用途への利用は可能であることを示した。しかし，それだけでは飲料容器用途のバージンPETと「同じである」ということを意味するだけであり，企業倫理に訴えてリサイクル材を販売するしかなくなる。そこで，リサイクル材の社会的価値として同社が着目したのが二酸化炭素の削減効果であった。協栄産業は2007年，2008年にかけて三菱UFJリサーチ＆コンサルティングに調査を依頼し，同社のボトルtoボトルリサイクルとバージンPET製造における二酸化炭素排出量の比較分析を行った。その結果，同社のシステムの場合には1kgあたりの二酸化炭素排出量が0.583kgであるのに対して，バージンPET製造の場合は1.577kgと，63%の削減効果があることが判明した（図表10-5）。二酸化炭素削減という社会的価値の「見える化」は，経済産業省『ものづくり白書2010』にて「枯渇性天然資源の利用抑制とCO_2排出抑制を両立する取り組みであり，リサイ

図表10-5　バージンPET製造とボトルtoボトルリサイクルでのCO_2排出量比較

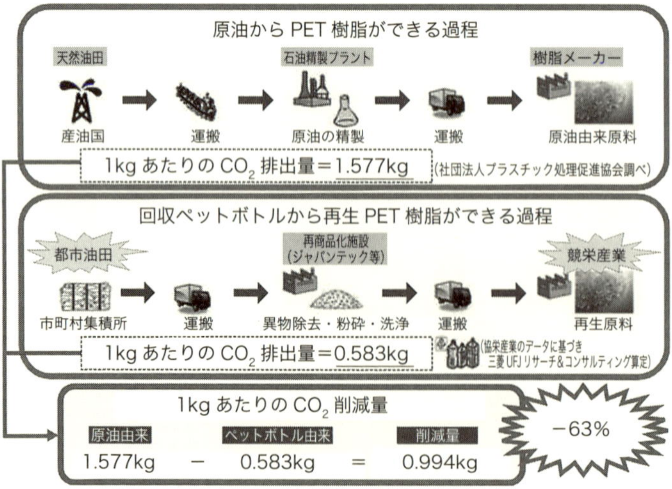

（出所）協栄産業提供資料。

クル事業の主目的が従来の廃棄物対策から資源環境制約対応へ転換している事例として位置づけることができる」(144頁）と評価された。

協栄産業は，ボトル to ボトルリサイクルに関する以上の社会的価値を携えて，飲料メーカー各社に対し同社のリサイクル材の飲料容器利用を提案した。しかし，洗浄法による初のリサイクル材の飲料用途への利用というリスクから多くの飲料メーカーは同社の提案に応じなかった。そうした中，唯一共同実証試験を持ちかけてきたのがサントリーであった。同社の提案内容は，協栄産業の実機プラントでの「代理汚染試験」であった。

代理汚染試験とは，ユーザー側（本ケースではサントリー）が独自に配合した汚染物質を染み込ませたPETボトルを生産プラントに投入し，その汚染除去度合いを検証するというものである。飲料容器の「安全」は安全基準を満たすことで確認されるが，安心はユーザーとの信頼関係を構築するしかない。代理汚染試験の成功は，ボトル to ボトルリサイクルの「安心」をサントリーが保証することを意味していた[22]。

一連の代理汚染試験によりボトル to ボトルリサイクルの「安心」が保証され，2011年にサントリーは協栄産業のリサイクル材を用いたPETボトルの使用を開始した。当初サントリーはリサイクル材50％配合の飲料容器を製造・販売したが，翌年には100％リサイクル材のみのPETボトルの製造販売を開始した。それ以降，協栄産業のボトル to ボトルリサイクルの取引は国内飲料大手各社にも広がり，17年現在までに累計で約20万トンのリサイクル材を販売した。

第4節　おわりに

静脈プロセスの自立化には，廃棄物の委託処理費用（＝逆有償取引）依存型である「廃棄物処理・リサイクル業」から「循環型素材産業」への進化が不可欠である。本章にて取り上げた協栄産業のリサイクルシステムの場合，使用済みPETボトルを原材料として購入（＝有償取引）し，生産技術と品質管理の高度化を通じて使用前のPETボトル材料として利用可能なリサイクル材料の生産を実現したが，これは1）経営主体の社会的理念（資源循環），2）その実現のための構想（ボトルtoボトルシステム），3）その具体化に向けた取り組み（技術開発・探索，制度化に向けた説得）という主体的条件[23]と，4）動脈企業（サントリー）との理念および社会的価値の共有と連携，5）社会的制度（飲料容器の規格化，容リ制度，リサイクル材料の飲料容器への利用基準など）という客観的条件との有機的結合があって成立したものである。

動脈プロセスによる大量生産・大量消費の結果としての大量廃棄問題を，動脈プロセスではなく外部化したことによって登場したのが静脈プロセスであり，その独立した担い手が静脈企業である。両者の統合は人類社会の生産システムの持続性を考えた場合には不可欠ではあるものの，個々の動脈企業，静脈企業にとっては直接には関係のないことである。このことが，廃棄物問題が社会的課題として認識されるまで放置されてきた最大の理由である。よって動脈プロセスと静脈プロセスを統合する環境統合型生産システムの実現には，1）動脈企業が静脈プロセスを直接包摂する[24]，2）動脈企業が既存の静脈企業と連携し，動脈・静脈のネットワークを構築する，3）自立的経営を実現した静脈企業と動脈企業が連携する，ことが不可欠であるが，同時にこれらの取り組みの経済的・社会的価値を規定する産業政策・制度設計（業界ルール，法律などの社会的制度の導入）も重要である。これは，リサイクルと再生材利用とを一体化し循環型社会の安定を期する方策ともいえる。

現在，協栄産業では現行のボトルtoボトルリサイクルのシステムをさらに発展させたリサイクルプロセスの確立に向けてサントリー，エレマ社，SIPA社（イタリアの大手PETボトル関連機器メーカー）と4社の共同で装置・システムを開発し，その実証・販売段階に入っている。同装置は，再縮重合にて粘性を回復させたフレークからPETボトルへの成型用部材であるプリフォームを製造するというものである。これによりフレークからペレットにする工程，ペレットからプリフォームを製造するという工程が短縮されるため，粘性の劣化抑制，コスト低減，CO_2削減（25%程度）に繋がることが期待されている。また同プロセスの確立により，協栄産業（静脈企業）とサントリー（動脈企業）は，循環型素材メーカーとユーザーの関係から，中間材メーカーとユーザーの関係へとさらに緊密なものになることであろう。

しかし，静脈企業として品質とコストの両面を備えた PET ボトル用リサイクル材の生産システムを確立したのは世界的にみても協栄産業だけである。その意味で廃棄物処理・リサイクル業から循環型素材産業への進化は，PET ボトルリサイクルにおいて始まったばかりである。次の課題はボトル to ボトルリサイクルという技術体系ならびに生産システムの社会化である[25]。

ボトル to ボトルリサイクルの技術体系および生産システムの社会化には，3 つの方向が考えられる。1 つ目は協栄産業が事業規模を拡大するというものである。2 つ目は，同社が自社プロセスを標準的なシステムと捉え，同システムを他社に技術移転するというものである。これには，技術指導やアフターサービスを含めたトータルパッケージサービスとして移転する場合と，リサイクルプロセスの分業と統合―プロセスの一部を既存の静脈系企業が担当し，同社がプロセスのハブとして機能する―という場合[26]，が考えられる。

3 つ目は，動脈企業の参入による競争を通じての社会化である[27]。動脈企業の参入といった場合に考えられる経営主体は，飲料メーカーと容器メーカーである。飲料メーカーによるボトル to ボトルプロセスの包摂は生産・消費・リサイクルのプロセス全体における取引コストの削減という点では合理的であるが，プロセスの内部化に伴うリスク[28]を考えると，飲料業界全体で PET リサイクル業を外注化・専業化し，長期的な取引関係を構築する方が適当である[29]。よって動脈企業としての参入で有力なのは容器メーカーである。協栄産業は，リサイクルプロセスと PET 容器成形のための中間材であるプリフォームを一体化したシステムを構築しつつある。これによりリサイクル PET のコスト競争力・社会的価値が高まると同時に，「協栄産業→容器（プリフォーム成型）メーカー→飲料メーカー」というリサイクル PET のフローが「協栄産業→飲料メーカー」に短縮されるため，容器メーカーの存在価値が失われる。また日本の PET リサイクルの歴史を振り返ると，容器メーカーは容リ制度の構築，PET ボトルの利用拡大に積極的に取り組んできた[30]。2000 年代の使用済み PET ボトルのアジア輸出（＝アジア循環）によって彼らの国内循環の取り組みは停滞したとはいえ，これまでの PET リサイクルの経験を踏まえた技術開発，システム化に向けての取り組みを再始動することは不可能ではない。

以上，ボトル to ボトルリサイクルの社会化の展望について検討した。いずれにせよPETリサイクルの国内循環を経営的に実現した協栄産業の歴史的・社会的意義は大きく，同社の展開が今後の日本のPETリサイクルの方向を規定することは疑いようのないことであり，また同社の先駆的取り組みが他のプラスチックリサイクルにおける循環型素材産業への進化の可能性を示しているものと筆者は考える。

（中村真悟）

注

1　『日本経済新聞』2018年7月6日付「海をむしばむプラごみの山」。

2　1972年に開催された国連人間環境会議以降，資源制約，環境などに関する持続性に向けての国際的な議論が展開されている。昨今では国連サミットでの「SDGs（Sustainable Development Goals：持続可能な社会に向けた目標）」（2015年9月採択），欧州委員会での「サーキュラーエコノミー・パッケージ（Circular Economy Package）」（同年12月採択）では，環境，人権，貧困などの多様な課題と目標が示されている。

3　容器包装リサイクル協会「再商品化製品販売実績：プラスチック製包装容器」（http://www.jcpra.or.jp/recycle/related_data/tabid/510/index.php,2018年11月14日閲覧）および「再商品化利用製品：プラスチック製包装容器：材料リサイクル」（http://www.jcpra.or.jp/recycle/recycling/tabid/432/index.php,2018年11月14日閲覧）を参照。

4　2018年10月現在，国内でボトルtoボトルリサイクルを実施しているのは，協栄産業と遠東石塚グリーンペット株式会社（台湾の化学メーカー遠東新世紀と石塚硝子株式会社の合弁企業）の2社である。

5　PETボトルリサイクル推進協議会によると，2015年のボトルtoボトルリサイクルの使用量は3万7,200トン，16年は5万7,500トンである。(http://www.petbottle-rec.gr.jp/data/use.html,2018年11月20日閲覧)。

6　同社は2008年5月に，協栄産業が事業継承した。

7　2つのリサイクル技術の詳細については，中村（2018）を参照。

8　現在の基準は，一定量以上のキャップ・ラベルが含まれたベールについては，他の点数要件を満たしていてもDランクとするなど，厳格化の方向に向かっている。

9　同社では，これらの調達材料の品質管理活動をソースコントロールと呼んでいる。

10　PET樹脂の粘性（IV値）と製品用途の関係を示すと，0.80（ボトル用），0.72（シート用），0.65（フィルム用），0.58（長繊維・短繊維用），0.52（短繊維用）となる（協栄産業提供資料より）。

11　以下の叙述は，古澤栄一氏（協栄産業株式会社代表取締役社長）へのインタビュー内容に基づく。なおインタビューは，2015年3月20日，2017年8月7日，2018年8月7日に実施した。

12　中村（2014）。

13「当時，VHSフィルム・加工メーカーは品質保証の観点から，フィルム表面・端部をそれぞれ5mm程度剥離し，フィルムロールのうちの中心部のみを製品化していた。そのため原材料の3−4割程度が工場端材（廃棄物）となっていた。VTRの主原料はポリエステルで，当時VHS・β製品は1本で2,500−5,000円程度であり，端材のリサイクルは経済的には魅力的なものであった。」（古澤栄一氏の発言，2015年3月20日）。

14　沼津方式については江尻・柳沢編（1974）を参照。

15　なお同技術は，フィルム分野にも転用可能であったことから，同社のPETフィルム工場の成形不良品や端材をフィルム用原料に戻す「フィルムtoフィルム」ビジネスも展開している。

16　容器包装リサイクル制度の成立過程については，寄本（1998），中村（2018）を参照。

17　容リ制度開始前後の容器・飲料メーカーのPETリサイクルに関連する取り組みについては，中村（2018）を参照。

18　廃棄物の輸出は，バーゼル条約（1992年制定）などにより加盟国間では禁止されている。しかし，「廃棄物」とは経済的価値がゼロないしマイナスのものを意味しており，有価物として取引される場合は除外される。すなわち，日本では引き取り料金を支払う必要があるもの（＝廃棄物）であっても，中国に輸出する際に有価で販売されるもの（＝商品）であるため，廃棄物にはならない。

19　同社は，2008年6月に自己破産後，同年9月に東洋製罐株式会社に事業継承され，2008年10月にペットリファインテクノロジー株式会社として再出発した。2018年4月現在，同社は日本環境設計株式会社の完全子会社（東洋製罐株式会社から株式譲渡）となっている。

20　なお同社の同時期の売上高が20億円程度であったが，銀行から約25億円の融資を受け同工場を建設した。同社のボトルtoボトルリサイクルは社運をかけたプロジェクトであった。

21　「別表　容02：原材料の材質別」(https://www.jetro.go.jp/ext_images/world/japan/regulations/pdf/foodext2010j.pdf,2018年11月15日閲覧）を参照。

22　「実プラントを使っての代理汚染試験でNGが出たら，これまでの苦労がすべて無駄になってしまう。自身のプラントについて自信はあったものの，清水の舞台から飛び降りる気持ちでこの試験を受け入れた。」(古澤栄一氏の発言，2015年3月20日)。

23　この点に関わって，坂本（2016）の提起は重要である。坂本（2016）は，ものづくり企業の命題として，「何のために作るのか，誰のために作るのか」(目的)，「何を作るのか，どのようにして作るのか」(手段)，「どこで作るのか，誰が作るのか」(空間）があるとしている。協栄産業の場合，循環型経済の実現（目的)，高品質なリサイクル材を生産するための低コスト・環境負荷低減型のプロセスの実現（手段)，国内循環の追求（空間）と捉えることができる。

24　例えばパナソニックグループにおける廃家電のリサイクルと自社製品への材料利用があげられる。またドイツのDSD社の取り組みもこれに当たる。ドイツのプラスチックリサイクルの歴史的展開については，喜多川（2015）が詳しい。

25　技術の普及に関わってはHughes（1993）の論理は検討に値する。Hughes（1993）は電力技術の社会化の歴史的過程を対象に，新技術の社会化は「発明・開発・技術移転・成長・紛争と解決」という一連のプロセスを辿ること，また技術の社会化に伴う課題（「逆突出問題」）が主要なアクターに「決定的問題」として認識される中で解決の道筋が示されること，が述べられている。

26　JFEのプラスチックリサイクルフローは，協栄産業のアルカリ洗浄工程と同一の技術で構成されていることもあり，協栄産業では同社のアルカリ洗浄したリサイクル材を購入し，再縮重合プロセスにて飲料用ボトル仕様のリサイクル材を生産している（古澤栄一氏の発言，2015年3月20日インタビュー時の発言)。

27　静脈系企業の横展開の可能性も抽象的には考えられるが，①ボトルtoボトルの技術導入には数十億円の費用が必要なこと（投資の障壁)，②PETボトルリサイクルには調達・品質管理を含め経験の蓄積が不可欠であること（技術・経験の障壁)，③飲料メーカーとの信頼構築が困難であること（取引関係の障壁)，から参入は困難である。

28　ここでいう内部化のリスクとしては，①バージン材料との価格差を踏まえた購買選択（＝競争入札による原材料のコスト低減）ができなくなること，②リサイクルプロセスの維持・高度化に関する投資が不可欠になること，③リサイクル材の生産量が長期的には飲料ボトルの生産量のボトルネックを規定する可能性が出てくること，があげられる。

29　外注化・専業化による技術高度化の論理については，田口（2011）を参照。

30　PET ボトルリサイクルに向けた容器メーカーの取り組みの歴史については，中村（2018）を参照。

第11章 建設廃棄物をめぐるリサイクル需要の創出とその経緯
—廃石膏ボードのリサイクルを事例に—

第1節　はじめに

1990年代以降，首都圏では建設廃棄物のリサイクルが大きく進展した。この要因について，藤木（2014）では，制度的インフラストラクチャー[1]の側面から論じ，さらに藤木（2016）では，建設混合廃棄物[2]の選別プロセスまで踏み込み，中間処理業経営[3]の側面から次のように明らかにした。第1に，制度的インフラストラクチャーの整備によって，建設廃棄物が適正な手数料で処理されるようになると，建設廃棄物の出し手（以下，出し手と略記）のあいだで処理コストに対する意識が高まり，分別が徹底されるようになった（藤木 2014）。第2に，建設混合廃棄物を処理する総合型中間処理業者は，割高な最終処分コストを削減し，売上総利益を確保するために，逆有償物の選別に積極的に取り組むようになった（藤木 2016）。

以上の研究成果によれば，建設廃棄物のリサイクルを委託する取引相手，つまりリサイクル需要の存在が建設廃棄物の分別や選別を動機付けているのであり，リサイクル技術の開発とリサイクル品の需要を結びつけ，リサイクル需要を創出することこそ，建設リサイクル推進の要であることを示唆している。しかし，先行研究では，そうしたリサイクル需要がいかなる社会的・経済的諸条件のもとで創出され，建設リサイクルを発展させてきたのかについて，十分に明らかにされてこなかった。そこで，本章では，廃石膏ボードのリサイクルを事例に，いかなる動機のもとで石膏ボードメーカーがリサイクルを推進し，発展させてきたのかについて考察したい。廃石膏ボードのリサイクルは，1990

年代半ば以降，石膏ボードメーカーが自主的にリサイクルに取り組むようになった興味深い事例である。また，廃石膏ボードは，建設リサイクル法によってリサイクルが義務付けられていないにも拘らず，中間処理業者が選別の対象としている品目であり，本章の設定課題を明らかにするうえで好個の事例と言える。

以下，第2節第1項では，廃石膏ボードのリサイクル状況について述べる。第2節第2項では，石膏ボードの生産プロセスに統合された，廃石膏ボードのリサイクルプロセスについて述べる。第3節第1項では，石膏ボードメーカーが廃石膏ボードのリサイクルに取り組むようになった契機について述べる。第3節第2項では，廃石膏ボードリサイクルの普及とその要因について述べる。最後に，第4節では，本章の結論を述べる。

第2節　石膏ボードの大量生産・大量消費・大量廃棄からリサイクルへ

1.「資源循環型製品」としての石膏ボード

石膏ボードは，建築物の壁や天井等の内装材として大量に消費されてきた。大量消費された石膏ボードは，建築物の新築時や解体時において大量に廃棄される。一般社団法人石膏ボード工業会によれば，廃石膏ボードの発生量は解体時のものを中心に，2047年には300万トンを超え，さらに増え続けると推計されている（一般社団法人石膏ボード工業会 2016, 200頁）。しかし，石膏ボードは，一般社団法人石膏ボード工業会が「資源循環型製品」と称するように，その原料である石膏や原紙の多くをリサイクルによって賄っている。

2017年に石膏ボードの原料として消費された石膏は，440万9,000トンとなっており，天然石膏，副産石膏，「リサイクルボード」（以下，リサイクル石膏と述べる）で構成される。

天然石膏は，タイ，メキシコ，オマーン等から輸入され[4]，148万6,000トン（34%）が石膏ボードの原料として消費されている[5]。

副産石膏は，排煙脱硫石膏が171万5,000トン，リン酸石膏等，その他の副産石膏が87万2,000トンで，合計258万7,000トン（58％）となっている[6]。排煙脱硫石膏は，火力発電所等の煤煙から排煙脱硫装置を用いて硫黄酸化物を除去するときに副産物として回収される石膏である。硫黄酸化物は，硫黄を含む化石燃料を燃焼させることで大気中に排出されるもので，高度経済成長期には，太平洋ベルト地帯でスモッグの発生による近隣住民への健康被害を引き起こした。1960年代以降，硫黄酸化物の排出に対する規制が進み，1974年には大気汚染の防止に関する法律が改正され，硫黄酸化物の総量規制地域が指定された。これを受けて，副産物である石膏を販売できることもあり，石灰・石膏法による排煙脱硫装置が普及した[7]。石膏ボードメーカーは，大量に副産される排煙脱硫石膏の約53％（1998年度）[8]を消費する大口需要者であり（日本化成肥料協会他 1999, 399頁），戦後の大気汚染対策を推進するうえで「キーポイントを握る事業」(株)DNP年史センター 2010, 128頁）として位置づけられてきた（石膏ボードの歩み編集委員会 2009, 35-36頁）。また，リン酸石膏は，肥料生産においてリン鉱石からリン酸を回収するときに副産されるもので，1トンのリン酸を製造するのに5トンの石膏が副産される（袋布 2015, 21頁）。

リサイクル石膏は，石膏ボードの製造時に発生した端材や，建築物の新築時に発生した石膏ボードの端材を石膏ボードメーカーがリサイクルしたもので，生産性等の問題（後述）から33万6,000トン（8％）に留まっている[9]。リサイクル石膏の使用量の増加は，「脱硫石膏の安定消費の脅威となるばかりか，わが国のマテリアルフローの全体の枠組みを再編する大きな要素となり得る」。排煙脱硫石膏の「残された最大の需要枠」は，天然石膏の代替用途であり，電力業界が環境基準に関わる品質問題を改善し，他の副産石膏よりも競争力を高めていく必要がある（財団法人電力中央研究所 2005）。

以上のように，副産石膏とリサイクル石膏は，いずれもリサイクルされた石膏であり，全原料に占める使用率を47％（1998年）から66％（2017年）に増加させている。また，石膏ボードの原紙もすべて，段ボールや新聞等の古紙をリサイクルしたものが使用されている。石膏ボードが多くのリサイクル原料を使用して製造された「資源循環型製品」であることが分かる。

しかし，2014年に発生した廃石膏ボード約117万トンのうち，約82万トン（70％）が解体時廃石膏ボードと推計されている。解体時廃石膏ボードは，異物混入の問題から石膏ボード原料としてリサイクルを行うことが難しいとされる[10]。解体時廃石膏ボードのうち，約24万6,000トンが中間処理を経て地盤改良剤などにリサイクルされているが，発生量の30％に過ぎない。リサイクルされなかった約18万9,000トン（23％）は，管理型処分場で最終処分され，28万7,000トン（35％）は処理状況が明らかになっていない（一般社団法人石膏ボード工業会 2016, 202-203頁）。解体時廃石膏ボードは，現在そして将来にわたって大量に発生することが見込まれており，リサイクルを推進していくことが喫緊の課題となっている（後述）。

以上，第2節第1項では，石膏ボードが「資源循環型製品」と称される所以について論じた。第2節第2項では，廃石膏ボードが原料石膏としてリサイクルされ，それを使用して石膏ボードが生産されるまでの環境統合型生産プロセスについて論じる。

2. 広域認定制度を基盤とした廃石膏ボードの環境統合型生産プロセス

1994年における廃棄物の処理及び清掃に関する法律（以下，廃棄物処理法と略記）施行令ならびに同法施行規則の改正まで，建設現場で発生した廃石膏ボードについて，石膏ボードメーカーが出し手から処理費用を徴収して自主回収しリサイクルを行うためには，廃石膏ボードを積み込む場所（建設現場）と荷卸す場所（石膏ボード工場）それぞれの都道府県等で産業廃棄物処理業の許可を受ければならなかった。建設現場は，行政区域を越えて広域にわたって分散しているため，石膏ボードメーカーが自主回収を行う範囲が広くなり，産業廃棄物収集運搬業および産業廃棄物処分業（以下，産業廃棄物処理業と略記）の許可申請に伴う事務手続きが煩雑になっていた[11]。チヨダウーテ㈱は，こうした規制の存在が廃石膏ボードのリサイクルの隘路になっていたとして次のように述べる。「従来，工場内で発生した端材は，再粉砕して原料として再利用していたが，建築現場で出る石こうボードの端材については，法律的な問題や監督窓口の問題などによって，そのリサイクルはあまり行われてこなかった。…各自治体によって法令の施行方法に違いがあり，広域的に再生利用する，例えば愛知県内の建築現場で発生した石こうボード端材を三重県の四日市工場まで運んで再生処理するといったことが難しかった」（吉村 1998, 290-291

頁）と。

広域再生利用指定制度は，1992年に廃棄物処理法及び廃棄物処理施設整備緊急措置法の一部を改正する法律が施行されたことに伴い，廃棄物処理法施行令および廃棄物処理法施行規則も1994年に改正され，創設された制度である。同制度は，リサイクルの広域的展開を妨げていた規制を緩和し，「製造事業者等」がリサイクルに取り組みやすくなるよう意図されたものである。すなわち，同制度は，厚生大臣がリサイクル等の対象である産業廃棄物と，その産業廃棄物を処理する「製造事業者等」を指定し，当該指定企業に対して産業廃棄物処理業の許可を全国で免除する特例措置であった[12]。同制度の創設を受けて，吉野石膏㈱は，1996年4月に全国8工場とグループ企業9社15工場で厚生大臣から広域再生利用指定を受け，年間約20万トンの新築系廃石膏ボードを受け入れることを目指し，広域的なリサイクルを開始した（㈱DNP年史センター 2010, 217-218頁）。また，チヨダウーテ㈱も，1997年1月に3工場で厚生大臣から広域再生利用指定を受け，年間約2万4,000トンの新築系廃石膏ボードを受け入れる計画で広域的なリサイクルを開始した（吉村 1998, 290-291頁）。2003年に広域認定制度の創設に伴って広域再生利用指定制度が廃止されたのを受け，吉野石膏㈱は2005年3月に，チヨダウーテ㈱は2008年9月に広域認定制度に移行し，同制度のもとで広域的なリサイクルを行っている。

以下，吉野石膏㈱を事例に，広域認定制度に基づき推進されている石膏ボードの環境統合型生産プロセスについて詳しくみよう。

廃石膏ボードの出し手（本社）は，吉野石膏㈱に廃石膏ボードのリサイクルを委託する場合，吉野石膏㈱と事前に基本契約を締結し，基本契約に含まれない事項（委託先，性状，委託量，手数料等）については，建設現場ごとに廃材覚書および廃材搬入申込書を取り交わしておかなければならない。これら出し手は，吉野石膏㈱にとって石膏ボードを販売する顧客でもある。廃石膏ボードのリサイクルを受託する条件として，「自社製品に限る」とあり，同社の製品であることを判別するために，「石膏ボードと確認できる形状であること」（石膏ボードの裏面に表示された同社名等を判読するため）が定められている[13]。このように，吉野石膏㈱がリサイクルの受託条件を自社の製品に限るのは，広域認定制度の目的に沿ってリサイクルを行っているためである。すなわち，広域認定制度の目的が，「拡大生産者責任[14]に則り，製造事業者等自身が自社の製品の再生又は処理の工程に関与することで，効率的な再生利用を推進するとともに，再生又は処理しやすい製品設計への反映を進め，ひいては廃棄物の適正な処理を確保すること」[15]と説明されるように，自社製品であるからこそ「性状・構造を熟知していることで高度な再生処理等が期待できる」[16]と言える。広域認定制度の対象は，一定の要件を満たす場合を除いて[17]，基本的には自社製品に限られているのである。

廃石膏ボードの収集運搬については，出し手が作業所内に保管場所を確保し，積込は出し手の責任のもと行うことや，吉野石膏㈱が発行した4枚綴りの産業廃棄物管理票または建設系産業廃棄物マニフェストを使用すること等が条件として定められている[18]。また，広域認定制度の特徴の1つは，産業廃棄物収集運搬業の許可を取得する義務が免除されること，つまり，石膏ボードの既存の物流ネットワークを活用し，産業廃棄物収集運搬業の許可を取得していない運送業者（認定運送業者）に廃石膏ボードの回収を委託できることにある（財団法人クリーン・ジャパン・センター 2005, 32-33頁）。このため，石膏ボードを顧客に納品し，そのまま認定運送業者が廃石膏ボードを回収して工場に戻ることも可能となる。

こうして回収された廃石膏ボードは，6m^{3}コンテナ車で工場内に搬入し，そのままトラックスケールで秤量される。さらに，異物混入がないか目視で検査した後，廃石膏ボードを荷降ろしする。吉野石膏㈱が出し手から受け取る手数料は，10,000円／トン（収集運搬費を除く）である。図表11-1をみよう。荷降ろしされた①廃石膏ボードは，まず，②粗粉砕機で10cm角程度に粗粉砕し，さらに，③微粉砕機で10mm角以下に微粉砕し，石膏と④原紙を分離する。分離された④原紙は，水洗いして石膏を除去し，製紙メーカー等にリサイクルを委託する。一方，石膏は，すべて石膏ボードの原料としてリサイクルされ，⑤磁力選別機にかけて異物を除去後，⑥天然石膏および⑦副産石膏に一定量を配合する[19]。後述するように，⑧リサイクル石膏の混入量は，生産性や品質の問題から，全原料石膏の10%程度が上限とされている。次に，⑩焼成炉での突沸を防ぐため，原料石膏に付着している水分を⑨ドライヤーで乾燥させ取り除く。乾燥させた原料石膏をベルトコンベヤーで搬送し，自動秤

図表11-1　石膏ボードの環境統合型生産プロセス

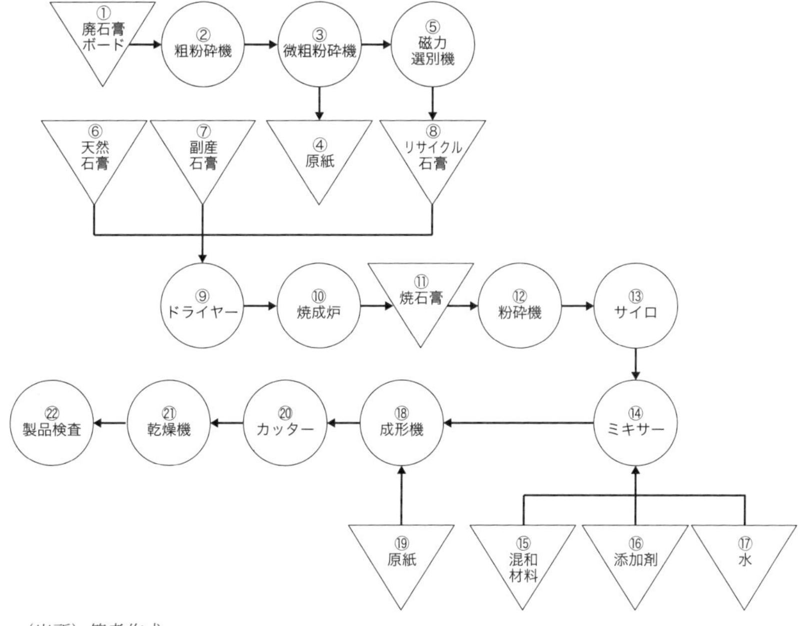

（出所）筆者作成。

量機で計量しながら，⑩ 焼成炉に投入する。約200℃で1時間ほど加熱し，二水石膏を ⑪ 焼石膏（半水石膏）に焼成する。⑪ 焼石膏は ⑫ 粉砕機にかけ，ブレーン値で約8,000cm^2/gの微粒子に粉砕し，⑬ サイロに送って ⑫ 粉砕機と ⑭ ミキサーの生産スピードを調整する。なお，このときに廃石膏も1mm以下となり，除去されずに残っていた原紙も繊維状に分解される。⑬ サイロの ⑪ 焼石膏を成形に必要な量だけ自動秤量機で計量し⑭ ミキサーに送る。同時に，グラスファイバー，バーミキュライトなどの ⑮ 混和材料や，凝結促進剤，接着助剤などの ⑯ 添加剤も成形に必要な量だけ自動秤量機で計量し ⑭ ミキサーに投入する。⑪ 焼石膏，⑮ 混和材料，⑯ 添加剤と ⑰ 水を ⑭ ミキサーで混合攪拌する。焼成された ⑪ 焼石膏は，⑰ 水に接触して攪拌すると，数分から数十分で再び二水石膏になり，硬化する性質を持つ。この性質を利用して石膏ボードの成形が行われる。⑰ 水と混合して間もない焼石膏は，⑰ 水を保持し濡みを持つスラリー状であり，⑱ 成形機で連続的に送り出される ⑲ 石膏ボード用原紙（表紙と裏紙）の間に流し込み，ベルトコンベヤー上で硬化させ成形する。板状に硬化した石膏ボードを ⑳ カッターで粗切断（プレカット）したのち，自動転送機で ㉑ 乾燥機に送り，約1時間かけて乾燥させる。乾燥後は，プレカット部分を綺麗に裁断して所定の寸法に仕上げ，㉒ 製品検査を終えて，9.5mm 厚の石膏ボードは160枚1山，12.5mm 厚の石膏ボードは120枚1山にして倉庫に格納される（一般社団法人石膏ボード工業会 2016, 6-11頁；西 2006, 469-470頁）。

最後に，リサイクル石膏の混入量が少ない理由について述べよう。第1に，リサイクル石膏の嵩比重が天然石膏や副産石膏に比べて軽く，輸送コストや保管コストの上昇につながるためである。第2に，リサイクル石膏の形状が針状や薄板状の結晶で小さく，成形のための混水量が増加し，乾燥させるために，より多くの時間がかかることが挙げられる。また，水和硬化後の強度が著しく低下することも問題である（西 2006, 471頁；安江 2000, 492-493頁）。このように，生産性および品質の悪化を避けるため，リサイクル石膏の混入量を少なくせざるをえないとされる。しかしながら，近年，㈱トクヤマ・チヨダジプサムが，リサイクル石膏を原料石膏に無制限に混入する技術（「廃石膏連続結晶大型化技術」）の開発に成功し，廃石膏ボードのリサイクルにイノベーションが生じつつある。この点は第3節第2項で詳述する。

第3節　廃石膏ボードリサイクルの契機と普及プロセス

第2節では，廃石膏ボードのリサイクルの現状について，石膏ボードの生産プロセスに位置づけつつ論じた。第3節では，石膏ボードメーカーが廃石膏ボードのリサイクルに取り組むようになった契機や，リサイクルが普及していく経緯について論じる。

1．建設廃棄物の処分コストの上昇と廃石膏ボードリサイクルの契機

吉野石膏㈱は，業界に先駆けて廃石膏ボードのリサイクルを開始した契機について次のように述べる。「バブル崩壊後の地価の下落や建設コストの低下，

低金利などを背景に，平成5年から6年にかけて，東京都内でビル建設ラッシュが起こった。それに伴い，現場で壁・天井などに施工された石膏ボードの切れ端が大量に発生し，それをメーカーで引き取るよう求める動きが強まった」(㈱DNP年史センター 2010, 213頁）と。吉野石膏㈱の東京工場は，生産コストが増加するにも拘らず，顧客である建設業者の引き取り要請に応じ，1995年1月に東京都から再生利用業個別指定制度の適用を受け，東京都内の主に大規模建築物の建設現場で発生した廃石膏ボードに限り，リサイクルを開始したとされる（㈱DNP年史センター 2010, 213頁）[20]。

東京都心では，バブル崩壊前までに計画された事務所建築物が数多く建設され，1991年から1996年にかけて建物数が16.46％も増加した。また，同時期における建物面積および延床面積を見ると，事務所建築物で建物面積が21.2%，延床面積が27.5％も増加し，建物数に大きな変化が見られなかった集合住宅でも建物面積が10.0％，延床面積が19.3％も増加した。1990年代において，東京都心では，新規建物が大型化・高層化し，土地の高度利用が急激に進んだのである（田中 2008, 481-483頁)。これら高層建築物の内装材として石膏ボードが使用され，その端材が大量に発生していたと考えられる。

一方，チヨダウーテ㈱は，石膏ボードの生産・消費量が増加したことをリサイクルの契機として挙げる。建物の大型化・高層化は，構造上，その自重量に大きな制約を受けるため，自重量の軽減化につながる石膏ボードを用いた乾式耐火遮音壁工法がさかんに採用された（石膏ボードの歩み編集委員会 2009, 40-41頁)。そのため，石膏ボードの出荷量は，バブル崩壊後，1993年まで一時的に横ばいで推移するものの，1997年頃まで急激に拡大した[21]。チヨダウーテ㈱は，1997年まで継続的にリサイクル関連設備の投資を行っているが[22]，その背景として，石膏ボードの生産量の拡大とともに，製造時に大量の端材が発生するようになり，リサイクル関連設備の処理能力を増強せざるをえなくなったと説明している。また，建築物の新築時についても大量の端材が発生するようになり，吉野石膏㈱に追随し，1997年1月に広域再生利用指定を受け，新築時廃石膏ボードのリサイクルを開始するようになったとされる。1990年代半ばにおけるリサイクル関連設備の投資は，こうした新築時廃石膏ボードのリサイクルに対応するためのものである[23]。

次に，建設業者が吉野石膏㈱に対して廃石膏ボードの回収を求めた背景について考察しよう。東京都心では事務所建築物や集合住宅を中心に新規着工が増加したが，建設業者の業績は，バブル崩壊後すぐに受注高が落ち込み，遅れて売上高，完成工事高も減少，経常利益も急激に落ち込んだ。業績悪化の要因としては，建設市場の低迷による受注競争の激化で完成工事総利益率が低下したほか，完成工事未収入金や有利子負債の増加，不動産開発事業における巨額損失の発生等が挙げられる。さらに，ゼネコン汚職事件の摘発や国際化の要求など，国内だけでなく国外からも政府調達制度の変革を迫られ，大規模工事で条件付き一般競争入札制度が導入されるなど，透明性・客観性・競争性を確保するべく入札制度改革が推し進められた[24]。建設業者は，こうした状況のなかで経営合理化のためのコスト削減を強力に推し進めたのであり[25]，建設廃棄物の処分コストの削減も例外ではなかったと考えられる。

そのうえ，1980年代後半にかけて，最終処分場の枯渇が焦眉の問題となり，建設廃棄物の処分コストが上昇した。首都圏における最終処分場の残存容量の減少ペースは凄まじく，1986年に2,348万m^3であった残存容量は，僅か3年で半分以下の1,036万m^3（1989年）まで減少した。また，最終処分場の枯渇が差し迫るなかで，建設廃棄物の広域移動が一般化し，域外産業廃棄物の受け入れ規制が千葉県をはじめ全国の自治体で拡大した。東京都，神奈川県，埼玉県で大量に発生した建設廃棄物は，最終処分場の容量不足のために域内で処分できず，1980年代末には東北地方や四国地方まで処分先を求め，広域を移動するようになっていった。とくに，千葉県と茨城県では，地理的に近接しているために，首都圏で発生した建設廃棄物の処分が集中し，ついに千葉県は，1990年4月に「千葉県県外産業廃棄物の適正処理に関する指導要綱」を制定し，域外産業廃棄物の受け入れ規制に踏み切った。その結果，建設廃棄物の広域移動がさらに拡大し，出し手は，収集運搬費の増加によって処分コストに悩まされるようになったのである（藤木 2014, 32-33頁；本多・山田 1994, 58-90頁）。

以上のような背景のもと，建設業者は吉野石膏㈱に対して廃石膏ボードの回収を求め，一方の吉野石膏㈱は，再生利用業個別指定制度，さらに広域再生利用指定制度を活用し，リサイクルに取り組むことで，顧客の要求に応えたのであった。外川（2002）は，リサイクルがビジネスとして成立する条件について，「① 廃棄物が大量にしかもコンスタントに存在していること，② 廃棄物に有用な属性が存在すること，③ 廃棄物を再資源化する技術が存在すること，④ 再生品の需要が存在すること，⑤ 上記の4条件が同時に満足されていること」（外川 2002, 582頁）を挙げる。外川（2002）が示した条件を参考に，廃石膏ボードのリサイクルを評価すると，石膏ボードメーカーが自らリサイクルに取り組むことの意義について理解することができる。石膏ボードは，安価，機能性（耐火性，遮音性，耐熱性など），作業性（切断の容易さ，施工の簡便さ）といった優れた特性を持っており，建築物の内壁や天井などの内装材として広く使用されている。つまり，既に石膏ボードの安定的な需要が確保されており，それを製造している吉野石膏㈱が自らリサイクルに取り組めば，容易に② および ④ の条件を満たすことができる。また，② 廃石膏ボードの有用な属性を顕在化させるためには，③ リサイクル技術の開発が不可欠である。吉野石膏㈱は，1994年5月に廃石膏ボードのリサイクルに関する特許を2件取得している[26]。この点は，広域認定制度の目的においても認められているように，石膏ボードの性状や構造を熟知している吉野石膏㈱であるからこそ，開発できたリサイクル技術であったといえよう。① の条件については，広域再生利用指定制度を活用することによって満たすことができた。産業廃棄物処理業許可をめぐる規制の存在が，行政区域を越えて広く（大量に）廃石膏ボードを回収することを難しくし，リサイクル推進の隘路になっていたことは前述の通りである。故に，この問題の解消に貢献した同制度の意義は大きいといえる。

なお，外川（2002）は，リサイクル原料で生産された製品とバージン原料で生産された製品の価格差も，リサイクルビジネスが成立する条件として重要であると指摘している（外川 2002, 582頁）。この点については，石膏ボードに代替される競合製品が存在せず，また，石膏ボード産業が吉野石膏㈱とチヨダウーテ㈱の2社だけで構成され，寡占が進んでいたため，大きな問題にならなかったと考えられる。

以上，第3項第1項では，石膏ボードメーカーが廃石膏ボードのリサイクルに取り組むようになった契機として，制度的インフラストラクチャーの整備や，高層建築物分野において顧客でもある廃石膏ボードの出し手から引き取り要請があったことを明らかにした。第3節第2項では，戸建て住宅分野においても廃石膏ボードのリサイクルが普及し，さらに解体系廃石膏ボードについてもリサイクルが拡大していく経緯について論じる。

2. 安定型産業廃棄物の範囲の見直しと戸建て住宅分野における廃石膏ボードリサイクル

1997年4月，栃木県宇都宮市の安定型最終処分場の横を流れる用水路から，環境基準を超える砒素が検出され，その後の調査で廃石膏ボードに起因するものであったことが判明した[27]。それまで，廃石膏ボードは，「ガラスくず陶器くず」，つまり安定型産業廃棄物に指定され，安定型最終処分場で最終処分されていた。この問題を受けて，1997年12月に廃棄物処理法が改正されると，1999年6月17日以降，石膏ボード用原紙を分離した石膏粉を除き，廃石膏ボードは，管理型産業廃棄物に分類されるようになる[28]。しかし，見直し後の1999年10月にも，福岡県筑紫野市の安定型処分場で高濃度の硫化水素が発生し，水質検査の作業員ら3名が死亡する事故が起こる。さらに，同年同月にも，滋賀県栗東町の安定型処分場で高濃度の硫化水素が検出されるなど，硫化水素ガスの発生や硫化水素を原因とする黒い水，悪臭などの問題が引き続き生じる[29]。その後，井上編（2005）によって，廃石膏ボードにおける硫化水素の発生原因とそのメカニズムが解明されると，環境省は，2006年6月1日付で，石膏ボード用原紙を分離した石膏粉についても管理型産業廃棄物として取り扱うよう通知を行ったのであった[30]。

例えば，2001年における千葉県の安定型処分場の受託料金（廃石膏ボード）は平均1万500円／m^{3}であったのに対し，管理型処分場のそれは平均2万7,500円／m^{3}であり，安定型処分場の受託料金の約2.62倍となっている（一般財団法人経済調査会 2003, 837頁）。また，安定型産業廃棄物の範囲が見直されたことによって，廃石膏ボードを受け入れ可能な最終処分場が大きく減少した。そのため，出し手は，以前よりも遠方の最終処分場に廃石膏ボードの処分を委託せざるをえず，収集運搬費の増加にも悩まされたのであった（㈱DNP年史センター 2010, 225頁）。

安定型産業廃棄物の範囲の見直しに伴う廃石膏ボードの処分コストの上昇

は，より一層「社会を廃棄型から再生利用型に移行させる要因の一つ」(株)DNP年史センター 2010, 225頁）となり，住友林業(株)や大和ハウス工業(株)，三井ホーム(株)等，戸建住宅の新築現場でも廃石膏ボードのリサイクルが進められる契機となった[31]。

その特徴は，第1に，木造軸組構法住宅で用いられる構造材を中心に，1990年代始めに普及したプレカット加工[32]が，石膏ボードにおいても導入されたことである。プレカット加工は，当初，コスト削減や工期短縮，品質向上などを目的として普及が進んだが（幡 2001, 1-2頁），建設現場で発生する廃棄物を減らし（佐々木・松本・杉崎 2009；佐々木・松本・杉崎 2010），処理コストを削減するための手段としても位置づけられるようになった。例えば，1998年以降，チヨダウーテ(株)による提案を契機に[33]，業界に先駆けて石膏ボードのプレカット加工を開始した大和ハウス工業(株)は，その動機について次のように述べる。「創業以来のテーゼ『建築の工業化』も，環境対策として大いに貢献していた。工場での部材製造を増やし，現場での加工を減らすことで，現場で生ずる端材や廃棄物を少なくしたのだ。たとえば石膏ボードは従来，現場で必要サイズに合わせて裁断されていたが，あらかじめ工場で切断しておく『プレカット』によって端材の発生が大幅に抑えられたのである」（広報企画室企画アーカイブグループ編 2016, 251頁）と。建築生産は，常に多様な作業条件を強いられるため，廃棄物の分別精度に限界を持つ。一方，建築の工業化，つまり部材を工場生産化する場合，決まった作業が一定条件のもとで繰り返され，各生産工程で発生する廃棄物の量や品目，性状を予測できるため，分別精度を高めてリサイクル率を向上させることができるのである（藤木 2014, 39-40頁）。

しかし，プレカット加工の普及は，石膏ボードメーカーにとって，製造時における端材の発生量を大幅に増やし，これまで住宅メーカー等が負担してきた処分コストの一部を抱え込むことに他ならない。そのため，吉野石膏(株)とチヨダウーテ(株)は，「人員を新たに割り当てたりする必要が出て，当初見込みよりも出費がかさんで」，「『今の価格では継続できない』（吉野石膏）」とのことから，廃石膏ボードリサイクルの受託手数料を1トン当たり5,000円から10,000円に引き上げたのであった[34]。

第2に，廃石膏ボードをめぐるリサイクル需要の高まりは，石膏ボード用原紙と石膏の選別技術を発達させた。現在では，「石膏粉の品質を重視したものや，紙に付着する石膏粉が少なく，良質な紙を生産できるものなど各メーカーの工夫により様々な機械が存在する」（松竹 2017, 29頁）という。例えば，チヨダウーテ㈱に廃石膏ボード選別機の納入実績を持つ機械メーカーA社（三重県）は，2000年前後にチヨダウーテ㈱から依頼を受け，選別機の開発に着手した[35]。A社の選別機は，廃石膏ボードを①0.5mm以下の石膏粉，②3.0mm以下の石膏，③石膏が付着した原紙，④石膏が付着していない原紙の4品目に選別することができる。各品目のリサイクル用途は，①0.5mm以下の石膏粉が地盤改良材，④石膏が付着していない原紙が製紙原料やサーマルリサイクル等となっている。チヨダウーテ㈱は，2003年頃から石膏ボード用原紙のリサイクルを開始しており[36]，A社の選別技術が少なからず寄与したと考えられる。また，②3.0mm以下の石膏と③石膏が付着した原紙は最終処分されるが，減量化することで処分コストを抑えることができる。廃石膏ボードの処分コストを削減したいという需要の高まりが，選別技術を発達させ，リサイクルをさらに発展させたのである。

第3に，廃石膏ボードの処分コストが高まるなかで，解体系廃石膏ボードについてもリサイクル技術の開発が積極的に推進されるようになった。廃石膏ボードのリサイクル用途は，①石膏ボード原料，②セメント原料，③地盤改良材，④建材材料（ケイ酸カルシウム板，ブロック材等），⑤ため池堤体遮水材，⑥アスファルトフィラー，⑦農業資材等が挙げられる（㈱日本能率協会総合研究所 2014, 10頁）。

なかでも，①石膏ボード原料では，総合化学工業メーカーである㈱トクヤマとチヨダウーテ㈱の共同出資によって設立された㈱トクヤマ・チヨダジプサムが，リサイクル石膏を石膏ボードの原料に無制限に混入する技術（「廃石膏連続結晶大型化技術」）の開発に成功した。しかも，同技術を活用した同社のリサイクル事業は，主に解体系廃石膏ボードについてメーカーを問わず回収し（新築系廃石膏ボード約20%，解体系廃石膏ボード約80%），石膏ボード原料として二水石膏にリサイクルしていることから，廃石膏ボードのリサイクルにイノベーションをもたらすものとして高く評価できる。2016年7月には，本社工場（三重県）に加えて関東工場（千葉県）を稼働させ，廃石膏ボードの処理能力が12万トン／年となり，生産された二水石膏の全量が石膏ボード原料としてチヨダウーテ㈱に販売されているという。その効果として，チヨダウーテ㈱の石膏ボード原料に占めるリサイクル石膏の混入量は約30％まで上昇しており，副産石膏を代替するようになっている。現時点では，石膏ボードの生産量に対して㈱トクヤマ・チヨダジプサムの生産能力が追いつかず，リサイクル石膏の混入量が約30％に留まっているが，技術的には石膏ボード原料のすべてをリサイクル石膏で賄うことが可能であり，今後の事業展開に期待が高まる[37]。

第4節　おわりに

本章では，建設リサイクルの推進力の源泉としてリサイクル需要に着目し，それがいかなる社会的・経済的諸条件のもとで創出されてきたのかという設定課題について，廃石膏ボードのリサイクルを事例に考察した。以下，本章が明らかにした点について整理したい。

第1に，リサイクルにおける制度的インフラストラクチャーの役割である。リサイクルの普及ないし発展は，間断ないリサイクル技術の開発とリサイクル品の需要が結びつくかどうかにかかっている。企業によるリサイクル技術の開発は，産業界における廃棄物の処分コストに対する意識の高まりによって動機付けられる傾向がある。廃石膏ボードリサイクルの事例では，広域再生利用指定制度の創設や安定型産業廃棄物の範囲の見直しなど，制度的インフラストラクチャーの整備を契機に，廃石膏ボードの処分コストが石膏ボードメーカーにも内部化され，リサイクルが積極的に推進されるようになった。また，リサイクル品の需要の創出という点でも，石膏ボードメーカーが自らリサイクルに取り組んだことが極めて重要であり，その契機の1つとなった広域再生利用指定制度の意義は大きいと言える。

第2に，リサイクルにおける企業の役割である。廃石膏ボードリサイクルの事例において，制度的インフラストラクチャーが大きな役割を持っていたとは言え，リサイクルを義務付けるものでない以上，実際にリサイクルに取り組むかどうかは，石膏ボードメーカーをはじめとした各企業の経営判断に委ねられている。すなわち，廃石膏ボードのリサイクルでは，石膏ボードメーカー等の事業戦略やCSRに取り組む姿勢[38]などの影響を強く受けて推進されてきたと考えられる。石膏ボードメーカー自身がリサイクル品の需要者であることを考慮すると，この点も建設リサイクルを発展させている要因の1つとして評価すべきであろう。

本章では詳しく取り上げなかったが，セメント原料と地盤改良材についても技術開発が進み，解体系廃石膏ボードの大口のリサイクル用途として期待されている。リサイクル技術の開発は日進月歩であり，その成果をリサイクル品の需要につなげるため，制度的インフラストラクチャーの整備も検討しつつ，さらなる建設廃棄物の排出量の削減を図っていくことが求められる。

（藤木寛人）

注

1　法律，政省令，条例，通達などのハードローと，企業の社会的責任，社会規範，商慣行，市民道徳などのソフトローよりなるもので，市場における経済主体の行動を制約する制度的枠組みのことを指す（細田 2015, 31-34 頁）。

2　「主に建築物の解体工事や，新築工事に伴い発生するもので，建設発生木材，廃プラスチック類，金属くず，紙くず等が混合して排出されるもの」を指す（建設副産物リサイクル広報推進会議編 2002, 204 頁）。

3　中間処理とは，発生した建設廃棄物を適正に最終処分するための人為的操作の総称。具体的には，⑴廃棄物の無害化，安定化のための焼却・中和・溶融，⑵減量化のための脱水・破砕・圧縮，⑶リサイクルのための有価物の選別を指す（小島他編 2003, 110 頁）。

4　財務省ウェブサイト内の「貿易統計」（2016 年 5 月 28 日閲覧）を参照した。

5　一般社団法人石膏ボード工業会ウェブサイト内の「原料統計」（2018 年 7 月 30 日閲覧）。

6　一般社団法人石膏ボード工業会ウェブサイト内の「原料統計」（2018 年 7 月 30 日閲覧）。

7　河野・加藤編（1988）91-96 頁；国立環境研究所ウェブサイト内の「排煙脱硫技術」（2018 年 8 月 2 日閲覧）。

8　1999 年度以降の石膏の需給を示す統計は存在しない（電力事業連合会への電話インタビュー，2018 年 8 月 10 日）。

9　一般社団法人石膏ボード工業会ウェブサイト内の「原料統計」（2018 年 7 月 30 日閲覧）。

10　「よく中間処理業者等からセッコウパウダーの引取り要請があり，サンプルを調べると，本来，中性であるべきものが，概ね pH が 9.0 以上とアルカリ性になっており，セメント系などのアルカリ性建材の混入が疑われるためである。セッコウの pH がアルカリ性になると，焼きセッコウの凝結時間が大幅に遅延し，製造トラブルの原因となる。また，異物の混入を嫌うのはコンクリートや金属は粉砕機の故障原因となり，ビニールクロスは輸送機や粉砕機への巻き付きトラブルの原因となり，鉄片などは製品をペンキ仕上げした際のさび発生の製品クレームの原因となるためである」（西 2006, 471頁）。

11　一般に，製造業者等が廃棄物処理業の許可を受けて自主回収を行う事例が少ない要因については，財団法人クリーン・ジャパン・センター（2005）28頁を参照されたい。

12　厚生省生活衛生局水道環境部産業廃棄物対策室長通知「廃棄物の処理及び清掃に関する法律施行規則第9条第3号及び第10条の3第3号等に基づく産業廃棄物等の指定制度について」（衛産第43号）。

13　その他の条件として，「異物混入のないこと」，「水濡れ品は不可」，「新築廃材に限る」等が定められている（一般社団法人日本建設業連合会ウェブサイト内の「吉野石膏㈱認定第62号」，2016年6月28日閲覧；山崎 2011, 18頁）。

14　拡大生産者責任（Extended Producer Responsibility）とは，「製品に対する製造業者の物理的および（もしくは）財政的責任が，製品のライフサイクルの使用後の段階にまで拡大される環境政策アプローチ」である。その特徴は，①「地方自治体から上流の生産者に（物理的および（または）財政的に，全体的にまたは部分的に）責任を転嫁する」こと，②「製品の設計において環境に対する配慮を組込む誘引を生産者に与えること」にある（OECD編，財団法人クリーン・ジャパン・センター訳 2001, 11頁）。

15　環境省ウェブサイト内の「広域認定制度申請の手引き」（2018年9月6日閲覧）。

16　環境省ウェブサイト内の「広域認定制度の概要」（2018年9月6日閲覧）。

17　詳しくは，環境省ウェブサイト内の「広域認定制度申請の手引き」（2018年9月6日閲覧）を参照されたい。

18　一般社団法人日本建設業連合会ウェブサイト内の「吉野石膏㈱認定第62号」（2016年6月28日閲覧）。

19　西（2006）470頁；吉野石膏㈱へのヒアリング（2018年11月7日）。

20　翌年1996年4月から活用し始めた広域利用指定制度について，吉野石膏㈱によれば，廃石膏ボードの回収を始めたことが大きな反響を呼び，他府県の建設現場からも廃石膏ボードの回収を求める要望が相当数寄せられるようになったため，と説明している（㈱DNP年史センター 2010, 217頁）。

21　一般社団法人石膏ボード工業会ウェブサイト内の「せっこうボード製品の出荷推移」（2016年7月26日閲覧）。

22　チヨダウーテ㈱の有価証券報告書を閲覧した。

23　チヨダウーテ㈱へのEメールでの問い合わせ（2017年1月27日）。また，チヨダウーテ㈱は，「『会社にとって，そんなにコストがかかることを敢えてやるメリットがあるのか』という疑問の声もあったが，『企業は社会に貢献してこそ，社会的な存在理由が生まれる。端材の再生利用は確かにコストがかかるが，企業の社会的責任を果たすためには，ある程度のリスクを負うことも必要だ』」（吉村 1998, 291頁）とも述べている。

24　清水建設㈱（2003a）398-399, 403, 430-431頁；鹿島建設社史編纂委員会（2003）421頁；㈱大林組ウェブサイト内の「大林組120年史」（2018年9月12日閲覧）。

25　清水建設㈱（2003b）411-412頁；㈱大林組ウェブサイト内の「大林組120年史」（2018年9月12日閲覧）。

26　「石膏ボードの廃材から石膏を回収する方法（特開平6-142633）」（公開日1994年5月24日），「石膏ボードの廃材から石膏ボード用原紙と石膏を回収する方法（特開平6-142638）」（公開日1994年5月24日）。

27　『朝日新聞』1997年5月2日付；『朝日新聞』1997年5月30日付。

28　環境省ウェブサイト内の「廃棄物の処理及び清掃に関する法律施行令の一部改正等について（環

水企 299 号)」(2018 年 10 月 5 日閲覧)。
29　厚生労働省ウェブサイト内の「廃棄物最終処分場における硫化水素対策検討会報告書骨子」(2018 年 10 月 6 日閲覧);井上編 (2005) 1 頁。
30　環境省大臣官房廃棄物・リサイクル対策部長通知「廃石膏ボードから付着している紙を除去したものの取扱いについて (環廃産発第 060601001 号)」。
31　『日本経済新聞』1998 年 9 月 22 日付;『日本経済新聞』1998 年 10 月 30 日付。
32　建築物の柱, 梁や土台などの構造材等を, 指定された寸法, 形状等に, 施工前にあらかじめ工場で加工しておくこと。
33　「2018NEW 環境展」において実施したチヨダウーテ㈱へのヒアリング (2018 年 5 月 23 日)。
34　『日本経済新聞』1999 年 6 月 23 日付。
35　以下, A 社に関する記述は,「2018NEW 環境展」において 2018 年 5 月 23 日に実施したヒアリングによる。
36　チヨダウーテ㈱への E メールでの問い合わせ (2017 年 1 月 27 日)。
37　世良田 (2017) 25-26 頁;㈱トクヤマ・チヨダジプサムへの電話インタビュー (2018 年 11 月 6 日)。
38　注 23 を参照。

第3部

環境統合型生産システムと
地域創生の取り組み（地域展開）

第12章
長野県上伊那・下伊那地域の産業構造と環境統合の展望

第1節　はじめに

本章では環境統合という視点から，飯田市を含む下伊那地域と隣接する上伊那地域の企業群において両地域を比較する。なぜならば両地域は同じ長野県に存在し，さらに地理的にも南信という地域に存在しながらも，環境に対するアプローチが異なっているからである。後述するように飯田市を中心とする地域では，環境に対し企業，行政，市民それぞれのレベルで組織的に環境活動に取り組んでいる。一方，上伊那地域では企業，行政ともトップダウンで環境活動に取り組んでいる。

本章ではこの両地域における環境活動の違いを，それぞれの地域の産業における形成のされかたの違いに焦点を当て検討する。つまり飯田のある下伊那地域と，上伊那地域では産業の形成のされ方に違いがあり，そのことが両地域における環境活動へのありように影響を与えたと考えるのである。

まず第2節では両地域における産業構造の違いについて，近年の統計データをもとに比較する。続いて第3節では工業部面において比較するのであるが，下伊那地域における工業活動は飯田市を中心とする地域であるため，飯田市および周辺地域の企業に焦点を当てる。一方上伊那地域では，工業の中心である伊那市およびに箕輪市周辺の企業群に焦点を当て検討する。第4節では第3節と同様に飯田市と伊那市に焦点をあて商業について比較する。第5節では全体を踏まえて，これら産業がどのように編成されてきたのかに焦点を当て両地域の違いを検討する。

第2節　統計データに基づく上伊那地域と下伊那地域の比較

ここでは経済センサスなど統計データに基づいて伊那市を含む上伊那地域と飯田市を含む下伊那地域との比較を行い，その特徴を明らかにする。上伊那地域は伊那市と駒ヶ根市，上伊那郡（飯島町，辰野町，箕輪町，中川村，南箕輪村，宮田村），下伊那地域は飯田市と下伊那郡（阿南町，高森町，松川町，阿智村，売木村，大鹿村，下條村，喬木村，天龍村，豊丘村，根羽村，平谷村，泰阜村）から構成される。以下では，人口動態，産業構造，商工業の推移について比較を行う。

1．人口動態

まず人口動態について確認すると，下伊那地域の2015年度の総人口は16万2,200人（1995年度比8.9％減）で，そのうち15歳から64歳までの生産人口は8万7,254人（同19％減），65歳以上の高齢化人口は5万2,286人（同27％増）と全体の32.2％を占めている。上伊那地域の2015年度総人口は18万4,305人（同2.9％減）で，生産人口は10万3,933人（同15％減），高齢化人口は5万4,360人（同48％増）と全体の29.5％を占めている。上伊那地域の方が人口が多く，両地域とも人口が減少しているが上伊那地域の方が減少率が大きい。一方，両地域とも高齢化人口が全体のおよそ30％を占めるなど高齢化傾向にあるが，上伊那地域の方が生産年齢人口の減少，高齢化人口の増加の割合が大きい。

2．産業構造

地域経済の規模について，売上高（2012年度）で比較すると上伊那地域が8,944億7,700万円に対して，下伊那地域は8,005億2,100万円であり，上伊那地域の方がやや規模が大きい。ただし，下伊那地域は飯田市が6,275億9,600万円と地域全体の78.4％を占めており明確に飯田市中心であるのに対して，上伊那地域は伊那市が3,562億7,200万円と全体の39.8％であり，駒ヶ根市や南箕輪村など他の市町村の比率も高くなっており，同じ地域でも構成は異なっている。

図表 12-1 は上伊那地域と下伊那地域の産業ごとの付加価値額（2012 年度）をまとめたものである。これをみるとまず上伊那地域の方が下伊那地域より多くの付加価値が生み出されていること，両地域とも製造業の規模がもっとも大きいことが分かる。さらに，その差はほとんど製造業の金額の違いにあり，2 倍近い差がある。他方で，卸売業や小売業といった商業や，医療・福祉，建設業などの分野では下伊那地域の方が上回っている。

さらに，製造業についてみると，図表 12-2 のように，上伊那地域では電子部品・デバイス・電子回路製造業（248 億 2,600 万円）が突出して大きく，それに食料品製造業（126 億 6,000 万円），輸送用機械器具製造業（96 億 9,400 万円）が続いている。下伊那地域をみると，電気機械器具製造業（95 億 1,700 万円）と電子部品・デバイス・電子回路製造業（90 億 9,200 万円）の規模が大きく，食料品製造業（64 億 2,200 万円）や業務機械器具製造業（52 億 2,700 万円）

図表 12-1　産業別付加価値額の累計（2012 年度）

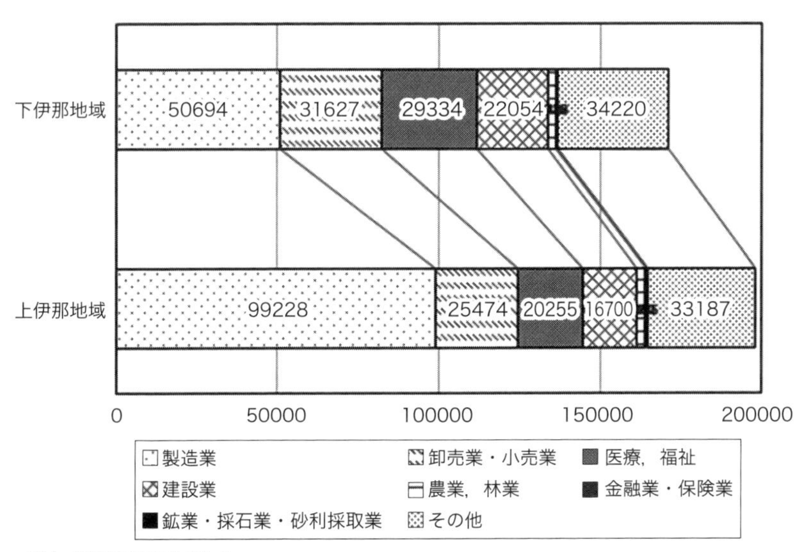

（注）単位は百万円である。
（出所）経済センサス。

図表 12-2　下伊那地域と上伊那地域の製造業の構成（付加価値額ベース，2012 年度）

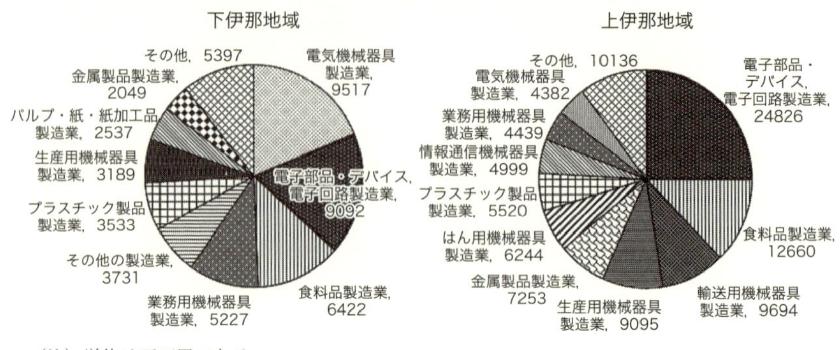

（注）単位は百万円である。
（出所）同上。

が続いている。

3. 工業と商業の推移

両地域における工業と商業との推移を概括する。図表 12-3 は 2007 年から

図表 12-3　製造品出荷額等の推移

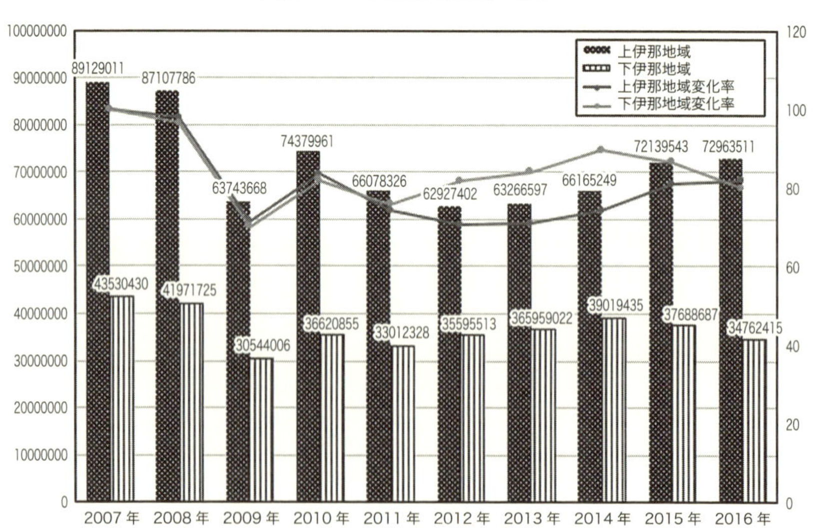

（出所）「工業統計」に基づき作成。

図表 12-4　年間商品販売額の推移

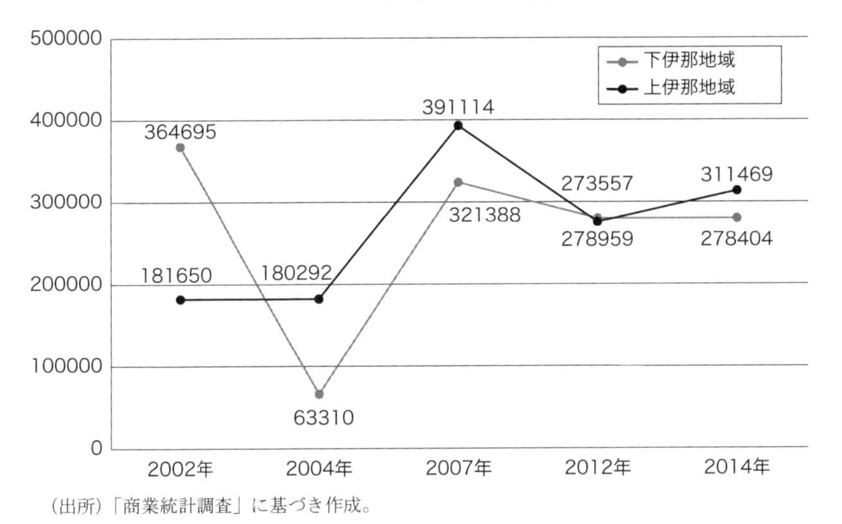

(出所)「商業統計調査」に基づき作成。

2016 年までの製造品出荷額をまとめたものであるが，上伊那地域の方が一貫して下伊那地域を上回っているが，変化率をみると，下伊那地域の方が比較的安定した動きを示している。

商業に関して，年間販売額の推移を見ると，図表 12-4 のように，2002 年には下伊那地域の方が大幅に上回っていたが，その後上伊那地域とほぼ同じ程度で推移している。

第 3 節　工業における環境への取り組み

本節では本研究の中心である環境への取り組みと工業との関係を，下伊那地域の事例として飯田市，上伊那地域の事例として伊那市を取り上げて比較する。

1．下伊那地域（飯田市）の工業と環境

⑴　工業の特徴

ここでは下伊那地域の工業について取り上げる。平成26年度工業統計調査における製造品出荷額等でみると，下伊那地域は3,901億円である。うち飯田市が2,790億円であり，全体の約3/4を占めている。つまり下伊那地域の工業は飯田市が中心となっており，本章では飯田市に焦点をあて検討する。

平成26年の飯田市の製造品出荷額等においては，電子部品等45%，電気機械18%，食料品7%となっており，この地域では電子部品・電気機械関連の比重が高いことが特徴としてあげられる。製造品出荷額等の推移を見てみると平成22年は約2,610億円であったのが，平成24年，平成27年ともに2,600億円と，大きな変化はなくほぼ同額で推移している。事業所数の推移は平成22年が526であったのに対し，平成24年では519，平成27年では506と減少傾向を示している。

工業部門に関する飯田市の取り組みを見てみると，飯田市産業経済部工業課と公益財団法人南信州・飯田産業センターとの連携を強化し，地域工業に対し様々な支援を行っている。その柱は4つあり，新産業創出支援，人材育成支援，地場産業高度化ブランド化支援，販路開拓支援である。近年注目されているのが新産業創出支援の1つである飯田航空宇宙プロジェクトであり，現在では長野県航空宇宙産業クラスターの中核となりつつある。このセンターでは，航空宇宙以外に飯田メディカルバイオクラスター構想やビジネスネットワーク支援センターのNESUC-IIDAとも関連を持ち，次世代の産業創出に向けての取り組みも行っているのである[1]。

⑵　環境への取り組み

飯田市は環境モデル都市でもあり，環境政策に対して積極的に取り組んでいる。2013年には「飯田市再生可能エネルギーの導入による持続可能な地域づくりに関する条例」も制定された。そこでは，電気の固定価格買取制度（FIT）の活用による売電収入を，地域で公共的に利活用する仕組みなども構築している。

この環境に関する取り組みの発端であるが，もともとは1997年に民間企業

の連携によって立ち上げられた「地域ぐるみ環境ISO研究会」からスタートしている。その後，飯田市も研究会に参加しISOの認定を取得する。その後，それをさらに発展させ，より幅広く簡便に環境活動に取り組んでもらう仕組みとして，市が認定する環境マネジメントシステム「南信州いいむす21」をたちあげたのである。飯田市での取り組みは，企業だけで行うものではなく，行政やサービス産業も含め，幅広い分野のものとなっている。

このように飯田市では民間企業がスタートさせた環境活動が，行政をも巻き込み市民も取り込む活動となり，その結果，地域全体の活動となっている点に特徴がある。

2. 上伊那地域の工業と環境

(1) 工業の特徴

上伊那地域においては，これまで大企業とその協力工場が多く存在し，地域を支えてきた。地域出身の経営者を持つKOAなどを筆頭に，諏訪地域出身のオリンパス，エプソン，KITZなど誘致された機械金属関連の大企業の事業所が多いことが特徴である。しかしながら海外生産化の影響や，産業構造の変化により，大企業とその協力工場という構図は，以前よりも減少傾向にある[2]。

ここでは前述した飯田市との比較をするため伊那市の工業についてみてみよう。産業別に平成27年度の製造品出荷額等をみてみると，最も高いものが生産用機械で19.5%，ついで食料品が17.8%，汎用機械が15.8%と続き，輸送用機械が12.3%，電子・電気部品が9.3%となっている。製造品出荷額等の推移であるが，平成22年は約2,000億円であったが，平成24年には1,340億円に減少している。その後，平成27年には1,500億円となり，近年ではもち直しの兆しがみられる。事業所数も平成22年では170だったものが平成24年は164，平成27年には169となり，こちらも回復基調にあるといえる。ただし上伊那地域の工業を考える場合，周辺地域である箕輪町や南箕輪村での事業所も多く，これらの地域と関連付けて考える必要がある点に注意する必要があろう[3]。

⑵　環境への取り組み

上伊那地域の環境活動についてであるが，前項との比較のためここでは伊那市を取り上げる。伊那市では，「市民の日常生活や産業活動での環境負荷の増大」を背景とした環境問題に対応するため，平成18年に「伊那市環境保全条例」が制定された。具体的には「伊那市環境基本計画」を策定し，伊那市総合計画の基本構想である「自然や景観を守り生かすまちづくり」に基づいた施策とするとしている。そこでは「市民・事業者・学校・行政の役割および行動を明確化する」とされ，事業者に対しては「環境マネジメントシステムの承認取得のための支援」を行うとされる。また環境審議会を設置し，基本計画の進捗状況の管理等を行うとしている[4]。

次に地域内企業における環境への取り組みを見てみよう。

電子部品製造大手のKOAは，創業者が「農村の生活基盤づくりと安定した暮らしをこの地で実現しようと興した会社」である。そして環境に対する理念も「電子部品の製造に携わりながらも，土と水とおてんとうさまとのおつきあいのなかで学び，生きとし生けるものの一人として地球との間に信頼関係を築いていきたい」としている。そして「おてんとうさま」と呼ぶ「環境マネジメントシステム」をつくり2004年からHPで内容を公表している。環境活動そのものは，1987年という比較的早期からはじまっているといえ，1990年には産業廃棄物研究会（現リサイクルシステム研究会）を設立するなど，地域環境保全に対して積極的に展開している[5]。

このように上伊那地域では地域出身者が創設した大企業が，環境活動をリードする形で進められてきた。行政もそれぞれの役割を明確化し，地域の環境保全を管理しているといえる。

3. 小括

環境活動について下伊那地域における飯田市と上伊那地域における伊那市の取り組みを見てきた。両地域とも，農業や生糸生産を経て工業化を進めてきた地域として，高度成長期に急激な発展を遂げてきた。しかしながら環境活動においては，飯田市が企業のみならず行政や市民を取り込んで活動しているのに対し，伊那市では積極的に環境活動に取り組む大企業を中心に，行政がそれをサポートする形となっている。同様に工業発展をしてきた地域でありながら，なぜ環境活動に差異がみられるのであろうか。

⑴　飯田市における地域企業家の存在

飯田市では，環境への取り組みが，特定企業のみならず地域全体の取り組みとして活動されている。これは国内各地を見ても珍しい地域といえる。このような動きを考えるとき，忘れてはならないのは，地域中核企業の存在と企業家の行動である。それは多摩川精機とその経営者である萩本範文氏の一連の行動である。

まずは前述した「地域ぐるみISO研究会」発足の経緯からみてみよう。萩本は『南信州新聞』の連載記事において次のように述べている。「1997年に『地域ぐるみで環境ISOに挑戦しよう研究会』を発足させました」…中略…そこでの「産学官連携の最初のステップとして，市役所のISO認証を呼びかけました。当時，全国でも早い方でしたからエコタウンの都市として先駆的自治体にできると考えました。また環境改善の取り組みを役所の命令でやるのでなく，市民から持続可能な地域づくりへの発意を引き出そうという目的もありました。…中略…ISOを維持するにはお金がかかり，自治体で更新するということは税金を使うことになります。そこで，飯田市は自己適合宣言で維持することを決断しました」として，「飯田版の環境改善マネジメントシステム『南信州いいむす21』」をたちあげたとしている。

このように萩本は自らが経営する多摩川精機を中心として研究会をたちあげ，それをもとに企業だけでなく地域に環境活動を広げ，企業の活動から市役所も含めた地域全体の動きへと変化させていった。もちろん受け入れ側の行政との連携も忘れてはならないが，その端緒となったのが萩本という企業家（起業家）であることは注目に値する。

⑵　上伊那地域における環境活動と地域企業

先ほど取り上げたリサイクルシステム研究会[6]であるが，現在では長野県テクノ財団の伊那テクノバレー地域センターに所属している。この研究会は「産業（企業）の発展と自然環境の共生を図るために，調査研究・情報提供事業の一事業として，平成2年に『産業廃棄物等の適正処理についての研究会』（通称『産業廃棄物研究会』）が発足」する。その後，この研究会を平成5年に『リサイクルシステム研究会』に改称している。そこでは「天竜川水系環境ピクニック」，「INA コピー用紙循環システム」などの活動が行われている。この「天竜川水系環境ピクニック」には毎年4,000名ほどの親子が参加し，天竜川の清掃を行っている。集めたごみの分別や中身の分析を行うことで，子供たちへの教育と結びつけているものである。この研究会であるが参加メンバーは，上伊那・下伊那地域の企業が20社（非公開）ほど参加している。

このように上伊那地域では企業主導で環境活動が行われており，行政はサポートを行い，市民が参加するという形をとっている。伊那市の工業のところで述べたが，この地域は製造品出荷額等の変動はあるものの，上伊那地域としてとらえるならば，一部大企業の事業所が撤退したものの，大半の大企業は現在でも事業所を地域内に残しており，地域の事業所数も大きな変動もなく推移しているといえる。そしてこのことが地域の環境への取り組みの在り方，つまり企業主体の環境活動へも影響を与えていると考えられる。

第4節　地域商業の発展

本節では，前節と同様に事例として飯田市と伊那市とを取り上げ，商業面での比較を通じて飯田市の特徴を明らかにするとともに，地域内経済循環の到達点と課題を明らかにする。

1. 地域商業の課題

商業の面では，両市は同様にロードサイド沿いの量販店チェーンによって郊外へとスプロール化するとともに地元の中小小売商が衰退し，中心市街地の空洞化が生じている。飯田市は三州街道，遠州街道の陸運など交通の要衝として栄え，飯田城の城下町として城を基点として中心市街地が形成された。しかし，高度成長期に入って駅周辺にスーパーが2店舗開店した。その後，飯田バイパス（国道153号線，通称アップルロード，2000年に全線開通）沿いに総合スーパーやアパレル量販店，ドラッグストア，家電量販店などの量販店チェーンが設立された。それにより中心市街地が衰退し，中小小売商だけでなく駅前のスーパーも撤退した。

量販店チェーンの郊外出店による中心市街地の衰退はこの地域だけでなく全国的に共通した現象である。量販店チェーンを通じて地域住民が買い物を行うようになると，収益は本社に移転されることになり，地域には雇用により支払われる賃金と住民法人税（従業員の数に応じて配分される地方税）や固定資産税が残るだけとなってしまう。それにより，域内で循環すべきカネが域外へと流出し，域内での雇用，所得を引き下げることになるのである。

環境統合型生産システムは単に物質循環だけでなくその基盤となる地域内において価値循環する経済基盤が構築されている必要がある。そのため，ものづくりだけでなく，地域商業の活性化による地域内経済循環の実現も環境統合型生産システムの課題となる。それゆえここでは商業面での物質循環と，特に中心市街地における商業の活性化に限定して論じる。

2. 伊那市との比較を通じた飯田市の商業政策の特徴

(1) 中心市街地の活性化

中心市街地活性化施策に関して伊那市と比較しながら主に飯田市の特徴について論じていく。

飯田市の特徴の第1は，取り組み項目の多さである。伊那市では中心市街地活性化施策としては中心市街地空き店舗等活用事業や共同施設設置事業補助金，商店街活性化事業補助金が挙げられる。飯田市でも同様の取り組みが実施されているが，それに止まらず同市は中心市街地活性化基本計画を策定している（2017年度時点で長野県下で飯田市を含めて3市のみ）。第2期飯田市中心市街地活性化基本計画（平成26～30年度の5カ年計画）で21事業，市街地の整備改善21事業，まちなか居住の推進4事業，都市福利の推進8事業，公共交通機関の利便性の増進6事業とハード，ソフト両面で61事業を実施している。

この中心市街地活性化施策の1つが，まちのシンボルであるりんご並木通りを歩行者天国にして月1回イベントを開催するりんご並木活性化事業であり，その中で図表12-5のように多彩なイベントが開催されている。

第2の特徴は，市民によって自立的に運営されているということである。上述のりんご並木活性化事業は，飯田中心市街地活性化協会が事務局として，図表12-6の約30団体から構成されるりんご並木まちづくりネットワーク（2008年4月設立）によって月1回の会議をベースに運営されている。イベントごとに主催団体が中心となって企画・運営しており（図表12-5参照），それぞれ独立採算で実施されている。そのため行政の補助金はごくわずかである。例えば，りんご並木活性化事業の代表的なイベントである「飯田　丘のまちフェスティバル」は人形劇のまち飯田にちなみフィギュアのフリーマーケットを2007年に開催したことを契機に，南信州ご当地グルメやコスプレ，痛車などのサブカルチャーのイベントなどが加わるようになり現在では約250のブースで催される一大イベントである。2017年度には県内外から約4万8,000人の来場者があった。この「飯田　丘のまちフェスティバル」を含めたりんご並木活性化事業全体に対する補助金は年間249万円（2017年度）であり，その用途は車両通行規制のための警備員配置や事前告知看板の設置など交通規制に限定されている。このように行政からの補助金に依存せず，多様な団体が緩やかに連携しながらイベントを企画している点，組織運営のノウハウや条件をもっている点などに飯田市の特徴がある。それによって多彩なイベントが継続的に実施可能であると考えられる。他にも「飯田　丘のまちバル」や「GAKUSAI 宴」など様々なイベントが開催されており，週末や休日などのにぎわいを取り戻せている。

図表12-5　りんご並木活性化事業（2018年度）

開催月	イベント名	主催団体
4月	ゆるキャラ天国 in りんご並木	ゆるキャラ天国 in りんご並木実行委員会
6月	竹宵まつり	百万人のキャンドルナイト in 南信州実行委員会
7月	橋南夏まつり	橋南まちづくり委員会
8月	人形劇フェスタ	いいだ人形劇フェスタ実行員会，IIDA WAVE
9月	まちかど芸術祭 in りんご並木	IIDA WAVE
10月	りんご並木天国	橋南連合青壮年会
11月	飯田丘のまちフェスティバル	飯田丘のまちフェスティバル実行委員会

（出所）「りんご並木まちづくりネットワーク」チラシに基づき作成。

図表12-6　りんご並木まちづくりネットワーク構成団体（2018年度）

橋南まちづくり委員会	NPOいいだ人形劇センター	NPO法人FOP	(株)いとう	明治大学
橋南連合青壮年会	(株)飯田まちづくりカンパニー	飯田青年会議所	下伊那漁業協同組合	ケーグラフィックス
りんご並木に花を植える会	飯田市商業・市街地活性課	結いの市	杜の学校	自治会（知久町2丁目）
NPO伊那谷環境文化ネットワーク	りんご並木プロジェクト	日本トレッキング	飯田市動物園	
南信州アルプスフォーラム	ゆるキャラ天国inりんご並木実行委員会	アップルレンジャー	飯田OIDE長姫高等学校	
IIDA WAVE	飯田東中学校並木委員会	並木横町いこいこ	百万人のキャンドルナイトin南信州実行委員会	
南信州ゆうき人	飯田市中心市街地活性化協会（事務局）	飯田商工会議所	人力車の飯田龍車	
いずみの家	橋南公民館	りんご並木コンシェルジュ	大鹿村地域おこし協力隊	
CANYAS	飯田東中学校りんご並木後援会	いいだ人形劇フェスタ実行委員会	銀座商栄会	
飯田市川本喜八郎人形美術館	NPOいいだ応援ネットイデア	(株)飯田ケーブルテレビ	スポーツ推進委員	

（出所）同上。

⑵　商店の活性化

商店の活性化の取り組みとしては「いいだ『まちゼミ』事業」がある。まちゼミは岡崎市発祥の商業活性化の取り組みで，全国で開催されている[7]。商店主などが講師となって店舗内で受講者にその店ならではの専門知識やプロのコツを教えるミニ講座である。受講料は材料費程度で，商品・サービスの勧誘は行わないことになっている。

飯田市でもNPOいいだ応援ネットイデア[8]が運営主体となり，2012年から年2回実施されている。2017年までで平均して1回の実施で参加店舗28店舗，講座数が40，受講者が541名となっている。飯田市では，参加店舗は事前に講習を受けるとともに，事後に反省会を実施している。さらに，最近では参加店舗で実行委員会をつくって運営するようになっている[9]。イデアと参加店舗との関係は，一般的に見られるような運営主体と参加者という固定的な関係ではなく，参加店舗も商店街の活性化やまちづくりの推進主体でありその運営にも参画することが進められている点が非常に特徴的である。

3. 商業における環境統合の取り組み

商業における環境統合という面で目を引くのは，GARDEN'S（ガーデンズ）の取り組みである。GARDEN'Sは中心市街地にある駅前中央通り連合商栄会が2001年に改称した団体であり，事業のひとつでエコ事業に取り組んでいる[10]。具体的には，会員店舗でPPバンド，紙資源（段ボールなど），割り箸，ペットボトルなどを回収し，商店街に設置したリサイクルステーションに集積する。そこに集まった廃棄物を地域にある環境関連企業へ搬送し，無料で引き取ってもらい，リサイクルしてもらう。そのリサイクルされた素材を使った製品を会員店舗で利用・販売するというものである[11]。

4. 小括

地域商業の活性化による地域内経済循環に関して，ここでは特に衰退する中心市街地の活性化に注目し，伊那市と比較をしながら飯田市の特徴について論じた。飯田市は，補助金に依存せず継続的に多彩なイベントを実施することで週末などのにぎわいを取り戻すことができている。それにより域外の消費も獲得できている。それを可能にしているのが多様な団体が緩やかに連携するネットワークの存在にある。商店街などの活性化にとって一般的な困難は，独立した商店主が個店を超えた集団的対応を行う場合の組織化の難しさにある[12]。一般的には「カリスマ」とみられる人物がその困難を克服していくことで取り組みが前進していくが，飯田市ではそれを特定の個人に依存することなく克服している。

このネットワークは一朝一夕でできたものではない。例えば，2項で取り上げたりんご並木まちづくりネットワークの前身であるりんご並木まちづくりフォーラムは，中心市街地の空洞化や駅前の大型店の撤退問題などを契機に，りんご並木を考える会や東中PTA，自治会協議会連合会，市役所などの官民

15団体が集まって1991年に設立されており，そこでりんご並木を歩車共存にするなど決定されている[13]。このように飯田市には社会的問題の解決にあたって様々な団体が集まって話し合いで決定する歴史がある。

ただし，日常的な買物は依然として郊外の量販店で行われている。青果を中心に直売所など生鮮食料品の販売が行われているが，限定的である。

商業の面での環境統合としては，商店街と地域の環境関連企業との連携によるPPバンドや紙資源のリサイクルの取り組みが行われていた。しかし，この取り組みも限定的であり，これらをどのように克服するかが今後の課題となろう。

第5節　まとめ

伊那市（上伊那地域）のような環境へのアプローチ，つまり企業と行政が環境というテーマのもとで活動する方法は，日本全国に数多くみられる一般的なやり方だといえる。しかし飯田市の取り組み方は，行政をメンバーに巻き込んだうえで，市役所もISOの認証を取るという行動を起こした点に特徴がある。このことは行政・市役所はサポート役ではなく，同じメンバーの一員として活動を求められたといえる。その結果，環境活動は行政，さらには公民館活動等を通じ，市民まで巻き込む活動へと範囲が広がったのである。

それではなぜ飯田市でこのような幅の広い環境活動が行われたのであろうか。それは飯田市においては，もともと市民・企業・行政などが行ってきた様々な活動が地域に存在したことと，活動に取り組むきっかけとなるような危機的な経済状況の変化が生じたことによるものと考えている。

1．様々な地域活動の存在

飯田市では，もともと商業地域の商店街活動，製造業での改善活動，地域での様々な活動などは，各主体ごとに行われていた。第4節でみたように商業地域の商店街活性化運動やまちづくり運動は元をたどれば，戦後の飯田の大火からの復興にりんご並木を作るところから始まった。その後，この活動は「りんご並木まちづくりフォーラム」，そして商店街だけではなく住民や地域外からの観光客も含めて，地域の活性化を考える「りんご並木まちづくりネットワーク」へと進化している。そこでは単なる地域の商店街活性化だけでなく，まちづくり，人づくりまでを視野に含めた活動が行われている。

これらの活動において転換期は「りんご並木まちづくりフォーラム」であろう。1980年代以降，周辺道路が整備され始めると飯田市でも郊外移住がはじまった。その結果，大型店の撤退や中心市街地の空洞化が始まったのである。そこで1991年にこのフォーラムが結成され，地域をどのようにしてゆくのか，ワークショップが開催された。参加者は地域中学校のPTA，自治協議会連合会，商工会議所等であり，これらのフォーラムを通じて地域の問題解決を図ったのである[14]。

工業においても第3節で見たように海外生産化の影響をきっかけとして企業間での活動が開始された。誘致大企業の撤退により，地域は危機的状況に追い込まれる可能性が出てきたのである。しかしながら地域出身の企業は地域から撤退することは，選択肢として持つことはできなかったという。多摩川精機の経営者である萩本は「地域の貧困救済のために生まれた会社には，その場所を移す選択肢はない。であるならばポテンシャルの高い地域づくりに貢献することが私の使命であり，会社繁栄のために地域のポテンシャルを高めることを考えなくてはならない」とし，企業を含めた地域内の人材のポテンシャルを高めることに注力し始める。その活動のスタートが「三社改善研究会」であり，そこを基盤に「地域ぐるみISO研究会」へと展開するのである[15]。

またこの飯田市は公民館活動で著名な地域であるが，地域内には自治会を含めそれ以外にも様々な活動が存在する[16]。そのような地域の活動には，企業で働く人や行政で働く人々も地域住民として参加し，様々な活動が行われ，人々のつながり＝ネットワークが形成されていることは容易に想像ができる。このような地域の活動をベースに，自身が所属する商店街や企業，行政などの活動とをオーバーラップさせることが可能になるのである。

2. 危機的な経済状況の出現と対応

前述したように飯田市では危機的状況が生じた場合，そのつど対象となる組織・集団が，それぞれの組織・集団内の人材を活用することで乗り切ってきた。つまり萩本が言っているように，地域から逃げられない組織・集団が危機に対応するためには，地域の人材を活用し，何らかの方策を打ち出し対応してゆく方法ぐらいしか存在しないといえる。そしてその方法をうまく維持・発展させるためには，地域の人材の能力を上げる必要があり，そのために人材育成機関が重要となってくるのである。

飯田市では，活発な公民館活動やまちづくり活動に見られるように，以前から地域住民が自分たちで考えて行動をしてきた。地域住民も自らが考え行動し，地域企業も社員自らが考える。これらの活動が地域内で複合的に重なることで，活動は地域に根差したものに，すなわちボトムアップ型の内発的発展とでも呼べるような動きとなっているのである。

3. 環境統合と飯田市

このように飯田市では，様々な危機的な状況に，それぞれの集団・組織が対応しながら現在まで活動を続けてきたといえる。これらは問題や対象が異なるため，当然，時期や対象は別々であり，組織形態も異なってきた。しかしながら様々な場面での対応が必要とされる「環境」へは，地域の住民，企業，行政のすべてがかかわる必要があり，それぞれが垣根を越えて活動しなければ成果を得られない。つまり「環境」を目的するということは，地域全体が1つに「統合」されなければ達成できない目標であり，その目標を達成するために飯田市はボトムアップ型で地域内発型の仕組みを模索していると考えられる。まさに飯田市の活動は「環境統合」に向けた地域全体の活動であるといえよう。

（粂野博行・宮﨑崇将）

注

1　長野県飯田市『飯田市の概要2018年版』。

2　この地域はこれら大企業を中心に，そこから受注する地域中小企業との下請分業関係をもとに集積が形成された。しかしながら近年では大きく変化してきている。たとえば大企業の1つであった伊那NECは2017年に閉鎖したのである。くわしくは粂野（2016）を参照のこと。

3　先に述べたように上伊那地域の出荷高の1/3は伊那市である。しかしながら残りの2/3は箕輪町など近隣の町村が占めている点に注意する必要がある。

4　伊那市『伊那市環境基本計画　中間見直し版』平成27年。

5　KOAホームページ（http://www.koaglobal.com/corporate/csr/global-environment：2018年11月20日閲覧）。

6　長野県テクノ財団ホームページ（http://www.tech.or.jp/ina/field/cat3/cat423/：2018年11月20日閲覧）。

7　2018年度時点公式に認定されているまちゼミは長野県では他に下諏訪町，茅野市，塩尻市，松本市，大町市，安曇野市，中野市，須坂市，諏訪市，長野市松代町，岡谷市のみである（http://machizemi.org/?page_id=38：2018年11月20日閲覧）。

8　起業を支援することを目的に「いいだ起業応援ネット イデア」として2002年に設立されたが，その後より幅広い側面で飯田下伊那地域を応援するため2003年に現在の名称に改称されている。

9　2018年10月30日に実施したイデア事務局でのヒアリングに基づく。

10　他に事業内容として，地域間・スポーツ・文化事業（「高校生文化フェスティバル・高校生ウィンドウ作品展」「GAKUSAI宴」などを実施），Wi-Fi事業がある。

11　同団体ホームページに掲載されている2013年度の実績で，PPバンド2.02kg，割り箸6.29kg，ペットボトル55.73kg，ペットボトル3,021.23kgである（http://www.garden4s.com/eco/stats：2018年11月20日閲覧）。

12　石原武政（1995）「商店街の組織特性」『経営研究』第45巻第4号。

13　牧野光朗編著（2016）『円卓の地域主義』，91-98頁。

14　同上，93-94頁。

15　萩本範文「地域産業史とこれからの地域産業，そして人材育成　4」『南信州新聞』2004年3月28日号。萩本は「三社改善研究会」活動と同時に，地域から撤退した三協精機および横川電気の工場を買い取り，自社の第二工場，第三工場として活用している。

16　われわれが訪れた三連蔵（この建物自体，街づくりカンパニーがプロデュースしたものである）でのヒアリングの際に，地域の住民には，公民館活動だけでなく「祭り」も含めた様々な地域活動が存在することを伺った（2018年10月30日ヒアリングに基づく）。

第13章
飯田下伊那地域の航空宇宙産業の域内連携の展開

第1節　はじめに

2000年代半ば以降，中小企業が異業種（特に機械工業）で培い，維持してきた各社固有の技術や技能を航空宇宙産業[1]に利用して同産業に新規参入するために，同じ地域内の参入希望企業とともに航空クラスターを形成するケースが全国各地で見られるようになった。これらは共同受注体として機能していたり，受注待ちであるか，あるいは勉強会レベルであったりと多様である。しかしながら，共同受注体として機能しているところは少なく，多くは後者2つに留まっている。2000年代後半に入ってから，国や各地方公共団体レベルの行政機関が航空宇宙産業を成長産業と明確に位置づけ，日本企業が既存の技術を利用して参入できるように情報発信して参入希望企業を支援している。参入成功例など参入するためのノウハウの発信のみならず，クラスターの概要，あるいは企業提携のためのマッチングの機会などの情報を第三者が提供できるようにしており，その影響もあったかは定かではないが，2010年前後を境に航空宇宙業界への参入企業（後述する「参入第4次世代」）が多く見受けられた。2017年9月25日時点で各クラスターの情報発信とクラスター間の特殊工程の補完等を目的として経済産業省が構築した「全国航空機クラスター・ネットワーク」（経済産業省 2017）の加入団体は40ほど存在する。これらの多くはまさに前述したように2010年前後から見受けられるようになった。飯田下伊那地域からは2006年発足のエアロスペース飯田というクラスター名で同ネットワークに加入している[2]。

近年の参入企業が航空宇宙産業に従事するようになった理由は企業によって様々であろうが，その1つが日本の航空機製造産業の状況であることは察するに余りある。2000年代後半以降⑴世界的な航空機製造産業の成長予測があり，市場は日本のみならず海外にもあること，⑵同産業に参入しており存在感を示している，Tier1～Tier2に位置している既存の日本企業が多い一方でこれらのサプライチェーンに組み込まれるTier3以下の企業が少ないこと，である。飯田下伊那地域では2006年5月24日，航空宇宙業界に参入して久しい地域中核企業の多摩川精機社長（萩本範文氏，当時）が同地域の新産業として航空宇宙産業への参入を呼びかけることによってそれに賛同する企業で飯田航空宇宙プロジェクトが設立された。但し，音頭を取った萩本氏が率いる多摩川精機は飯田航空宇宙プロジェクトには属していない。多摩川精機，エアロスペース飯田，そして特殊加工を担う多摩川パーツマニュファクチャリング（Tamagawa Parts Manufacturing：TPM）を3つの核として，飯田下伊那地域の企業が航空宇宙の仕事を担うことを目的とするからである。つまり，特殊工程補完企業たる多摩川パーツマニュファクチャリングを除いた多摩川精機とエアロスペース飯田各々が独自に仕事を取っていく姿勢を打ち出したのである。これは，飯田下伊那地域の航空宇宙産業を中核会社などごく僅かな企業が関わっていたものを地域企業に生き残るために取り組むべき新たな産業として認識させるとともに従事させることで同地域に航空宇宙産業を拡げてきたプロセスが存在するからである。

このため，本章では，飯田下伊那地域の航空宇宙産業の勃興から多摩川精機，エアロスペース飯田，多摩川パーツマニュファクチャリングの3社を軸とした現在に至るまでの経緯を辿りながら，地域創生のための新産業創出を可能にするのは何であるのかを理解することを目的とする。

第2節　航空宇宙産業への参入と地域の航空クラスター形成の意義

1. 日本企業による航空宇宙産業への参入

日本の中小企業の航空機宇宙産業参入は，2000年代以降に限ったことではない。第2次世界大戦後以降，2010年頃の参入の波までの期間には4つの大きな参入時期があった。これらを経済産業省近畿経済産業局（2009）『FLY!

To the distance 地域中小企業の航空機市場参入動向等に関する調査～航空機産業参入事例集～』の10頁では4つの参入世代に区分しており，さらに，各々において特徴を有していることを明示している。以下に同区分を利用しながら，飯田下伊那地域に当てはめるなど補足を加えながら説明したい（図表13-1）。また，この区分では航空宇宙産業を引用元に合わせて航空機産業と記載する。これは，戦後，航空機産業の発展途上から宇宙産業が出現したために，用語を航空宇宙産業では統一できないためである。

第2次世界大戦以後の航空機産業参入第1世代の登場を語るには，連合国最高司令官総司令部（GHQ/SCAP：General Headquarters, the Supreme Commander for the Allied Powers）の航空機指令に触れねばならないだろう。1945年11月15日にGHQ/SCAPによって日本の如何なる団体や人も航空機，エンジン，航空機の製造施設等を購入・所有・運用等を禁止され，また，航空

図表13-1　参入企業の参入理由と世代別特徴

参入企業	参入理由	特徴	企業・団体・クラスターの一例
第1世代（1955年～1960年代）	航空機産業の復活 国産機の登場と需要の増大	一度解体された既存航空機メーカーの復活とその仕事の下請け企業の集合体としての協同組合	川崎航空機（現川崎重工業），新三菱重工業（現三菱重工業），多摩川精機，天竜工業（現天竜エアロコンポーネント）など
第2世代（1980年代）	軍需の拡大とB767の導入にみられる民間飛行機の拡大，日米欧による国際エンジン開発	第一世代が形成した協同組合以外の新規参入企業，及び国際エンジン市場への参入契機	日本航空機エンジン協会（1981）
第3世代（2000年以降）	複合材分野を通じての航空機産業への参入，全国規模での機械加工企業による航空機産業への参入	複合材分野に技術が活かせる企業，機械加工企業	三菱航空機（2008）
第4世代（2010年以降に右記の傾向が強まる）	部分加工から一貫生産による部品生産での参入	主に機械加工業といった異業種からの参入が多い。	エアロスペース飯田（2006年） AMATERAS（2007年） Niigata Sky Component Association（2008年）

（出所）経済産業省近畿経済産業局（2009）『FLY! To the distance 地域中小企業の航空機市場参入動向等に関する調査～航空機産業参入事例集～』9-10頁を基に，企業・クラスターの一例やヒアリングなどの情報を付け加えて作成。

科学や航空力学などを教えることも禁止された（General Headquarters, the Supreme Commander for the Allied Powers, 1945）。同司令によって航空機を所有できないがために日本企業による航空機の運航をも禁止されたのである。しかしながら，朝鮮戦争による米軍戦闘機のメンテナンスを，戦後解散させられた日本の航空機メーカーの流れを汲む企業が受け請うようになり，1952年2月にはGHQ/SCAPが廃止され，航空法が成立した1952年7月には研究・設計・製造，1952年8月からは国内民間旅客会社が運航することなどへの枷（但し，日本領空における空域制限は2019年現在でも存在する）が無くなった。これにより，多摩川精機は航空機搭載用機器のモジュール製造に取り組むことになったのである（多摩川精機社史編纂委員会 1998, 164頁）。

航空機メーカー，航空機関連メーカーの再参入が「参入第1世代」の企業の特徴である。第1世代の活躍は1955年からその活動を見られるようになった。これは，保安隊（現自衛隊）機は1954年の発足時にアメリカ企業が製造した機種（T-33，F-86F）をアメリカ側から供与され，その機体部品と装備品について国内ライセンス生産が岐阜にある川崎航空機（川崎重工業）に託された。これにより，翌年の1955年にこれら生産が同社で開始され，さらに新三菱重工業（現三菱重工業）が同産業に再び参入して活躍するとともにこれら企業が展開する周辺地域で協働組合型の産業集積が形成されたのである（経済産業省近畿経済産業局 2009, 9-10頁）。具体的には，川崎航空機は岐阜，新三菱重工は名古屋であり，現在これらの地が航空宇宙産業の集積地となっている。なお，多摩川精機も50年代後半から防衛庁の仕事に一層積極的に食い込みはじめ，60年代に入ると自動制御装置の作業グループを海と陸に分けて設立し活動するようになった（多摩川精機社史編纂委員会 1998，129頁, 135頁）。

さらに参入第一世代は，国内線向けの国産旅客機YS-11の型式証明を運輸省（現国土交通省）から取得に成功し，製造とともに国内航空機会社に出荷・納入することが叶った世代でもあった。1964年8月に同型式証明取得に成功したこともあり，同年からはYS-11運行開始に伴う下請が参入する時でもあり（経済産業省近畿経済産業局 2009, 10頁），国内機の需要が増した時期に第1世代は航空機産業に従事することになったのである。このような時代背景の中，多摩川精機は未だ東京蒲田に本拠を置いており，飯田市大休には1943年から工場を設置する状況であったが，1960年代をも含めて積極的に防衛庁から仕事を得るように努める一方で，製造した航空機部品の納入に至ったのもこの時期からである。協力会社の航空機部品の製造への関わり具合は今回の研究では分からなかったが，多摩川精機が1960年代に協力会社を多く抱えるようになった。

参入第2世代は，航空機分野に於ける軍需の拡大とB767の導入にみられる民間飛行機の拡大，さらには日米英独伊瑞6カ国のエンジン製造メーカーによる国際エンジン開発（V2500）[3]，といったことから参入企業が増加した（前掲書,10頁）。第一世代には，一度解体された既存航空機メーカーの復活とその仕事の下請け企業の集合体としての協同組合が日本の航空機産業に主として従事していたが，この時期から民間機市場の拡大から新たな企業の参入が始まった。エンジンについては日本航空機エンジン協会（JAE：Japan Aero Engines Corporation）として石川島播磨重工業（現IHI），川崎重工業および三菱重工業が参加し，以後，日本も国際エンジン市場に参入する契機となった時代でもあった。

第3世代の参入企業は2000年代に入ってから登場した。第3世代企業の参入については，次の2点に集約することができよう。⑴複合材分野を通じての航空機産業への参入，そして⑵全国規模での機械加工企業による航空機産業への参入（前掲書,10頁），である。時機的に，この世代に三菱リージョナルジェット（Mitsubushi Regional Jet：MRJ）を開発中である三菱航空機を入れて良いであろう。本田技研工業が航空機製造に関心を示し，Honda Jetを製造するために同社から分社化してアメリカ・ノースカロライナ州グリーンズボロを拠点とするHonda Aircraft Companyを立ち上げたのも2006年であり，アメリカ企業として作ったものであるが，日本企業として子会社による航空機産業への進出にゴーサインを出したのもこの時期であるために付記しておく。この時期には，多摩川精機の協力会社である浜島精機が航空ビジネスに携わっている（生産システム研究会 2018年度浜島精機ヒアリング調査，2018年3月12日）。

その後，部分加工から一貫生産による部品生産での企業の参入が強まるのが2010年以降である（経済産業省近畿経済産業局 2009,10頁）が，これらの企業が第4世代である。2010年以前，例えば2000年代半ば頃からの参入企業も含むことに留意されたい。日本で2000年以降に誕生した，行政府とともに航空機クラスターとしてアピールをしている集団の多くが2010年前後5年間に形成されており，一貫生産体制ができる共同受注体としてアピールしているところからも同世代に属していることが分かる。飯田航空宇宙プロジェクト（2006年設立），AMATERAS（Advanced Manufacturing Association of Tokyo Enter-prises for Resolution of Aviation System）（2007年設立），新潟市航空機産業クラスターNSCA（Niigata Sky Component Association）（2008年設立）などは第4世代の先鞭を担った企業と考えられる。飯田下伊那地域の企業の多くはこの世代に属していることになるが，それらの企業が具体的にどのような流れに位置しているのかは本章第3節に譲るとし，次項では地域企業，特に機械加工企業が航空クラスターを形成することの意義について理解をしたい。

2　地域企業による航空クラスター形成の意義

後発企業として航空宇宙産業に参入しようとする個々の中小企業の固有技術を活かすためにも，特定の工程のみの受注を目指すだけでは同産業で既存の受注企業を押し退けて受注を得ることは難しいであろう。産業クラスターを形成することで部品全体やシステムコンポーネントレベルの製造を一貫して請け負う体制を整えることが同産業への参入には必要である旨が強調されている向きがあるからだ。以下では，日本の航空クラスターの形成は地域企業，特に機械加工企業の参加が多いのか理解に努めたい。

40年以上も飛び続ける航空機を製造するからこそ，航空宇宙産業において求められるものは技術だけではない。同製造に関わる企業は，航空機が現役であるうちには部品を供給し続けることができるということが要求される。つまり，その間は経営的にも安定し，且つ航空宇宙事業を手放さないことが求められるのである。同産業に属する企業は互いに信用を蓄積するとともに今後も将来の供給関係の継続にも信頼をもっていることになる。その結果として既存の航空機メーカーとそのサプライヤーによって形成される同産業は極めて閉鎖的でもある。その一方で取り扱う素材などの大幅な変化が起きると技術が変わるために業界の再編が行われる傾向がある。ここに後から同市場に参入した，またはこれから参入したい日本の中小企業にもチャンスがある。但し，欧米では自社が取り扱う部品やシステムコンポーネントに必要な技術がある場合には開発するか，あるいはそれを所持する企業を買収する傾向があるとともに，後に述べる，同産業後発組による航空機製造クラスターを形成しているケースもある。

このような流れの中，日本では行政が中小企業の参入には一貫生産体制の構築を勧めており，その代表例として飯田航空宇宙プロジェクトやAMATETASなどを取り上げている。その主な理由の1つとして，航空宇宙産業に新規参入するとともに，「10年経ってようやく仕事がとれるかどうか」（生産システム研究会　飯田航空宇宙プロジェクト松島信雄氏ヒアリング調査，2017年2月22日）という長いリードタイムを経て安定して事業を行うことが企業に求められているからこそである。加えて新機種開発ごとに新技術や新素材の導入などのために増額する傾向にあるためにプライムメーカーは各部位ごとに開発パートナーを設けてリスクと利益のシェアを図るとともに同メーカーとパートナーは担当部署においてコストを下げる努力をしている。企業が個別に受け持つ製造工程のみを受注することは，1工程ごとに受発注を繰り返すことを生ずるために時間的にもコスト的にも無駄が生じて非効率である。共同受注体による一貫生産体制を取ることで発注するに好ましい候補の1つとして認識される可能性が高まるのである。

その一方で，共同受注体による一貫生産体制の構築とその維持にはメリットだけではない。複数の構成員がいるがために，企業間で航空機ビジネスに対する温度差が出てくる。それは意気込みや取り組み，あるいは自社の固有技術を共同体内の同業他社に晒すことへの抵抗によって生ずるだけではなく，認証資格の有無や航空宇宙産業に参入してから受注できるまでの時間の長さといったものによっても生ずる。前者はJISQ 9001，Nadcap[4]の取得の有無であり，後者は同産業への参入を経て既存の機体構造や装備品分野におけるTier1・Tier2企業に自社の存在と国有技術を認知して貰って仕事を得るのには10年は必要となることを指す。後者については時間の長さに耐えられずに航空宇宙事業から撤退するケースも少なくはない。如何なる理由であれ，集団であるが故に他社の取り組みに振り回されて共同受注体として態をなさない状況に陥いるリスクを抱えることになる。1企業として固有技術が同産業に十分活かしきれるものであっても運営難を抱える共同受注体の意思決定によって航空宇宙事業が振り回されてしまい，自社の航空宇宙事業は立ち上げた以上の何物でも無い，ということが起こりうるのである。共同受注体としての機能を有しており，受注できているクラスターとしては航空機部品生産協同組合（松阪クラスター），新潟市航空機産業クラスターNSCA，エアロスペース飯田，そしてAMATERASなどが続く。そのうち松阪クラスターは三菱重工業の協力会社で長年航空機事業に従事してきた企業の集まりであり，一からはじめて他所から仕事を採ってきたわけではない。その他はどうであろうか。2017年時点で40余りの航空クラスターが存在する一方で多くは受注を目指すか研究会レベルである。同産業の新規参入は同産業の参入障壁あるいは「集団であることの難しさ」であるかは今後調査すべき点ではあるが，いずれにしても実際にサプライヤーとして仕事を得て生産するという点でクラスターとして機能するには困難であることが理解できよう。

日本の行政機関，具体的には経済産業省は参入要件によっては一貫生産体制構築を促している。その一方で，一貫生産体制である共同受注体あるいはクラスターは，必ずしも航空宇宙産業の後発たる日本企業のみに見られるものではないことを以下に確認したい。

航空宇宙産業参入プロジェクトと一貫生産体制のクラスターを設立し，その後に航空機製造技術を獲得する人材を増やすための取り組みは海外にも存在する。Tier1やTier2を担える企業は協力会社とともにクラスターを形成することは容易に理解できるが，Tier3以下の下請を担いたい複数の企業が一貫生産体制を武器にすべく，クラスターを形成して同産業に参入するケースもある。例えば，Aerospace Industries Association of Michigan（アメリカミシガン州，自動車産業を主事業とする企業），AeroTech Industrial Park（メキシコ，ケレタロ州）などである。また，航空クラスターとしては，ケベック州の航空宇宙産業クラスター（研究や人材育成などから各企業を結びつける機関が存在），欧州ではAerospace Valley（フランス，オクシタニー地域圏およびヌーヴェル＝アキテーヌ地域圏），Midland Aerospace Cluster（Rolls-Royceの民間航空宇宙部門を中核としたクラスター）といったクラスターが存在感を示している。これらの存在からも一貫生産体制の確立は航空宇宙産業の趨勢であるとも言えよう。ここに，日本の地域企業が一貫生産体制を構築する必要性があることが分かる。

第3節では飯田下伊那地域の中小企業が航空宇宙産業進出のためにクラスター形成を行った経緯を捉えながら，飯田下伊那地域の航空宇宙産業の域内連携の展開を見ていくことにする。

第3節　飯田下伊那地域における
航空宇宙産業の勃興と飛躍への助走

1．勃興期

飯田下伊那地域において主に事業展開している企業が航空宇宙ビジネスに進出することになった契機を2つの時期に分けて説明することができるだろう。1つは2006年5月24日以前における飯田下伊那地域の航空宇宙産業について取り上げ，これを飯田における航空宇宙産業の勃興期と位置づけ，詳細に取り上げる。そのことで次の節で述べる，飯田航空宇宙プロジェクトを核とした地域企業における飛翔期を論ずる土壌としたい。

本項では次の時期を取り上げて勃興期と位置付けたい。同地域の中核企業である多摩川精機の航空宇宙産業への取り組みと協力企業による同産業への参入，そして日本航空電子の子会社である信州航空電子が1986年4月に設立され，6月からは下伊那郡松川町の松川インター団地に工場を設置したこと，である。

多摩川精機は1994年に飯田市に本社を移転するまでは東京に本社を置いていた企業であったが，飯田市大林（現本社・第一事業所の所在地）には1943年から工場を設置していた。同社は設立した1938年当初より軍需品を扱っており，航空機分野では97式艦上攻撃機の油圧計などを取り扱っていた（小池2015, 25頁）。同地での工場設立は創業者で初代社長の萩本博市氏の郷土の工業化による地域発展が目的であった。

多摩川精機が航空宇宙産業分野に力を入れ始めたのは，日本における航空機製造が再開された1952年以降であることが同社社史『多摩川精機60年史』から窺うことができる。日本が1952年に航空機製造を再開できるようになって以降，多摩川精機は航空機搭載用機器のモジュール製造に携わるようになり，1962年以降航法装置内蔵機器を製造・納入し，1968年にはコクピットパネルに搭載される計器（TA500BDHT）を製造するようになった（多摩川精機社史編纂委員会 1998, 165頁）。この1960年代には製品が電機・電子機器からジャイロ，航空計器，そしてアクチュエーターと幅広くなるとともに自動制御装置を製造するための作業グループを海空に細分化するなどした（前掲書 1998, 135頁）。

また，多摩川精機創業者・初代社長萩本博市氏が望み，2代目社長萩本博幸が引き継いだ「技術を育て，技術を売る」，「飯田下伊那地域への愛着と地域工業振興」という考えを持っていた（前掲書 1998, 346頁）。前者は同社の製品開発力でジャイロやその他の製品を通じて航空宇宙分野へも参入するなどして自社の発展を切り開いてきたことから分かる。後者は，飯田市の精密機械工業会設立（1955年）や戦後の同社の発展の基底には「すべての仕事を自社の工場に集中させるのではなく，多くの協力工場をもって，任せられるところはできるだけ委託していこう…(略)。それが下伊那地方の工業化につながるのだ。」（前掲書 136頁）とする博市氏による考え・念いがあり，1960年以降，同社社員の独立起業を強く推進して協力会社として多摩川精機の下請とすることで達成した。それら会社の一部（例えば，浜島精機）によって多摩川精機が請け負う航空宇宙産業の一翼を担うようになったのである。防衛関連産業からの仕事のみならず，2005年12月5日には，Boeing 787 Dreamlinerのパイロットコントロールシステムを請け負うRockwell Collinsと，同システムの一部（角度センサーとモーター）について長期にわたる供給に関する協定を結ぶ（『南信州新聞』2005年12月7日）など，民間航空機製造に太いパイプを築くことに成功した。

飯田航空宇宙プロジェクト設立（2006年5月24日）以前の飯田下伊那地域において多摩川精機とその協力会社のみが航空宇宙産業に参入していたわけではない。信州航空電子（下伊那郡松川町）がある。同社は，NECグループの部品メーカー日本航空電子の完全子会社として生産分身会社の役割を担うために1986年4月に設立され，同年6月より松川インター団地に立地して翌月より本社工場を着工した後，1990年6月に同工場を完成させて航空宇宙分野と産業機器分野の製品づくりに取り組んでいる（信州航空電子ウェブページ「会社案内　社長挨拶」及び「会社案内　沿革」)。日本航空電子ではB757とB767にレーザージャイロと加速度計を搭載することが決定しており（『日本経済新聞』1986年5月7日地方経済版長野,3頁），そのためであろうか，当初の計画ではジャイロコンパス，加速度計など各種慣性航法システムのセンサー部分を生産する（同,3頁）としていた。

同工場では加速度計，ファイバオプティック・ジャイロ，アクチュエータ（リニアモータ）など現在でも主力商品としている製品を加速度計から徐々に製造品の対象を広げるとともに，1998年1月からは産業用無人ヘリコプターの製造も確認できる（信州航空電子ウェブページ「会社案内　沿革」)。生産分身会社という都合上，取引先は親会社の日本航空電子が主である。但し，工場設置に当たり，「⑴ 地域に優れた加工技術を持った電子，精密関連の企業集積がある，⑵ 中央道インターに近く，関東や中京地区から関西方面への製品供給基地として適している」(『日本経済新聞』1986年5月7日地方経済版長野,3頁)，ということなどを下伊那郡松川町への進出理由として取り上げている。なお，地域企業に信州航空電子の航空宇宙分野の仕事を一部任せているのかは現時点では確認が取れていないため，ここではその点については言及しない。

このように，飯田下伊那地域の航空宇宙産業は，地域中核会社の1つである多摩川精機とその協力会社，そして信州航空電子が従事していることが確認できる。このことは，地域企業の同地域内での航空宇宙産業への参入は多摩川精機との関係に限定されているのではないか，と推測できる。防衛関連産業・完成品メーカーの下請として飯田下伊那地域に在地する多摩川精機が地域内の中小零細企業を協力会社として単工程下請としていた。この意味において，企業間連携は，中核企業をベースにした企業と下請けの関係を脱却するものではなく，飯田下伊那地域といった地域を主軸とした企業間連携による航空宇宙産業への取り組みは1990年代までは確認できなかった。このため，地域企業の企業間連携を中心とした同産業への参入は，第4の参入世代の先鞭たる飯田航空宇宙プロジェクトが登場する2000年代を待たねばならなかった。

2. 企業間連携

1990年前半迄は，防衛関連産業・完成品メーカーの下請として飯田下伊那地域に在地する中核企業（例：多摩川精機）が地域内の中小零細企業を単工程下請としていた。地域経済で良くみられる垂直分業構造を抱えており，このことによって中小企業の持つ固有技術などを活かした強みを活かす機会はなかった。また，全国各地で見られたように，中核企業が抱えていた防衛産業以外の仕事（中核事業）についても海外へとシフトしており，国内空洞化が生じていた。1990年代中頃にはバブル崩壊の影響も相まって仕事が減り，同地域の中核企業（多摩川精機や三協精機）は従業員の賃金引き下げや希望退職を募ることを行い，それは協力会社においても例外ではなかった。多摩川精機の協力会社（『多摩川精機60年史』では協力工場と称す）体制は第3者資本で構成されていたが，その影響を受けた結果，幾社かは倒産したために多摩川精機は自社で倒産した会社が行っていた仕事を引き受ける子会社（ミサヤママイクロテップ，カムテップ，トムキャストなど）を設立するなどして協力体制を維持することになった（多摩川精機社史編纂委員会 1998, 246頁）。

こういった飯田下伊那地域の経済の趨勢を受けつつ，特に国内空洞化といった根本的な問題を解決すべく，1995年以降「地域内企業の協力風土の醸成」のために次の4点における企業間連携が行われるようになった。⑴アントレプレナー（市民起業家）の活躍，⑵共同体をつくる風土を醸成，⑶円高や新興国の台頭に対抗できる産業づくり，⑷域内大手事業所による改善研究会の設立，である（萩本 2017b, 1頁）。

上述の⑷については，不況からの脱却には製造現場を強くするしかない，そのための現場を強くする改善運動を，という多摩川精機社長の萩本範文氏（当時）の呼びかけに答えたオムロン飯田の坂本優社長（当時），平和時計（当時）[5]の松島信雄社長（当時）によって域内大手事業所3社が中心となって1996年4月に3社改善研究会が発足し，そして翌年11月には地域ぐるみ環境ISO（International Organization for Standardization）研究会へと発展，さらに三菱電機を巻込むに至った（萩本 2016, 3頁）。勉強の場と上述の⑴～⑶

を達成するための努力がこういった集まりの中で醸成されていることになった。この集まりを通じて企業はメンバー間の交流を深めながら，他の機会を得て環境とは別のテーマ「航空宇宙産業への参入」に団結して取り組むことになる。以下に述べる松島信雄氏の意思と萩本博文氏といったオーガナイザーとそれに参画した企業が地域経済活性化のための活動主体となるとともに，次の行政のサポートもあった。牧野市政以後，飯田市ではこのような流れの中で同プロジェクトについても他の取り組みと同様に南信州飯田産業センターをこれら企業の「共創の場」と位置づけ，域内企業の連携とそれによる域内経済の発展のサポートをしていた（牧野 2018, 37, 40, 42 頁）からこそ，企業は航空宇宙に限らず環境やその他のテーマでもまとまりやすい環境にあった。但し，一般財団法人南信州飯田産業センターの前身である財団法人飯伊地域地場産業振興センターは1983年に設立されたが，航空宇宙プロジェクトに至っては後述するいきさつから民間主導で行われ，行政はサポート的な役割であったと考えたい。これらの流れもあって2006年5月に発足したのがエアロスペース飯田である。その発足には，多摩川精機社長（当時）の萩本範文氏による工業化による地域振興，そしてシチズン平和時計顧問退職後に三信地域の産業振興の要を担った松島信雄氏の，飯田地域が生き残るための新たな産業の創出への念いがあった。彼ら2人の信念と行動を追って説明していきたい。

松島信雄氏は平和時計を退職後，第三セクター方式で設立された産業振興機関にて飯田や伊那の振興に勤しむなか，製造業の国内空洞化とともに地方における過疎化と少子化による経営・従業員両面における人材難などの要因によって地域経済が今後も沈んでいくことを予見し，他の地方とは明らかに異なる新産業を同地域に創出する必要性を痛感した。そこで出てきたのが航空宇宙産業への取り組みである（生産システム研究会 飯田航空宇宙プロジェクト松島信雄氏ヒアリング調査，2017年2月22日）。同氏へのインタビューによると，医療分野への参入の可能性も考えたとのことであるが，航空宇宙産業に舵を切ることになった。その理由は，山岡淳一郎氏の著書『ものづくり最後の砦』によると松島氏が萩本氏に相談したことである（山岡 2016, 88 頁）。

萩本範文氏が飯田市の次世代産業は航空機産業であると考えるに至った理由は以下の通りである。日本の航空機産業は自衛隊機に依存しており，予算削減で同産業衰退に危機感を感じるが，世界に目を向けると航空機需要拡大が見込まれる（萩本 2017c）。産業には浮き沈みがあるために既存事業が元気なうちに航空機に取り組むべきであり，飯田市が強い精密産業のサプライチェーンとも共通性があった（前掲ウェブページ）。

これらのことにより，2006年5月に「航空機関連産業の講演会」（飯伊地場産業センター，飯田市，三遠バイタライゼーション協議会飯田支部，南信州経済自立化研究会主催）で萩本範文氏が講演を行った（『南信州新聞』2006年5月26日，2頁）際に航空機ビジネスへの参加を呼びかけ，その講演会後に賛意を示した25社（山岡 2016，89頁）を以て飯田航空宇宙プロジェクトが発足したのである。三社改善研究会からはじまり，地域ぐるみ環境ISO研究会へと発展し，それによって醸成された，飯田域内企業による協力風土の醸成と松島信雄氏による航空宇宙事業への参入案と萩本氏をも加えた同案の実体化への取り組みが結実し，2006年5月24日に飯田航空宇宙プロジェクトが立ち上がった。

24日の講演会直後の呼びかけでは25社（前掲書 89頁）であったが，同プロジェクトに参加した企業は，36社（宮嵜 2014，32頁）とのことである。36社の内訳は，南信州・飯田産業センターおよび飯田市産業経済部によると，機械加工16社，金型プレス加工4社，成型加工1社，熱処理加工2社，メッキ加工2社，組み立て4社，ソフト開発1社，機械設計2社（ここには重複あり）に分類できる（前掲論文 32頁）。

発足後には松島氏が主導して産業技術大学と称した航空宇宙に関する専門知識・技術のための学びの場を設けた。但し，一年後には2，3社に減り（山岡 2016，89頁），その後松島氏の努力もあって38社まで（前掲書 92頁）参加企業が増えるなど，直ぐに結果がでない産業への参入の難しさが露わとなった。

第4節　エアロスペース飯田の展開

1. エアロスペース飯田の展開

2006年5月の飯田航空宇宙プロジェクト設立以降，同プロジェクトの参画企業数は次のように推移している。1年後には2，3社になって以降，『日本経済新聞』地方経済面長野における記事でその参加数を追っていくと2008年1月9日時点では23社，2009年1月29日時点では25社，2010年6月30日時点で28社，2013年11月9日時点では36社である。続いて，『南信州新聞』2014年7月10日6頁「八十二 経済指標」掲載時点で34社，そして『日経産業新聞』を見ると2016年2月25日時点で38社である。そして当科研費プロジェクトの2017年2月22日における松島氏の講演とヒアリング調査では38社，その後，全国航空機クラスター・ネットワークのウェブページ「エアロスペース飯田」から，39社の会員と1社の賛助会員が所属していることが分かっている。なお，同プロジェクト参画企業の中でも退出する企業もあれば積極的に航空機事業に参画する姿勢を示した企業も存在する。その1社が乾光精機製作所である。同社はJISQ 9100取得直後には主力である半導体関連事業が景気の左右によって需要が安定しないことから航空関連事業を第2の柱として難削材（チタンやインコネル）を切削してエンジンや機体関連の部品製造を行う（『日本経済新聞』2008年12月11日地方経済面長野，3頁）とのことである。

また，同プロジェクトの共同受注のワークショップであるエアロスペース飯田の推移は，『南信州新聞』2014年7月10日6頁「八十二 経済指標」掲載時点で10社，2017年1月時点で11社，その後ユーズテックが倒産して離脱し，2018年12月9日現在，10社で構成される。この10社とは，幹事企業として受注窓口となっているNEXAS，そしてクロダ精機，山京インテック，三和ロボティクス，浜島精機，野中製作所，矢崎製作所，ヨシカズの8社が参加し，加えて飯田下伊那地域外からも都築製作所（埴科郡坂城町），長野鍛工（長野市）の2社が同共同受注体のメンバーとして参加している。

また，エアロスペース飯田において中核となる幹事企業は，『日本経済新聞』

における問題記事を追っていくと，少なくとも飯田精機（『日本経済新聞』2008年1月9日地方経済面長野,3頁）を経て，エヌ・イー，（エヌイーが赤羽製作所と合併して生まれた）NEXASへと推移している。エアロスペース飯田の幹事企業や上述した飯田航空宇宙プロジェクトの参画企業数の推移から，航空宇宙産業への参入とその後の事業の維持には本章第2節に述べたように大変な困難があることが分かった。

そのワークショップの1つである「エアロスペース飯田」は，海外とのつながりを持つために2009年のパリ航空ショー（Salon International de l' Aéronautique et de l' Espace, Paris-Le Bourget，2009年6月15-21日）に出展した。2010年7月19-25日に開催されたFarnborough Internationa AirShowに出展し，2012年7月9-15日に開催された同航空ショーにもジャパン・エアロ・ネットワーク（Japan Aero Network）の一員として出展，そして2012年12月5-6日開催のAeromart Toulouseに出展（エアロスペース飯田ウェブページ）するなど，海外にエアロスペース飯田の存在を積極的にアピールした。

また，出展活動の一方で飯田航空宇宙プロジェクト参加企業は航空宇宙分野の品質管理の認証であるJISQ 9100あるいはその相互認証であるAS9100, EN9100の取得に力を注ぐ必要があった。ボーイングやエアバスなど航空機製造メーカーから部品製造を受注するには徹底した製造履歴の管理の点からも取得必須といえる認証であるために2007年末にはアイエス精工が，2008年には飯田精密，飯田精機，乾光精機製作所（『日本経済新聞』2008年11月15日地方経済版長野,3頁），2009年1月には愛光電子（『日本経済新聞』2009年1月29日地方経済版長野,3頁），そして2013年5月にはクロダ精機，同年7月には浜島精機，10月にはユーズテックが取得（エアロスペース飯田ウェブサイト）した。さらに名前が確認できるだけでも山京インテック，NEXAS，野中製作所，丸宝計器，矢崎製作所，ヨシカズ，そして飯田下伊那地域外の都築製作所と長野鍛工が取得し（長野県 2019年），そしてJMCも取得（JMC 2018, 21頁）している。これらに加えて，多摩川精機は2010に多摩川パーツマニュファクチャリングは2017年から複数工程でNadcapを取得していることから，同地域内で完結する一貫生産体制が2017年には1つの完成を見たと推測できる。

このような流れを受けて，飯田精機は小型ジェット機向けの翼の固定部品などの供給を始める（『日本経済新聞』2008年1月9日，地方経済版長野，3頁）が，エアロスペース飯田を通じて受注することになる。また，2013年9月26日の『日本経済新聞』（地方経済面新潟，22頁）では，海外出店が奏功してボーイング727の部品を受注できたことで，航空機に使用される量産品目が増加したとの記述がある。2014年の時点では，飛行制御装備用のセンサーユニット，コクピット周辺や装備品などの航空機の部品を量産している（『日本経済新聞』2014年2月19日，3頁）。2014年1月には多摩川精機がボーイングと飛行制御装置用のセンサーユニットの供給を直接取引契約した（『日本経済新聞』2015年8月15日，3頁）ことから，飛行制御装置用のセンサーユニットは多摩川精機から回ってきた仕事であることが分かる。

2. 共同受注の仕組み

航空宇宙産業へ進出する際の課題（会社組織の脆弱さ，人材不足，知識・技術不足，資金不足）克服のために共同受注体「エアロスペース飯田」を通じた一貫生産体制を創出し，また，同産業のサプライチェーンに組み込まれるに当たり，ボトルネックの解消が求められたがボトルネックとなる特殊工程（化学・金属処理・非破壊検査）の拠点工場を設置した（萩本 2017A，2，8頁）。このことによって実際にエアロスペース飯田の稼働が可能となった。

この「航空宇宙産業クラスター拠点工場」は（公財）南信州・飯田産業センターが国庫補助金，県補助金，市補助金，自己資金，計5億4,700万円かけて設置したものであり，多摩川パーツマニュファクチャリング入居して熱処理・表面処理・非破壊検査を担っている。また，この共同受注体による一貫生産体制は，完成機メーカーとその国際共同開発プロジェクトの共同パートナーによるシステムのコンポーネントレベルの発注を通じた下位サプライヤーの取りまとめの手数と費用の軽減を図るものでもあり，航空宇宙産業製造分野の流れを汲むものでもある。つまり，2000年代には航空機の開発費が大きな負担となったため，のこぎり型受発注（図表13-2参照）が目に付いたが，時が経つにつれTier2以下には一貫生産システムのとりまとめができる企業や共同受注体が

図表 13-2　のこぎり型受発注にみる航空機製造のサプライチェーン

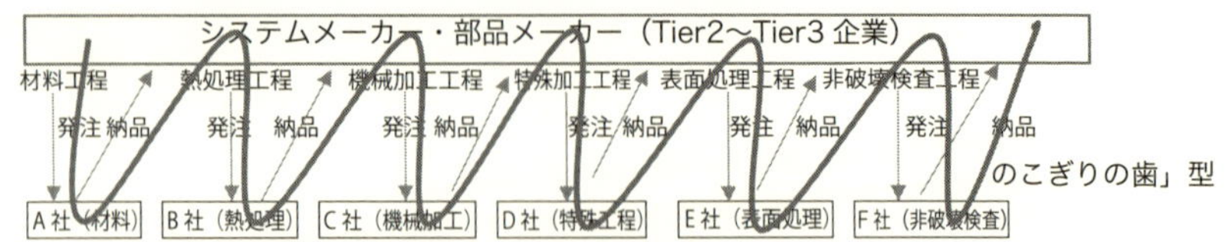

（出所）長野県産業労働部（2016）『長野県航空機産業振興ビジョン〜アジアの航空機システムの拠点づくり〜』（平成 28 年 5 月），11 頁「産業構造への対応」上方の図「工程外注方式（のこぎり発注）」を元に，高田修（2016）『飯田下伊那地域における航空機産業分野の人材育成と技術開発力の強化広域連携事業』，関西☆しごと創生交流フォーラム（平成 28 年 6 月 2 日），10 頁の工程を加えて作図。

図表 13-3　一貫生産システム

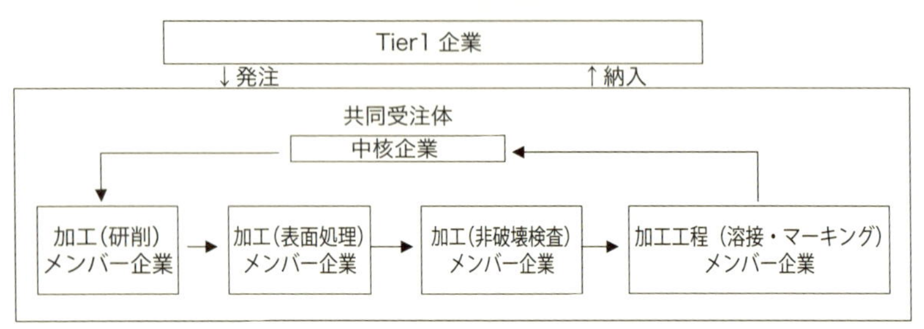

（出所）長野県産業労働部（2016）『長野県航空機産業振興ビジョン〜アジアの航空機システムの拠点づくり〜』（平成 28 年 5 月），11 頁　下方の図「一貫生産」を簡潔に作図し，表記の一部（中小企業→メンバー企業）などを変更。拙稿「航空機産業における企業の技術力とプレゼンス」経営行動研究学会第 28 回全国大会（2018 年 8 月 4 日，於日本大学経済学部）配布資料より転載。

選ばれるようになった（図表 13-3 参照）。

しかしながら，飯田下伊那地域におけるのこぎり型受発注から一貫生産体制への移行は，飯田地域においては極めて限定された分野で行われている。2016 年 6 月 2 日時点においては，長野県飯田市産業経済部長の髙田修氏曰く，地域内一貫生産・受注体制は材料調達・機械加工から熱処理・表面処理・非破壊検査までの一貫生産を受け持つのではなく，図表 13-4 にあるように Tier3〜4 に位置する地域の中小企業がまとまっての機械加工の範囲での域内一貫生産体制（高田 2016, 10 頁）に留まっている。これが 2017 年になると熱処理・表面処理・非破壊検査の Nadcap が多摩川パーツマニュファクチャリングによって補完されることでこれがカバーできるようになった。また，これによって飯田航

図表13-4　地域内一貫生産・受注体制の現状（2016年6月）

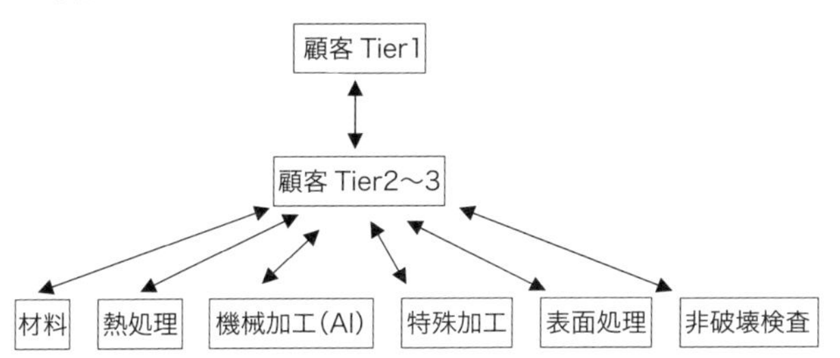

（注）AIとは，Aerospace-IIDA（エアロスペース飯田）である。
（出所）高田修（2016）『飯田下伊那地域における航空機産業分野の人材育成と技術開発力の強化広域連携事業』，関西☆しごと創生交流フォーラム（平成28年6月2日），10頁，より引用。AIの記載を変え，注を付けた。

空宇宙プロジェクトが描いていた，多摩川精機，多摩川パーツマニュファクチャリング，エアロスペース飯田の3つの中核企業によって各主体が航空宇宙分野の仕事を受注する体制が構築できたのである。飯田航空宇宙プロジェクトは，決して多摩川精機からの仕事で地域企業が成長していくという旧態依然の中核企業の下請に留まるものでなく，垂直分業構造からの脱却と自立を達成するものである。2018年12月時点ではエアロスペース飯田は様々な仕事を得ることができていることは把握できるが，自身で受注する仕事が多く，各企業も航空宇宙事業が柱となることができつつあると言えるのはこれからであると言えるであろう。

なお，飯田下伊那地域における航空宇宙事業への参加企業が属する団体や政策枠組は，飯田航空宇宙プロジェクトとのワーキンググループの1つでもあるエアロスペース飯田という2つの枠組のみではない。アジアNo.1航空宇宙産業クラスター形成特区が存在する（図表13-5参照）とともに，複数の企業が飯田航空宇宙プロジェクトでは共同受注グループに入っておらず，こちらの共同受注ブランドでアピールしているのである。また，2014年にはアジアNo.1航空宇宙産業クラスター形成特区の長野県・静岡県への拡大措置に伴い，飯田下伊那地域から複数企業が参加し，2017年11月30日時点で33社（飯田市22社，松川町2社，高森町7社，喬木村1社，豊丘村3社，飯田下伊那域内重複2社）[6]が参加しており，1社が2018年6月に破産手続開始決定（長野地方裁

図表 13-5　飯田下伊那地域における航空宇宙事業参入企業一覧（2018年12月9日時点での推定）

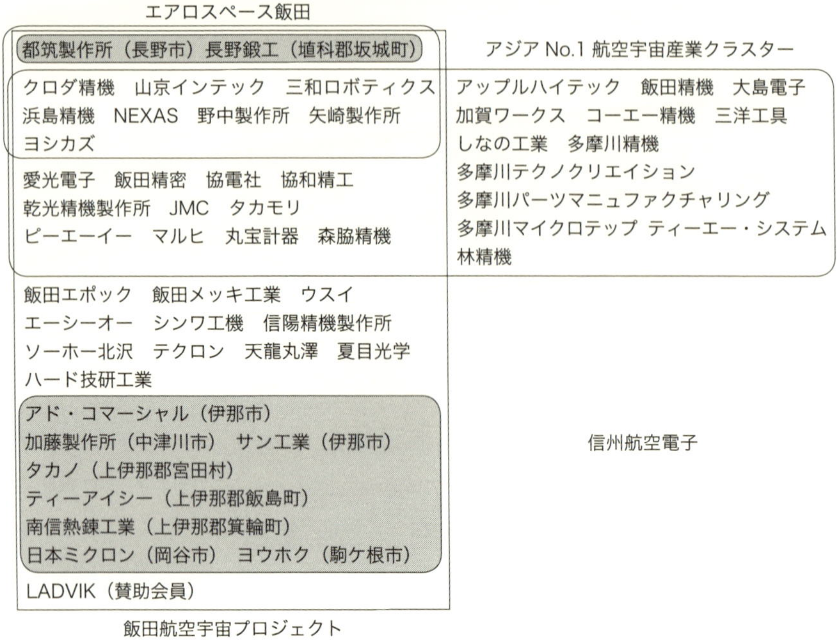

エアロスペース飯田

都筑製作所（長野市）長野鍛工（埴科郡坂城町）

アジア No.1 航空宇宙産業クラスター

クロダ精機　山京インテック　三和ロボティクス
浜島精機　NEXAS　野中製作所　矢崎製作所
ヨシカズ

アップルハイテック　飯田精機　大島電子
加賀ワークス　コーエー精機　三洋工具
しなの工業　多摩川精機
多摩川テクノクリエイション
多摩川パーツマニュファクチャリング
多摩川マイクロテップ　ティーエー・システム
林精機

愛光電子　飯田精密　協電社　協和精工
乾光精機製作所　JMC　タカモリ
ピーエーイー　マルヒ　丸宝計器　森脇精機

飯田エポック　飯田メッキ工業　ウスイ
エーシーオー　シンワ工機　信陽精機製作所
ソーホー北沢　テクロン　天龍丸澤　夏目光学
ハード技研工業

アド・コマーシャル（伊那市）
加藤製作所（中津川市）　サン工業（伊那市）
タカノ（上伊那郡宮田村）
ティーアイシー（上伊那郡飯島町）
南信熱錬工業（上伊那郡箕輪町）
日本ミクロン（岡谷市）　ヨウホク（駒ケ根市）

信州航空電子

LADVIK（賛助会員）

飯田航空宇宙プロジェクト

（注）（株），（有）を省略した。把握した範囲で企業を取り上げた。また，出所資料掲載のアイビーテクノクリエイションは2016年7月に，ユーズテックは2018年6月に破産手続開始決定（長野地方裁判所飯田支部）が出されたため，これら企業を取り除いた。その他，全国航空機クラスター・ネットワーク　ウェブページ「エアロスペース飯田」クラスターとして40社の参加企業掲載をしているが，本来はエアロスペース飯田は10社のため，これを飯田航空宇宙プロジェクトと解釈して記載した。

（出所）エアロスペース飯田ウェブページ「飯田航空宇宙プロジェクトとは」，愛知県アジア No.1 航空宇宙産業クラスター形成特区 HP・新着情報・「アジア No.1 航空宇宙産業クラスター形成特区」の区域の追加・変更等に係る国の指定について，「区域別事業者等一覧」（2017年11月30日），2）全国航空機クラスター・ネットワーク　ウェブページ「エアロスペース飯田」，これら資料掲載の航空宇宙事業参入企業を用いて筆者作成。

判所飯田支部）がなされたために，2018年12月現在は31社の参加と考えられる。また，飯田信用金庫と八十二銀行が同特区参加金融機関であることにも着目したい。

これらのことから，飯田市における航空宇宙事業への参入企業は，飯田航空宇宙プロジェクトとそのワーキンググループであるエアロスペース飯田，アジア No.1 航空宇宙産業クラスターの3つのいずれか1つか複数に属していることになる。

また，長野県がNAGANO航空宇宙プロジェクトとして長野県内の航空宇宙産業参入企業・参入希望企業と信州大学，公的支援団体によるプロジェクトメンバーに対して航空宇宙産業専門家派遣事業，航空宇宙関連セミナー，工場見学会，展示会への出展などを通じて航空宇宙産業界との交流を図る取り組み（NAGANO航空宇宙プロジェクト　ウェブページ）が存在しており，飯田航空宇宙プロジェクトは同プロジェクト会員である。

第5節　まとめ—新産業創出に向けた企業間連携の特徴

航空産業における共同受注体の特徴として，⑴域内中核会社であるTier1あるいはTier2企業に提携関係がある企業，⑵既に既存企業が数社おり，航空宇宙業界から仕事を受けたことがないメンバーで形成されることはない，ということである。

システムや部品メーカーは仕様書通りに作成できる企業に対して参入を促す形で系列下や同企業から独立するなど深い関係があるTier2以下の企業に仕事を下ろす傾向が見受けられる。例えば，多摩川精機は自社から独立した企業や長年取引がある企業に航空宇宙事業への参入を促し，その結果としてそれら企業は現在も仕事を続けている。これらの例として，独立した社員が設立した浜島精機，協力会社の愛好電子，クロダ精機を挙げることができる。これは他の共同受注体も同様である。住友精密工業の支援の下，同社やその他川下メーカーに必要な部品の一貫生産を担うために作られた共同受注体ジャパン・エアロ・ネットワークがそうである。また，既に実績ある企業が中核となって，サプライチェーンの川上企業が要求する一貫生産システムを構築し，航空機事業を継続して行う在京企業による共同受注体であるAMATERASも当てはまる[7]。

上記で取り上げた⑴，⑵に加えて，飯田下伊那地域にはこれらが揃っており，企業間関係を強固にするための地域経済のリーダー（萩本範文氏）や地域の新産業へと導くコーディネーター（松島信雄氏）が存在し，且つ機能していることが，2018年12月現在少なくとも40あるクラスターの中でも機能する共同受注体として注目を浴びている結果につながっていると考えられよう。

（下畑浩二）

注

1　文献によっては航空宇宙産業，航空機産業，航空機製造業という異なった表現や言葉で示される。航空機産業は，航空機製造業（あるいは航空機製造市場）のみならず，MRO（Maintenance, Repair & Overhaul：メンテナンス，修理，オーバーホール）といった市場も存在する。ここでは航空機製造業を航空機産業と称する。また，航空技術が宇宙分野へと使われた歴史的な経緯もあり本章で取り上げる企業が宇宙産業から仕事を得ることもある。特に新規参入者が航空機の仕事を得る前に宇宙分野の仕事に従事するケースが見受けられる。このため，本章では航空宇宙産業，航空機産業，及び航空機製造業を同義に扱うとともに，研究対象が航空宇宙産業に参入してから20年も経ていないことから取れる仕事から採ってきたことを考え，主とし航空宇宙産業という言葉を用いる。但し，引用や引用文献を受けての文章については，その引用文献の記述に合わせる。

2　全国航空機クラスター・ネットワークのウェブページ「エアロスペース飯田」（https://namac.jp/cluster/215）では，共同受注体エアロスペース飯田ウェブページ「参加企業一覧記載」の10社以外に，その他の企業19社，賛助会員1社，計40社が所属していることが分かる。本来の共同受注体は10社のみの参加であるから，これら企業は飯田航空宇宙プロジェクトのメンバーであると理解できる。クラスター名としての登録であるので，これらの企業もエアロスペース飯田として記載されているのであろう。なお，これら企業は以下の通りである。山京インテック，クロダ精機，浜島精機，NEXAS，野中製作所，三和ロボティクス，ヨシカズ，協和精工，乾光精機製作所，飯田精密，ピーエーイー，愛光電子，JMC，タカモリ，飯田メッキ工業，ウスイ，ハード技研工業，夏目光学，シンワ工機，サン工業，飯田エポック，協電社，信陽精機製作所，テクロン，丸宝計器，マルヒ，エーシーオー，日本ミクロン，南信熱錬工業，加藤製作所，天龍丸澤，長野鍛工，都筑製作所，森脇精機，ソーホー北沢，ティーアイシー，ヨウホク，タカノ，アド・コマーシャル，LADVIK（賛助会員）

3　VS2500とその後の国際エンジン開発については，同エンジンを製造する母体であるジョイントベンチャー・コンソーシアムのInternational Aero Engines AGのウェブサイト（http://www.i-a-e.com/）に詳しい。なお，同社からはイタリアのFiat，そして2012年には英国のRolls-Royceが離脱しており，現在はJAE（川崎重工業，そして三菱重工航空エンジンの3社）アメリカのPlatt & Whitney（United Technologies Corporationの傘下），スイスのPlatt & Whitney Aero Engines International GmbHによって事業が進められているが，同コンソーシアムに残っている企業でも，三菱重工業のように事業継承した企業（三菱重工エンジン）にJAEのメンバーシップをも継承しながら同コンソーシアムに携わっている。

4　認証機関はPRI（Performance Review Institute）である。以前はNational Aerospace and Defense Contractors Accreditation Program，通称NADCAPであった（この時のNadcapはすべて大文字表記であることに注意されたい）。時代を経て国際的な認証としてNationalの表現が適切ではないために現在のNadcapの名称（頭文字のN以外は小文字），商標となっている。同資格の概要と審査については，認証機関であるPRIの日本事務所藤沢氏の解説を閲覧のこと。藤澤健一（2011）「Nadcap（ナドキャップ）を携えて航空産業へ」，検査技術編集委員会編『検査技術』16巻6号（2011年6月），7-13頁。

5　後にシチズン平和時計，2013年シチズン時計マニュファクチャリングに合併して解散した。

6　愛知県アジアNo.1航空宇宙産業クラスター形成特区HP・新着情報・「アジアNo.1航空宇宙産業クラスター形成特区」の区域の追加・変更等に係る国の指定について，「区域別事業者等一覧」(2017年11月30日）の重複企業はJMC（飯田市内で重複）とピーエーイー（飯田市と豊丘村）で航空機事業を行っている。また，倒産したアイビーテクノクリエイション㈱（2015年7月1日破産手続き開始決定により倒産）が掲載されているため，これを削除した。

7　吉増製作所が1956年の設立当初から航空機産業に参入している。三益工業が1992年にはBoeing Companyの熱処理資格取得，以後も同社の共同開発パートナーである企業（富士重工業[現スバル]，川崎重工業，三菱重工業）の資格をAMATERASの設立前から取得している。そして，塩野プレシジョン（2016年設立)：ミネベアミツミグループの航空機部品製造部門である。

第14章
長野県飯田市における環境政策
―「南信州いいむす21」を中心に―

第1節　はじめに

長野県飯田市は，優れた環境政策を展開する自治体として，これまでたびたび研究対象として取り上げられてきた（例えば，浅妻 2015；西城戸 2015；諸富 2015；白井 2018 など）。これは，飯田市がたんに環境にやさしい行政運営を目指しているだけでなく，環境政策を地域の産業政策と結びつけ，環境理念を軸とした域内経済循環を生みだそうとしているからだと考えられる。

後述のように多くの研究は，環境政策と結びついた産業政策を，エネルギーの側面からのみ把握してきた。つまり，化石燃料から再生可能エネルギーに切り替えることで，エネルギーの自給自足が可能となり，域外への所得流出を防ぐことができるという見方である。しかし，エネルギー関連以外の工業振興も含む全体的な産業政策は，必ずしも環境政策と結びつけて語られてこなかった。前章までで飯田市の産業構造の特徴を見てきたが，飯田市の環境政策はこうした産業構造を見据えたものではないのだろうか。

本章では，「南信州いいむす21」（以下，「いいむす21」）という飯田下伊那地域独自の環境マネジメントシステムに着目して，飯田市の環境政策が産業構造全体に及ぼす影響についての分析を試みる。その際，次の点に注意が必要である。後述のように，「いいむす21」は，民間企業主体の地域ぐるみ環境ISO研究会が中心となって構築されたものであり，行政が主体となって実施するいわゆる「政策」とは一線を画している。しかし飯田市において政策とは，民間と行政が一体となって推進する「公民協働」の取り組みであり，行政には「黒子」の役割が期待されている。基本にあるのは市民自身による「自治」なのである（こうした考え方について，詳しくは稲葉 2016を参照）。

以下，第2節においては飯田市の環境政策を取り上げ，「自治」という観点から特徴を分析する。ここではまず飯田市の環境行政の枠組みを概観した後，特徴的な政策である太陽光発電を中心としたエネルギー政策と，「いいむす21」へつながる取り組みがいかにして登場したのかを分析する。第3節では地域ぐるみ環境ISO研究会が支援する環境マネジメントシステム「いいむす21」の特徴を分析する。分析にあたり，飯田市において中核企業が取り組む研究会の活動と環境ビジネスへ参入している中小企業とに区分して行う。最後に飯田市の環境政策を踏まえ，これまでの議論から「いいむす21」の成果と課題を導き出す。

第2節　飯田市の環境政策

1．飯田市における環境行政の歩み

1992年6月にリオ・デ・ジャネイロ（ブラジル）で開催された環境と開発に関する国際連合会議（地球サミット）は，地球環境問題に向けた行動計画（「アジェンダ21」）を採択し，今日に続く世界規模での環境への取り組みの出発点となった[1]。環境問題への社会的関心が高まるなか，同年飯田市は，環境保全に関する長期計画の策定に着手した。当時は国や他の先進的な自治体においても長期的な環境計画策定に取り組み始めた段階であったため，国内に参考にすべきモデルはなく，海外自治体などの取り組みにも学びつつ，飯田市独自に調査・研究を行っていった。そして飯田市は「市民と行政の協働」の下で具体的な計画作成に取り組み，1996年12月に「21'いいだ環境プラン」[2]を策定した（平澤 2014, 12-15頁）。1997年3月には環境基本条例を制定し，そこでは環境の保全および創造に対する飯田市，事業者，市民それぞれの責任が明示され，環境政策の策定における市民参加という基本理念が明文化された。

この動きは飯田市の都市政策によってバックアップされたものであった。飯田市はおよそ10〜15年のスパンで，目指すべき都市像とそのための行動計画を「基本構想基本計画」としてまとめている[3]。飯田市が1994年に設置した，

次期の基本構想を策定するための市民参加による「21飯田まちづくり会議」は，「環境との共生」という視点を提起した。これを受け，1996年4月策定の「第4次基本構想基本計画」では，「人も自然も美しく輝くまち　環境文化都市」を将来目指すべき都市像として位置づけた。環境文化都市とは，「『日々の暮らしから産業までが環境と調和する，つまり普段着のように定着するまち』，究極は，そのような取り組みが『文化の域にまで達する』というまち」を意味する[4]。

こうした取り組みは国にも高く評価され，飯田市は国が公募する環境事業も積極的に活用して環境政策をさらに深化させていくことになる。1997年には治水対策事業を環境産業振興と結びつけた「天竜峡エコバレープロジェクト」が，通商産業省（現・経済産業省）と厚生省（現・厚生労働省。後に環境省に移管）による「エコタウン事業」の初年度4地域の1つに選ばれた。2004年には，後述のように再生可能エネルギー普及や省エネルギー化を目的とした「環境時代のグローカル（環境と地域経済の融合）推進事業」が，環境省による「環境と経済の好循環のまちモデル事業（まほろば事業）」の初年度9地域の1つに選定された。2009年には「『おひさま』と『もり』のエネルギーが育む低炭素な環境文化都市の創造」と題して，政府が主導する「環境モデル都市」に初年度13都市の1つとして選定された。

ところで，2005年度までを計画期間としていた「第4次基本構想基本計画」であるが，次期の「第5次基本構想基本計画」においては，「環境文化都市」の都市像は引き継がれなかった。「環境文化都市」は中期ではなく，20～30年の超長期を見通した将来都市像として再設定されることになったのである。替わって2007～2016年度の10年間の目標として設定されたのが「文化経済自立都市」[5]という，「産業づくり」，「人づくり」，「地域づくり」を前面に出した都市像である。一方，この計画が始まる直前の2007年3月に市議会が「環境文化都市宣言」を採択し，環境優先の理念は空文化されることなく，以後の飯田市の政策にも受け継がれていくこととなった。

2. 再生可能エネルギーの普及促進からエネルギー自治へ

飯田市の環境政策のなかでもこれまでとりわけ注目されてきたのがエネル

ギー政策の分野である（浅妻 2015；西城戸 2015；諸富 2015；白井 2018)。

まず飯田市は，1997 年度に太陽光発電設備設置借入金の利子補給制度を導入し，太陽光発電の普及促進を開始した。同制度は初年度から 100 件を超える申し込みがあり，反響が大きかった（平澤 2014, 16 頁)。

その後，2001 年 9 月に市民が中心となり，太陽光発電普及促進のための「おひさまシンポジウム」が開催された。これは「エネルギーの地産地消」という理念へと発展し，2004 年 2 月の「NPO 法人南信州おひさま進歩」の創設へとつながった。「まほろば事業」に飯田市が採択されると，事業主体として同年 12 月に同 NPO 法人を母体とする「おひさま進歩エネルギー有限会社（おひさま進歩)」[6] が設立された（諸富 2015, 17-18 頁)。

「おひさま進歩」は 2005 年 2 月に，一口 10 万円といった小口の資金を幅広く集める「市民共同出資」の募集を開始すると，2 カ月余りで満額の 2 億 150 万円を調達した。そしてこの資金をもとに，飯田市の公共施設の屋根を利用した太陽光発電事業（太陽光発電施設が設置された施設を「おひさま発電所」という）に取り組むこととなった [7]（諸富 2015, 17-21 頁)。

これは「おひさま進歩」という民間の事業者が主体となった取り組みであるが，飯田市の役割も見落とすことはできない。民間の事業者が太陽光発電を行うために公共施設の屋根を利用することは，公共財産の目的外使用とみなされる可能性があったが，飯田市は事業内容の公共性を評価し，全国的にも例がなかった 20 年間にわたる長期貸与を許可した。また，「おひさま発電所」で発電された電気は，飯田市が固定価格で買い取ることにより，最終的な中部電力への売電の際，需給状況によって価格が変動するリスクを市が引き取ったのである（諸富 2015, 27-31 頁)。

「おひさま進歩」は 2010 年に「おひさま 0 円システム」を開始した。これは，住宅用太陽光発電システムを「おひさま進歩」がリースする仕組みで，各家庭は初期費用 0 円で，毎月 1 万 9,800 円の料金を支払うことで太陽光発電システムを導入することができる。そして 9 年間料金を支払い続けると，所有権が家庭に譲渡される仕組みである。「おひさま進歩」がシステムを設置する際に肩代わりする初期費用は，地元金融機関である「飯田信用金庫」からの融資によって賄い，飯田市からの補助も一部受けている（諸富 2015, 21-25 頁)。

このようにして，地域内でエネルギーを生み出す仕組みを，地域内の資金循環によって実現する仕組みが実現しつつあり，諸富（2015）はこれを「エネルギー自治」として評価している。

3. 地域ぐるみ環境ISO研究会と「いいむす21」

地域ぐるみ環境ISO研究会の取り組みは，上記のエネルギー政策をめぐる取り組みと異なり，これまであまり研究対象として取り上げられてこなかった[8]。以下で飯田市の環境政策の枠組みでどのように登場してきたのかを示し，後の節でより詳しく検討していく。

地域ぐるみ環境ISO研究会は，1996年に多摩川精機株式会社（以下，多摩川精機）とオムロン飯田(株)（現・オムロンオートモーティブエレクトロニクス(株)。以下，オムロンオート）と平和時計製作所（現・シチズン時計マニュファクチャリング(株)）の3社で始まった経営改善研究会を源流としている。翌1997年11月，旭松食品(株)飯田工場（以下，旭松食品），三菱電機(株)中津川製作所飯田工場，飯田市役所が加わり，地域ぐるみ環境ISO研究会の発足[9]に結びついた。発足には図表14-1に示した要因がある。

図表14-1　地域ぐるみ環境ISO研究会を創設した要因の解説図

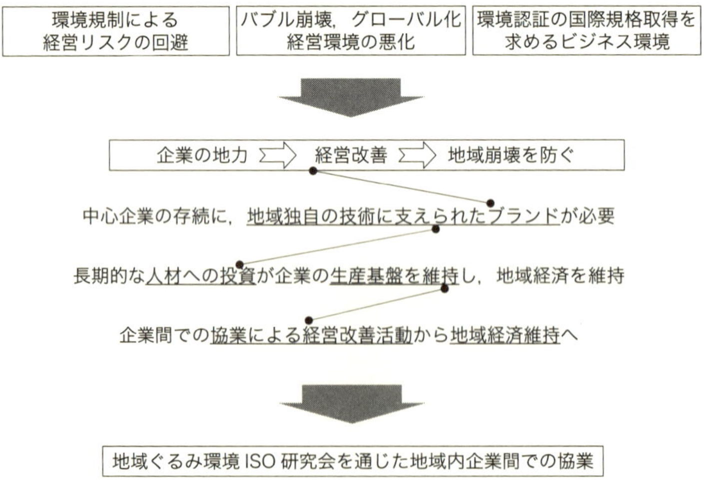

環境規制による経営リスクの回避
バブル崩壊，グローバル化経営環境の悪化
環境認証の国際規格取得を求めるビジネス環境

企業の地力 ⇒ 経営改善 ⇒ 地域崩壊を防ぐ

中心企業の存続に，地域独自の技術に支えられたブランドが必要

長期的な人材への投資が企業の生産基盤を維持し，地域経済を維持

企業間での協業による経営改善活動から地域経済維持へ

地域ぐるみ環境ISO研究会を通じた地域内企業間での協業

（出所）筆者作成。

①精密機械工業が引き起こすハイテク汚染による公害問題が表面化したため，企業自身，環境汚染を防止して経営リスクを回避したい，②バブル崩壊以降，グローバル化による生産拠点の海外移転進展の結果，産業の空洞化現象，地域経済の衰退が問題化し始めた，③中小企業においても，国際環境認証取得が大企業と取引を行うためのパスポートとして要求され始めていた。

当時，多摩川精機常務であった萩本氏（現・副会長）を中心に次の内容が議論された。中小企業が存続するために，経営改善が欠かせない。企業が存続すれば地域崩壊を防げる。そのために環境ISO認証を取得できるよう，地域の企業，事業所や自治体がその枠を超え，連携して"地域ぐるみ運動"を展開することによって，地域全体がレベルアップする。環境意識の高い街として伊那谷に人と仕事を呼び込み地域の活性化にもつながる[10]。

研究会の活動のビジョンとしては，事業所から従業員，従業員から市民へ，そして地域へと，地域の環境と経済を循環させ，持続する地域社会へ貢献しようとするものであった。そのための場となったのが環境マネジメントシステム(Environmental Management System：EMS)，「いいむす21」である。詳細

図表14-2　地域ぐるみ環境ISO研究会の会員概要（2018年10月現在）

(97年発足時の事業所)	(公益法人)	南信州共同アスコン㈱
＊旭松食品㈱飯田工場	飯田商工会議所	＊おひさま進歩エネルギー㈱
＊オムロンオートモーティブエレクトロニクス㈱飯田	(製造業)	(建設業)
	TDK庄内㈱飯田工場	吉川建設㈱
＊多摩川精機㈱	盟和産業㈱	木下建設㈱
三菱電機㈱中津川製作所飯田工場	化成工業㈱	神稲建設㈱
	＊夏目光学㈱	(設備，メンテナンス)
シチズン時計マニュファクチャリング㈱	㈱アイパックス	㈱原鉄
	(環境ビジネス企業)	中部電力㈱長野支店飯田営業所
＊飯田市役所	＊エコトピア飯田㈱いいむす上級	イワタニ長野㈱いいむす上級
(金　融)		㈱トーエネック飯田
飯田信用金庫	＊㈱アースグリーンマネジメント	井坪設備工業㈲
㈱八十二銀行飯田支店	㈱マエダ	

（注）＊は筆者が訪問した事業所。
（出所）飯田市役所環境モデル都市推進課より入手した一次資料と飯田市役所ホームページより作成。

は次節にゆずるが，「いいむす21」は，飯田下伊那地域内の中小企業，小規模企業に向けて，2001年に設立された環境マネジメント認証システムである[11]。以来，17年間，飯田市環境政策課を中心に事務局と専任者を置き，地域ぐるみ環境ISO研究会が主体となり活動を続けている。規模が大きくグローバル市場で取引ある企業はISO 14001に自力で取り組む必要があるが，小規模企業や国内取引のみの企業に対しては「いいむす21」を通じて飯田市全体で環境経営の支援を行っているのである。図表14-2は研究会の概要を示している。

「いいむす21」の理念に「新しい環境改善の地域文化を創造する[12]」とある。文化と環境経営を融合しようという，地域文化を環境改善から創造するという取り組みの方向を示している。管見するかぎり，文化と環境経営の融合を目指しているのは「いいむす21」だけである。

4. 小括

飯田市の環境政策は，自治文化の影響を受け，行政が主導するのではなく，市民や地域企業の取り組みを行政が支援するという特徴をもっている。そうした意味での飯田市の環境政策の成果は，「エネルギー自治」や「いいむす21」の取り組みに現われている。先行研究は前者に焦点を当ててきたが，本章では後者に焦点を当て，次節で特徴を掘り下げて分析する。

第3節　「いいむす21」による地域企業の成長

1. 環境経営とは何か

「いいむす21」を議論するにあたり，まず環境経営とは何かから始めなければならない。

環境経営とは，在間（2016）によると企業が経営戦略に環境という概念を取り込み，環境性と経済性を向上させる機会を見出すことである。経営学による環境経営は公害対策とは別な手法であり，企業経営の領域である。経営学では環境経営を「人間社会が環境を適切にマネジメントすること」と前提している。環境マネジメントは図表14-3に示すように環境コスト，環境リスク，環境ビジネス，環境ブランドという 4 つの活動領域を持っている。

なお在間は，企業以外の主体も含めた広い意味での「環境マネジメント」という概念を，図表 14-4 のように 2 つの視点で整理している。ミクロレベルとなる環境負荷を減らし環境に配慮した活動の実行者である企業，公的機関とマ

図表 14-3　環境性と経済性を向上させる組織活動

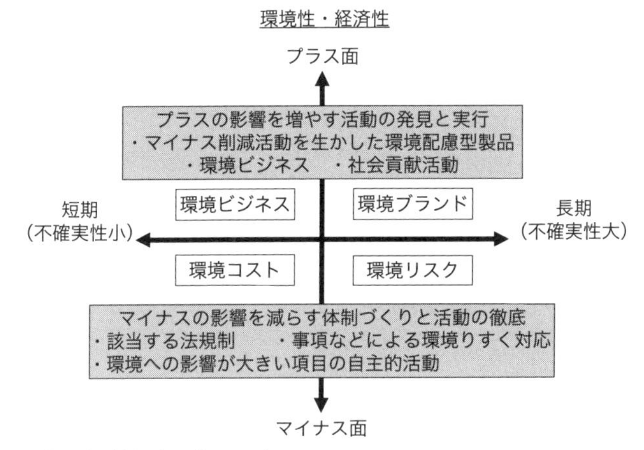

（出所）在間（2014），67 頁。

図表 14-4　「環境マネジメント」の 2 つの視点

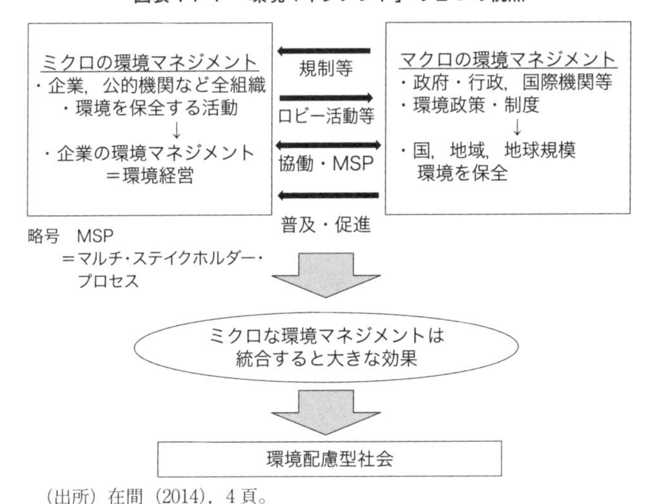

（出所）在間（2014），4 頁。

クロレベルとなる政府や行政，国際機関という環境政策を制定する実行者とに分けている。企業が各々に行う環境経営を総合したものが力を発揮し，環境政策や制度として制定，普及され，環境配慮型社会へ繋がるとしている。「環境マネジメント」という概念は示唆的であるが，本章は「環境経営」を中心に分析を試みる。

在間は「環境マネジメント」活動について理論的に整理しているものの，具体的な効果を見出していない。したがって本章には環境経営の効果を事例から分析し，在間の研究成果を補完する意味もある。

2.「いいむす21」の概要

本項は，環境経営における ① 経営者が環境への配慮を経営に反映する，② 製品と生産方法の開発，③ 市場と新素材の開拓，④ 社会の変革につながる，というイノベーションの視点から「いいむす21」の活動を分析していく。現在，活動は具体的に次の4つの柱で行われている。第1に「いいむす21」は地域ぐるみ環境ISO研究会から取得支援を受ける。第2に認証登録した事業所では，社員の環境意識を事業所内に留まらず，市民意識にまで高め，地域へ活動を広げる。第3に小規模企業，個人事業所は環境改善，経営改善計画となるPDCA（プラン，実行，評価，改善）を行う。第4に飯田市が取り組む環境行政を支援する。

「いいむす21」は認証・登録費用が3,000円～2万円であり，20万円程度かかる「エコアクション21」より事業主負担が少なく参加しやすい。取得の手順としては図表14-5にあるように受付を南信州広域連合が行い，3ヵ月以上マニュアルに沿って活動に取り組んだ後，事業所が自己チェックをして，南信州広域連合へ審査を申し込むものとなっている。

その後，地域ぐるみ環境ISO研究会が毎年，取り組み状況をチェックした書類の確認を行い，3年を区切りとして審査，更新を行っている。

図表14-6にあるように，飯田市役所と多摩川精機が「いいむす21」の活動を支援する主たるコーディネーターである。地域ぐるみで環境認証を取得するため研究会の会員が，他の事業所の計画作成から実行，取り組み継続，登録審査，書類確認までを支援する。企業，事業所間で環境認証を紐帯とする協業活

図表 14-5　いいむす 21 認証登録の手続き手順の流れ

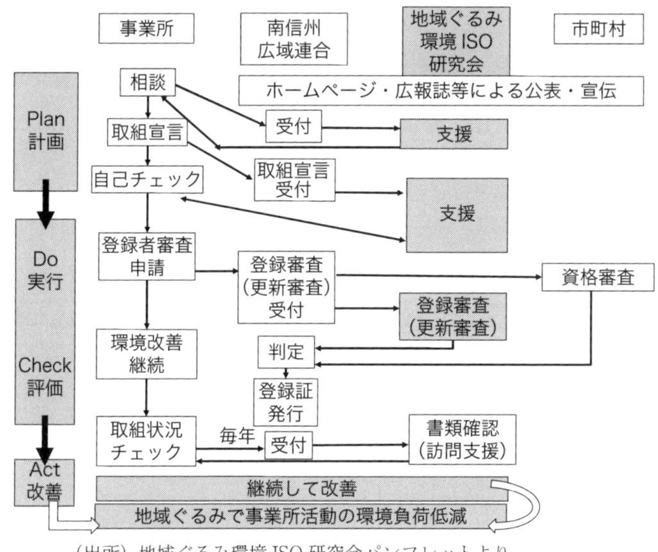

（出所）地域ぐるみ環境 ISO 研究会パンフレットより。

図表 14-6　いいむす 21 の活動概要

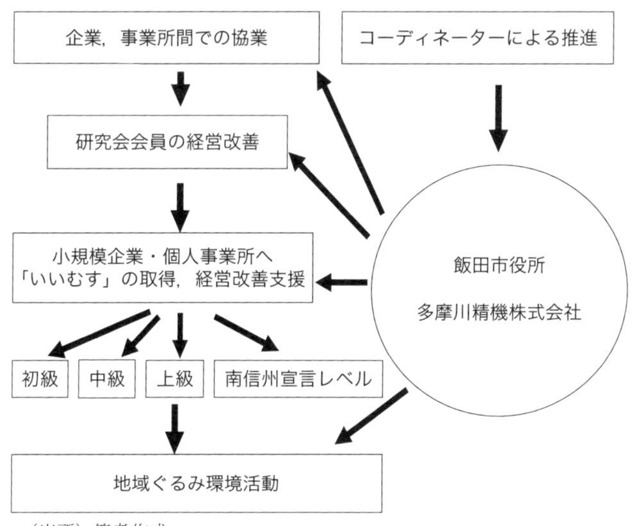

（出所）筆者作成。

動を行っている。認証レベルも「初級」,「中級」,「上級」,「南信州宣言」という4つの到達度レベルを設けている。審査チェックにおいては初級で21，中級で35，上級で82とレベルが上がるごとに項目が増え，内容も高度となる。ISO 14001南信州宣言については国際認証と同一レベルである。なお，2018年10月1日から「いいむす21」は「初級」,「中級」,「上級」の3レベルが，100点満点のポイント制へ変更されている。

「いいむす21」登録事業所の変化を2014年と2018年と比べた図表14-7をみると，登録事業所が61から53へと減少しているものの，ISO 14001南信州宣言事業所が3から6へ，上級レベル事業所が6から7へと個々の事業所でのレベルアップが図られている。登録事業所についても図表14-8から，内訳は製造業21，建設業9，サービス業7にその他事業11というように，製造業だ

図表14-7　いいむす21登録事業所の変化

	事業所数の変化		登録審査費用の区分	
種別	2014年	2018年	2014年	2018年
南信州宣言	3	6	1万円	2万円
上級レベル	6	7	5千円	7千円
中級レベル	15	14		5千円
初級レベル	37	26		3千円
合計	61	53		

（出所）1次資料より筆者作成。

図表14-8　登録事業所の業種別

業種	初級	中級	上級	南信州	合計
製造	10	7	3	1	21
建設	3	2		4	9
サービス	3	2	2		7
電気，水道ガス	2	1			3
運輸通信	1				1
卸し小売			1		1
その他	7	2	1	1	11
合計	26	14	7	6	53

（出所）1次資料より筆者作成。

けでなく，様々な業種へ広がりをみせている。例えば初級レベルに，飯田工業高校と飯田長姫高校とを統合した飯田OIDE長姫高校（2018）が加入している。高校生による「環境マネジメント」活動への参加という環境教育も実施されている。

3. アンケートにみる環境ISO研究会会員の経営改善

2013年～2015年にかけて，筆者は地域ぐるみ環境ISO研究会会員へ活動の実施状況と成果についてアンケート調査を行った。加えて関連する企業へも訪問調査を実施した[13]。図表14-9にあるアンケート回答から経営改善の特徴をみていきたい。

まず，住民からの信頼を向上させようと自発的な地域貢献活動をしている事業所が目に付く。次に回答を得たすべての事業所では，省エネ活動と環境週間に取り組んでいた。省エネ活動は電気スイッチのオン，オフ確認から始まる経費削減を目指す経営改善で，成果も数字に出てわかりやすい。

さらに，「いいむす21」の活動は登録事業所内に留まらない。企画した環境週間には登録する事業所の従業員6千人程がごみのいっせい回収，ノーマイ

図表14-9　地域ぐるみ環境ISO研究会会員へのアンケート結果（回答数9）

種類	項目	製造業	建設業	サービス業	計
取得内容	ISO国際認証取得	3	1	1	5
	「EMS21」取得	1	1	2	4
認証取得動機	取引きからの要望	1			1
	住民から信頼向上	2	1	2	5
社内教育	社員環境教育	2		4	6
地域環境活動	環境週間への参加	4	1	4	9
企業支援	事業所訪問活動	2		4	6
	監査活動	2		3	5
経営への成果	自主経営改善	3		3	6
	省エネ	4		5	9
	廃棄物減量	2		2	4
	取引先拡大			1	1

（出所）アンケートから筆者作成。

カー通勤を行うなど，地域住民から注目される地域環境活動である。社内での環境教育に留まらず，飯田市の環境保全と住民意識向上へ貢献している。例えば飯田市内を歩くと街のきれいさに気づく。ごみが落ちておらず，ごみ箱が駅にも道路，コンビニの前にもない。コンビニに入ると店内にごみ分別回収ボックスが設置されている。筆者が店員に「どうして外にごみ箱を置かないのですか」と聞くと「ごみ箱を外に出すと観光客から何でも放りこまれてしまい，分別をする手間が大変」と言う。大阪市内では，ごみが散乱しないよう駅，道路，コンビニの前にごみ箱を置いているが，飯田市では，ごみが散乱しないように外にごみ箱を置かないという考えが市民生活に溶け込んでいる。

ごみの一つである生ごみについても，飯田市は，平成29年度途中まで，市内中心部で家庭から出される生ごみを専用のポリ容器で回収して飯田市堆肥センターへ持ち込み，リサイクル堆肥の原料として使ってきた。市の委託会社「有限会社いいだ有機」が，同社組合員の酪農家が搬入する畜糞とキノコの栽培に使った廃培土，おが粉に生ごみを混ぜ，発酵させ，リサイクル堆肥として年間2千トンほど生産販売してきた。企業と市民のリサイクル活動がごみの減量につながり，最終処場の使用期間が延び，市の財政負担軽減へ一助をなしているのである。

4. 地域ぐるみ環境ISO研究会会員の環境経営と「いいむす」21支援

地域で中核をなす企業において，環境経営の移転は，① 自社で環境負荷を減らす，② 子会社，グループ会社へ移転する，③ サプライチェーンへ移転する，④ 海外の生産拠点へ移転する，というプロセスで行われている（金原 2013)。それでは地域ぐるみ環境ISO研究会による「いいむす21」への支援活動と自社の環境経営との関連はどのようになっているのだろうか。

「エコアクション21」にない活動に，「いいむす21」では他事業所への認証登録支援，監査活動がある。地域ぐるみ環境ISO研究会会員による事業所訪問を通して，認証取得支援と実施状況を監査する活動を行っている。訪問を受ける側も，訪問する側も緊張感を持って臨むようになる。自社の不備を他社から指摘され，他社の取り組みから何らかのヒントを得て自社の経営改善を図る相互学習の場となっている。生産現場を公開して学び合うことで，経営改善に結びつけ，経営力を向上させてきたのである。以下，飯田下伊那地域で操業している企業を(1)グローバル市場へも参入し，地域で中核となる企業，(2)「いいむす21」を紐帯として環境ビジネスへ参入した中小企業の2つに類別してみていく。

(1)　地域で中核となる企業からみる「いいむす21」の効果

まず筆者が訪問調査した環境ISO研究会に参加する地域中核企業から順に特徴をみていこう（図表14-10）。

1）多摩川精機

多摩川精機は，飯田下伊那地域の環境経営をリードしてきた中心的企業である。1990年代初頭，トヨタや三菱重工という輸送機，航空機業界で，大企業と取引を継続するのに，ISO国際認証取得は不可欠であった。1996年ISO 9001, 1998年ISO 14001を取得し，社内に環境宣言を掲げ，環境経営専任者を置いている。環境方針が企業活動のあらゆる場で徹底され，環境経営を実施している。

同社の環境方針は社内だけでなくグループ企業にも徹底され，中国蘇州にある現地法人多摩川精密電機有限公司など，海外へも移転されている。また，サプライチェーンへもグリーン調達を実施している。仕入先，外注先へ，ISO 14001か，国，地方で制定した環境マネジメントシステムの認証取得を取引条件としている。そうでない場合は同社が定めた「環境保全への取り組みに関する調査票」において，必須事項70点以上が必要である。

例えば，本書第13章でみてきたエアロスペース飯田において，クロダ精機

図表14-10　飯田市で環境経営に取り組む中核企業

種類	企業名	業種	資本金	社員数
中核企業	多摩川精機(株)	精密加工，システム	1億円	750名
	オムロンオートモーティブエレクトロニクス(株)	車載電装品開発，生産，販売	50億円	856名
	旭松食品(株)	食品加工　こうや豆腐	16億1千万円	229名
	夏目光学(株)	光学レンズ生産	6千4百万	241名

（出所）入手した資料と各社ウェブページ（2018年11月11日閲覧）より作成。

(株)と(株)NEXASは「いいむす21」認証取得企業である。両社とも ISO 9001や航空宇宙産業が求める専用の品質基準JIS Q 9100取得だけでなく，環境経営にも取り組んでいる。

以上のように，多摩川精機にとって，「いいむす21」が地域へ広がっていくのは，同社が進める航空産業クラスターの地力底上げという意味をもっている。

2）オムロンオート

同社の飯田工場は，先述した経営改善委員会，地域ぐるみ環境ISO研究会の発足時から環境経営とその支援活動を実施してきた。1996年ISO 9001, 1998年ISO 14001を早々に取得している。1997年に始まるエコタウン事業において飯田市桐林地区に環境産業公園が開設されると，2004年同公園南側に環境に配慮した第二工場を建設した。環境を経営戦略に取り込み，イノベーションとなる様々な取り組みを行っている。例えば，自社で策定したグリーン2020という新環境ビジョンのもとでの，CO_2を2010年度比で30%削減する目標に向かっての，商品開発やサプライチェーンへの環境経営の支援である。

環境産業公園にある第二工場の外観は，周りの景観と調和した茶色風の色調となっている。蛾や蝶などの昆虫が建物にぶつかりにくいように，生態系にも配慮されている。屋根には飯田市が進める太陽光パネルが設置され，市の再生エネルギー屋根貸し事業に協力している。さらに工場で出される廃棄物のリサイクル率が98%を超え，徹底した廃棄物対策，資源の循環利用が行われている。例えば事務所から出る使用済みコピー用紙や古紙を飯田市で共同集荷して，愛知県春日井市の工場で再生紙へリサイクルして再び工場で使用している。

工場で生産するのは，環境に配慮し，消費電力と重量・体積を減らし燃費の向上へとながるエコ製品である。例えば，油圧式に比べ3～5%燃費が向上する電動パワーステアリングや，バッテリー寿命を伸ばすセルモニタユニット，自動車の停止時にエンジンを停止し，ブレーキを解除するとエンジンが始動するアイドリングストップなどの車載電装品である。

部材の調達，加工においても，グリーン調達となるよう有害性のある物質を使わないようにしている。当初は1次下請け中小企業との取引においてのみ，

ISO 14001 や「いいむす 21」の取得を求めていたが，現在，規模の小さい下請け企業も含め，すべてのサプライチェーン企業に環境マネジメントシステムの認証取得を求めている。こうしたことは地域住民にも広く知られている[14]。同社の環境経営の取り組みは国内だけでなく海外からも注目され，強いブランド力を持つまでになっている。

同社が飯田市で生産を続けるのは，大手の発注企業としてサプライヤーに環境マネジメントシステムの認証取得を促し，そのもとで地域において良質な人材を育成するものとして意味がある。ただし，オムロン飯田がオムロンオートに改組した後，飯田市での雇用が 2013 年 4 月 474 名から 2018 年 4 月 352 名に減少しているのは地域経済の観点から懸念される。

3）夏目光学

同社の ISO 国際認証取得への動機は，1994 年，取引先であるソニーの担当課長から「今後，国内で下請けとして残すのは現在の 10 分の 1 で間に合う。ISO を取得しなければ，サプライヤーとして取引が難しくなる」との説明が始まりだった。

当時，職人気質の高齢者が多い現場から猛反発を受けながらも，社長だった宮下忠久氏は ISO 認証取得推進委員会を立ち上げ，作業マニュアルの文書化を社員へ指示した。次に 5S による職場改善を実施した。現場の混乱から議論と試行錯誤を経て 1998 年 2 月 ISO 9002 を取得したのであった（夏目光学株式会社 2007）。宮下社長の経営理念は「技術力，短納期，不良品を出さない社の方針の上に，ただ単に利益を出すだけでなく，きちんと世の中に応えられる小さな大企業が ISO 取得」することであった。ISO 認証取得が企業の経営力強化，企業品質向上であり，その後，営業で大きな武器となった。エフエムレンズという高性能マイクロレンズ開発へとつながっていった。ISO 14001 を取得する際，リサイクルを強く進めた結果，社内で 40 種類もの廃棄物の分別を行い，整理整頓が徹底され経費の削減が図られた。

同社は地下水汚染，公害防止を環境経営により果たすだけでなく，近隣住民から出る廃棄物処理も引き受けている。地域に根ざした企業として操業を続けてきたことから，近隣住民，市民の暮らしとの共存なくして経営は成り立たないと考えるためである。

4）旭松食品

旭松食品は，本社は大阪市東淀川区にあり，飯田市でこうや豆腐，レトルト食品，介護食品などを生産する食品加工企業である。飯田工場では複数の井戸から1日3,000トンの地下水を汲み上げ，食品加工に使用している。その後，工場内にある浄化池で3日間かけて浄化し，1日3,000トンを天竜川へ放水している。環境経営は環境汚染を防ぐため業種上からも必要である。地域ぐるみ環境ISO研究会への参加は，飯田市で操業する企業同士のお付き合いということから始まった。

同社は環境経営の取り組みに5つの効果を見出している。第1に，省エネによる経費削減である。電源ON，OFFやLED照明への切り替え，エアもれのチェック強化から始まり，細かく無駄の削減を実施した。例えば，飯田工場で無駄にコンプレッサーを2台使用していたのを停止した。その結果，1日あたり2,590円節約でき，年間62万円ほどの経費削減となった。また，1億円を飯田工場へ投資してA重油からLPガスへ熱源を切り替えた（うち2,000万円は国の補助）。LPガスの使用により年間2,000万円以上の経費削減となった。

第2に，リサイクルの推進による経費削減である。大量に出る大豆クズを農家への堆肥やキノコ栽培用土，ペット用食品，つり用の餌の生産販売へと事業化した。

第3に，大量に使用する包装資材をリサイクルにより経費削減，廃プラを分別して年間100トンほど業者へ販売して雑収入を得た。工場では週2回，ごみとして年間90数回燃やしていた使用済み包装資材が年6，7回燃やすだけで済むようになり120万円ほどの経費削減となった。包装用段ボール資材を同じ研究会会員である段ボール製造企業（株)アイパックスから購入するようになった。

第4に，他事業所を訪問しリサイクル，省エネ活動を見て，自社の進んだ部分と遅れている部分が客観的にわかるようになった。

第5に，環境認証取得の経験が品質認証ISO 9001の取得に役立ち，さらに食品業界で食品安全のブランドとなるFSSC2200認証を取得した。FSSC認証は海外展開においても有効である。

地域貢献として，飯田工場でLPガスを導入した際，地震などの災害時に自社が地域へのガス供給を行うことを住民と合意して設備に器具を取り付けた。低炭素，安全なエネルギーの近隣地域への使用が，ライフライン維持に役立ち，地域住民から企業の信頼度が増した。地域貢献は企業にとって有益となった。

以上，地域中核企業にとって「いいむす21」は，多摩川精機とオムロンオートでは，自社の経営強化とサプライチェーン網を通じ，地域中小企業を底上げして自社の経営強化につながっている。他方，夏目光学と旭松食品では，経営改善と環境汚染回避，地域社会との共生につながり事業継続へ有効な成果を果たしているのがあきらかになった。

⑵　いいむす21を紐帯とする環境ビジネス参入企業

飯田市の環境政策の支援を受け環境ビジネスへ参入しているモノづくり企業の特徴を見ていこう（図表14-11）。中小企業は一般にヒト，モノ，カネという経営の柱について，限られた自社の資源の中でやりくりしている。取り上げた企業も同様であり，飯田市がコーディネートすることで，環境ビジネスへ参入し，事業継続へ効果を上げている。

1）エコトピア飯田(株)

エコトピア飯田は新聞古紙を原料にリサイクルして建築用断熱材（セルロースファイバー）を生産販売するリサイクル住宅建材生産企業である。同社の業種は資源循環ビジネスであり，環境産業公園内に立地し「いいむす21」を取得している社員6名という中小企業である。1999年創業後，環境ビジネスベンチャー企業としてニッチな市場へ参入したものの，事業存続のために行政から様々な支援を受けてきた。例えば生産設備一式導入に際しての，経済産業省（通産省時代も含む），長野県，飯田市からの補助事業である。近年，良質な国

図表14-11　飯田市の環境政策による環境ビジネス参入企業

種類	企業名	業種	資本金	社員数
環境ビジネス	エコトピア飯田(株)	断熱材生産	2百万	6名
	(株)オーク電子	LED照明生産販売	4千万	30名
	(株)マルヒ	小水力発電	3千万	98名

（出所）入手した一次資料と各社ウェブページより作成。

内古紙の確保が難しくなっているが，製品は中国，韓国へも輸出するようになっている。企業規模が大きくならないのは，経営者である櫻井善實氏の「小さければ小さいほど良い」という経営理念とセルロースファイバー市場が，アメリカ35%や欧州25%という市場に比べ，5%ほどに過ぎないためである。事業として大きな成長は見られないもののリサイクルビジネスを続けている。環境政策が見える環境ビジネスモデルとして環境モデル都市飯田市にとっても有益である。

2）（株）オーク電子

(株)オーク電子は「いいむす21」を取得した地域ぐるみ環境ISO研究会会員であり，遊技機製作とLED照明防犯灯の開発生産をしている。以前から，自社で作ったLED照明機具を遊技機へ取り入れていたのを環境ビジネスへ転用した。遊技機の取引が急減して経営危機になった時，飯田市の環境事業の1つである防犯灯のLED化へ応募して採用され，急場をしのぐことができた。加えて，市内に精密加工企業が多く存在することから，部品を外注できたのも好都合であった。その結果，メーカーからの1次下請けであったのが，LED照明製作メーカーとなった。社員が地元で使用されたLED防犯灯を見た時，同社で働くことに誇りを感じ，モチベーションが向上した。

3）（株）マルヒ

(株)マルヒは小水力発電に使う「すいじん3号」を開発，製作販売している。2013年4月に飯田市が全国で初めて制定した「地域環境権条例」と呼ばれる条例に後押しされて，小水力発電機製作をつうじて環境ビジネスへ参入した。

環境ビジネスの始まりとなったのが2005年，飯田市へ編入された飯田市上村地区山間部[15]の過疎再生課題であった。地区を流れる小沢川の小水力発電により地域再生を企画した。内容は住民が作った上村小水力(株)へ電気料金を支払い，地元企業が得た利益を地域再生へ還元しようというものである。飯田市にある(株)マルヒを中心に南信州産業センターに設けたビジネスネットワークグループNESUCIIDAに登録する(有)テクロン，(有)矢崎製作所，(株)サンリエ，(有)シンワ工機とI.Bテクノクリエーション(株)（当初参画したが2015年7月倒産）とで部品ごとの共同製作を行った。製品開発には，龍谷大学政策学部堀尾教授，信州大学工学部飯尾研究室があたり，完全防水型小水力発電機が完成した。販売価格が58万円と通常の4分の1以下という低価格は，地元中小企業が製作したお手頃価格であり，プロペラに既製品を使うなど，地元住民へメンテナンスしやすい工夫を施している。各社とも企業規模が小さいために単独での小水力発電機市場への参入は大変難しかったが，飯田市の環境政策によってビジネスネットワークグループと大学との連携が実現し，製品を完成させ市場参入を果たした。加えて，ビジネスとして成立するために，住民が水力発電会社を作り，経営し，利益を地域住民のために使うビジネスモデル実現へ市の環境政策は大きく役立ったのである（金 2017）。

5. 小括

飯田下伊那地域で取り組む「いいむす21」が，企業と地域へもたらす効果について事例を通して分析した。地域ぐるみ環境ISO研究会が「いいむす21」活動をつうじて地域内の中小企業を支援することにより，モノづくり中小企業の底上げとなっているのがあきらかとなった。縁の下の力持ちとして，飯田市環境政策課に置かれた地域ぐるみ環境ISO研究会事務局が大きな力を発揮していた。企業や様々な事業において，環境経営活動と環境政策の調整，取り込みを行い成果をもたらしている。

第4節　おわりに

本章では環境政策を行う自治体として知られる長野県飯田市の環境政策を市の都市政策との関係から一つひとつ歴史から紐解いてきた。「自治」という観点から市の再生可能エネルギーの一つ，太陽光発電の先進となる環境ビジネスとなる市民発電所の取り組みは，これまでも度々取り上げられ，評価されてきたものの，環境経営について顧みられてこなかった。

そのため，本章では「いいむす21」という，飯田市が飯田下伊那地域で取り組まれている環境マネジメントシステムの特徴と効果について分析した。

飯田市の環境政策は，「いいむす21」をつうじて，地域産業の底上げへと結びついている。これは，地域産業の環境ビジネスモデルと呼べるかもしれない。つまり，環境経営をつうじて，地域のモノづくり企業が，新市場へ参入することやサプライヤーとして安定した取引関係を維持することにつながっているのである。最後に「いいむす21」の発展を展望して，これまで他の研究で議論されてきた公民館活動を拠点とする市民運動，住民自治と環境経営との結合が今後の課題である。

（小田利広・山口祐司）

注

1　日本においても1993年，環境基本法が制定され，2001年に環境省が発足した。

2　「21'いいだ環境プラン」は，その後2002年，2009年，2012年，2017年と4度にわたって改訂されている（飯田市市民協働環境部環境課・環境モデル都市推進課 2017）。

3　第1次は1966～1980年度を対象期間とし，「田園工業都市」を都市像として掲げた。第2次は1978～1987年度で，「緑と光にあふれた豊かな住みよい田園都市」とされた。第3次は1988～1997年度で，「緑とロマンにあふれ，活力あるりんご並木のまち　いいだ」とされた。第4次および第5次については本論で言及している通りである（飯田市企画部企画課 2007）。第6次にあたるものは，「いいだ未来デザイン2028」と名前を変え，2017～2028年度を対象期間とし，「リニアがもたらす大交流時代に『くらし豊かなまち』をデザインする　～合言葉はムトス　誰もが主役　飯田未来舞台～」と銘打っている（飯田市総合政策部企画課 2017）。

4　2003年11月12日の全国市長会都市政策研究特別委員会における飯田市長表明文による。

5　「文化経済自立都市」という名称は，飯田市における人口減少や経済活動の縮小に対する問題意識から，「地域経済の自立度を向上させることや人材を獲得することに何よりも優先的・重点的に取り組み，早期に地域の状況を改善していく必要がある」という思いを込めてつけられたものだという（飯田市企画部企画課 2007, 13頁）。

6　同社は2007年11月に「おひさまエネルギーファンド株式会社」となり，同時に新たに「おひさま進歩エネルギー株式会社」が設立された（おひさま進歩株式会社ウェブページより。http://ohisama-energy.co.jp/about/history/，2018年11月30日閲覧）。

7　「おひさま発電所」は，2017年3月現在で設置箇所は357カ所，設置用量は7,020.57kWまで拡大している（おひさま進歩株式会社ウェブページより。http://ohisama-energy.co.jp/fund/ohisama-stations/，2018年11月30日閲覧）。

8　取り上げている研究は，中瀬（2016；2017）など数少ない。

9　発足当初の名称は「地域ぐるみでISOへ挑戦しよう研究会」であり，2000年に現在の名称へと変更された。

10　「持続可能な地域づくりを受け継ぐ」（2016年11月）。情報誌『グローバルネット』に掲載された環境ISO研究会代表者である萩本範文氏のインタビュー記事参照（https://www.city.iida.lg.jp/，2018年12月1日閲覧）。

11　国レベルでは，環境省が管轄する環境マネジメントシステム「エコアクション21」の認証登録制度ができたのは2004年のことであった。このことからも「いいむす21」の先見性がうかがわれる。

12　地域ぐるみ環境ISO研究会が隔週で発信するメール情報「ぐるみ通信」のメール発信文に毎号，

提示している。

13　筆者独自に 2014 年 3 月 21 日（株）オーク電子，8 月 19 日おひさま進歩エネルギー(株)，8 月 30 日旭松食品(株）を訪問した。生産システム研究会（代表中瀬哲史）調査チームの一員として，同年 10 月 31 日～11 月 1 日にかけて，多摩川精機オムロンオート（当時オムロン飯田），夏目光学，エコトピア飯田(株）を調査訪問した。

14　2017 年 4 月，飯田市郊外の農家中庭にあるプレハブ工場で精密加工を行う夫婦に「オムロンオートについて取引されている方をご存知でないですか」と筆者の問いかけに「下請けへも環境認証取得を求める会社」と即答があった。近所に以前，同社と取引があった納屋工場の農家があるので，近所同士の会話から同社の環境経営を聞き及んでいるものと推察できる。

15　2018 年 4 月 30 日時点，人口 414 人，198 世帯，飯田市ホームページ参照（https://www.city.iida.lg.jp/，2018 年 12 月 1 日閲覧）。

あとがき

本書の研究母体である生産システム研究会はもともとは1993年にスタートしている研究会である。坂本清先生（大阪市立大学名誉教授），富澤修身先生（大阪市立大学），十名直喜先生（名古屋学院大学），植田浩史先生（慶應義塾大学），川端望先生（東北大学），肥塚浩先生（立命館大学），河邑肇先生（中央大学）のメンバーでスタートしている。坂本清先生を研究代表者とする科学研究費補助金研究・一般研究「日本企業の国際生産ネットワーク展開と次世代生産システムに関する研究」（1994－1995年度）の支援を受け，まず高度経済成長期からバブル経済期にかけて，産業別に生産システムを分析し，その特質をコストと多様性に対応しうる「柔軟統合型生産システム」として捉え，『日本企業の生産システム』（1998年，中央経済社）として刊行している。次いで上記メンバーに劉仁傑先生（台湾東海大学），大田康博先生（徳山大学），李捷生（大阪市立大学），田口直樹（大阪市立大学）を加えて，バブル経済崩壊後の日本的生産システムの新展開に関する研究を行う。坂本先生を研究代表者とする科学研究費補助金・基盤研究（B）「自動車産業におけるモジュール生産と生産システムの革新に関する国際比較研究」（2000－2003年度）の支援を受けて，グローバル化・ICT化・モジュール化をキーワードに，各産業を軸に分析し，その特質を「分散統合型生産システム」と捉え，『日本企業の生産システム革新』（2005年，ミネルヴァ書房）として刊行している。同書の刊行をもって生産システム研究会は解散している。

その後，大阪市立大学を中心とする生産システム研究を志す若い研究者から研究会再開を求める声があがり，中瀬哲史（大阪市立大学）を研究代表者として本書執筆者を中心に生産システム研究会を再結成した。坂本清先生と中瀬哲史，李捷生，田口直樹の大阪市立大学の教員と，博士課程に在籍する若い研究者をメンバーとするいわば第2次生産システム研究会である。第1次生産システム研究会の研究成果を学習しながら新たな生産システムの研究課題を探る研究会という性格からスタートした。

上述の2つの生産システムの歴史的研究を引き継いで，地球温暖化問題をはじめとする地球環境問題や企業倫理等，企業の社会的責任が一層問われるようになってきた21世紀の生産システムの課題を大きな研究テーマとした。そして大量生産・大量消費・大量廃棄を前提とした生産システムから持続可能な社会を構築しうる生産システムの課題を探るべく，「循環統合型生産システム」という概念を理念提起し，科学研究費補助金・基盤研究（B）「循環統合型生産システムの構築に関する国際比較研究」（2010－2012年度，研究代表者：中瀬哲史）として支援を受け研究を行った。この間の研究で環境技術を活用して，企業が社会との連携を進めながら環境に配慮する経営を追求する必要があり，「環境技術・企業理念・社会との連携」を軸に分析をすることの必要性を認識するに至った。この枠組みを「環境統合型生産システム」と規定し，科学研究費補助金・基盤研究（B）「環境統合型生産システムの構築に向けた国際比較研究」（2013－2015年度，研究代表者：中瀬哲史）として支援を受け研究を行った。「環境統合型生産システム」を構想することは，企業の社会的責任（CSR），社会的共有価値の創造（CSV），さらには自治体による新しい官民連携事業等も含めて，地域創生を考える上で，合理的な視点である。製造業における動脈流と静脈流の統合を軸とした「環境統合型生産システム」は，企業間の関係のみでは成立せず，企業が立地する地域の自治体，市民，NPO，社会的企業との有機的連携の上に成立すると考えるからである。そして，これらのステイクホルダーによる社会的共有価値の創造が，企業の社会的責任を実現し，「環境統合型生産システム」を構築する基礎要件となると考え，この論点を中心に据えて科学研究費補助金・基盤研究（B）「環境統合型生産システムの構築と地域創生に関わる国際比較研究」（2016－2018年，研究代表者：中瀬哲史）として支援を受け，地域内価値循環の構築の視点から継続的に研究を進めてきた。本書は，第1次生産システム研究会の成果で示された生産システムの分析視角の上に，持続可能な社会を構築するための生産システム構築の課題を研究してきた。本書はその研究成果の一部である。

本書執筆にあたっては様々な方にお世話になった。研究の過程で，様々な地域，企業等へ生産システム研究会として，あるいは個人として訪問させて頂いた。国際比較研究として韓国と中国の調査も行った。とりわけ中国調査に関しては，西南財経大学の惠浩星先生，浙江工業大学の池仁勇先生，劉道学先生には調査のアテンド，ワークショップの開催等と大変お世話になった。国内調査では，とりわけ主要な研究対象として我々が位置づけた飯田市の産業振興課，環境課，産業振興センター，南信州地域研究所，多摩川精機(株)をはじめとして様々な機関，企業および関係する方々には，何度も訪問する機会を頂き大変お世話になった。生産システム研究会は2ヶ月に一度のペースで研究会を進めてきた。研究会の顧問的存在である坂本清先生には研究会において大所高所から理論的なアドバイスを頂き，本書刊行につながった。ここにあげた以外にもお礼を言わなければならない方々がいらっしゃるが，あわせてお礼を述べたい。

出版にあたっては大阪市立大学大学院経営学研究科の「特色ある研究に対する助成制度」を利用することができた。教授会の先生方にもお礼を申し上げたい。出版情勢の厳しい折，本書の意義を理解して頂き，出版を引き受けて頂いた文眞堂の前野隆社長にはこの場を借りてお礼を申し上げたい。

本書は「環境統合型生産システム」という概念を提起し，日本と世界の持続可能な社会を構築していくための理論的・実践的課題を提起するという研究者としての1つの挑戦である。その意味で，本書が今後の生産システム論のひいては日本と世界のものづくり論の発展のたたき台になることを願って本書のむすびとしたい。

2018年12月

編著者　田口直樹

参考文献

日本語文献

愛知県アジアNo.1航空宇宙産業クラスター形成特区HP・新着情報，「アジアNo.1航空宇宙産業クラスター形成特区」の区域の追加・変更等に係る国の指定について，「区域別事業者等一覧」（2017年11月30日）（https://www.pref.aichi.jp/uploaded/life/180336_379185_misc.pdf）（2018年12月9日閲覧）。
青木幹晴（2007），『元トヨタ基幹職が書いた全図解トヨタ生産工場のしくみ』㈱日本実業出版社。
赤穂義明・田畑洋（1982），「自動車製造工程におけるリサイクル」『自動車技術』第36巻第8号，869-877頁。
浅妻裕（2015），「飯田市における地域主導・市民協働型再生可能エネルギー事業の展開（現地調査報告）」『開発論集』第95号，133-155頁。
明日香壽川（2018），「変えられる中国　変えられない日本」『世界2018.4別冊　No.907　再エネ革命日本は変われるか？』岩波書店，120-130頁。
足立辰雄・所伸之（2009），『サステナビリティと経営学』ミネルヴァ書房。
粟屋仁美（2018），『再生の経営学』白桃書房。
EICC（2016），「電子業界CSRアライアンス行動規範v5.1」（http://www.responsiblebusiness.org/media/docs/EICCCodeofConduct5.1_Japanese.pdf）（2018年11月30日閲覧）。
飯田市企画部企画課（2007），『第5次飯田市基本構想基本計画』。
飯田市市民協働環境部環境課・環境モデル都市推進課（2017），『飯田市環境基本計画　21'いいだ環境プラン（第4次改訂版）』。
飯田市総合政策部企画課（2017），『いいだ未来デザイン2028』。
飯田市農業課（2010），「きのこ廃培地の活用事例」。
石谷清幹（1972），『工学概論』コロナ社。
石黒愛（2017），「『シュタットベルケ』の運営と経営戦略」『海外電力』2017年7月号，52-61頁。
石原武政（1995），「商店街の組織特性」『経営研究』第45巻第4号。
泉佐野電力（2017），「電源構成割合2017年度」（https://izumisano-pps.or.jp/ps-conf/）（2018年12月2日閲覧）。
磯部達（2016），「インタビュー　みやまスマートエネルギー社長　磯部達氏　電気事業の収益で町づくり　次は自営線の商業化に挑む」『Nikkei Energy　Next』2016年5月号，4-5頁。
伊丹敬之（2013），『日本企業は何で食っていくのか』日経プレミアシリーズ。
伊藤邦雄（2014），「持続的成長への競争力とインセンティブ～企業と投資家の望ましい関係構築～プロジェクト（伊藤レポート）最終報告書（http://www.meti.go.jp/policy/economy/keiei_innovation/kigyoukaikei/pdf/itoreport.pdf）（2018年11月30日閲覧）。
伊藤剛（2012），『進化する電力システム』東洋経済新報社。
稲葉美里（2016），「飯田型まちづくりの実践―円卓から共創の場づくりへ―」牧野光朗編著『円卓の地域主義　共創の場づくりから生まれる善い地域とは』事業構想大学院大学出版部。
井上雄三編（2005），「安定型最終処分場における高濃度硫化水素発生機構の解明ならびにその環境汚染防止対策に関する研究」『国立環境研究所研究報告』第188号。
猪谷千香（2016），『町の未来をこの手でつくる　紫波町オガールプロジェクト』幻冬舎。

岩佐茂・佐々木隆治（2016），『マルクスとエコロジー：資本主義批判としての物質代謝論』堀之内出版。
植田和弘（1992），『廃棄物とリサイクルの経済学』有斐閣。
エアロスペース飯田ウェブページ，「飯田航空宇宙プロジェクトとは」（http://www.aerospace-iida.com/pj/）（2018 年 7 月 14 日閲覧）。
――「技術・製品紹介」（http://www.aerospace-iida.com/technology/technology.html）（2018 年 7 月 14 日閲覧）。
江尻弘・柳沢孝編（1974），『資源再生化に挑む流通システム―バックワード・チャネルへの提言』日本実業出版社。
枝廣淳子（2018），「『2050 年エネルギー情勢懇談会』に参加して」『世界 2018，4 別冊 No.907，再エネ革命　日本は変われるか？』岩波書店，76-92 頁。
エネルギー情勢懇談会（2017），「エネルギー情勢懇談会（第 1 回）平成29年8月30日（水）14：01～15：34」（http://www.enecho.meti.go.jp/committee/studygroup/ene_situation/001/pdf/001_010.pdf）（2018 年 11 月 21 日閲覧）。
――（2018），「エネルギー情勢懇談会提言―エネルギー転換へのイニシアティブ―平成 30 年 4 月 10 日」（http://www.enecho.meti.go.jp/committee/studygroup/ene_situation/pdf/report.pdf）（2018 年 11 月 25 日閲覧）。
OECD 編，財団法人クリーン・ジャパン・センター訳（2001），『拡大生産者責任：政府向けガイダンスマニュアル：仮訳』財団法人クリーン・ジャパン・センター。
大塚直（2002），「自動車リサイクル法の制度と課題」『廃棄物学会誌』第 13 巻第 4 号，13-19 頁。
小田利広（2016），「ペットボトルリサイクルビジネスにおける中小企業の成長課題：N 社の事例を中心に」『サスティナブルマネジメント』第 15 号，113-126 頁。
海外ビジネス最前線（2015），「[VPP] ドイツで成長する新ビジネス　再エネ大量導入の切り札か」『Nikkei Energy　Next』2015 年 3 月号，22-23 頁。
加護野忠男・山田幸三（2016），『日本のビジネスシステム』有斐閣。
鹿島建設社史編纂委員会（2003），『鹿島建設 社史　一九七〇年～二〇〇〇年』鹿島建設㈱。
（一財）家電製品協会（2018），『家電リサイクル 年次報告書平成 29 年度版（第 17 期）』。
金子憲治（2002），「産廃に苦戦するガス化溶融炉　ゴミ発電でも実力出し切れず」『日経エコロジー』3 月号，50-53 頁。
鎌田慧・斎藤光政（2011），『ルポ下北核半島』岩波書店。
鎌田慧（2011），『六ヶ所村の記録（下）』岩波現代文庫。
環境と開発に関する世界委員会，（大来佐武朗監修）（1987），『地球の未来を守るために』福武書店。
環境省・経済産業省（2011），『使用済み小型家電化からのレアメタル回収及び適正処理に関する研究会　とりまとめ』。
環境省（2018），『環境白書』。
喜多川進（2015），『環境政策史論：ドイツ容器包装廃棄物政策の展開』勁草書房。
金恵珍（2017a），『本業と一体化した環境経営』白桃書房。
――（2017b），「小水力発電の取り組みについて」，生産システム研究会報告書。
金原達夫（2013），「環境経営の移転・普及プロセスに関する考察」金原達夫，羅星仁，政岡孝宏著『地域中核企業の環境経営』中央経済社，33-58 頁。
熊谷信二・毛利一平（2015），「韓国の半導体製造労働者におけるリンパ造血系がんの発生」『産業衛生学会雑誌』第 57 巻第 5 号。
粂野博行（2016），「海外生産化の進展と地方中小企業」日本中小企業学会編『地域社会に果たす中小企業の役割』日本中小企業学会論集第 35 号，84-96 頁。

粂野博行・渡辺幸男（2009），「日本国内自転車産業の変化」渡辺幸男・周立群・駒形哲哉編著『東アジア自転車産業論』慶應義塾大学出版会，53-107 頁。
(財)クリーン・ジャパン・センター（2005），『自主回収システムに係る法規制と特例制度の活用に関する調査研究報告書』財団法人クリーン・ジャパン・センター。
栗原稔他・相澤芳治・高田勗（1988）「半導体作業者の毛髪を分析する」『労働の化学』第 43 巻第 7 号。
(一財)経済調査会（2003），『積算資料』一般財団法人経済調査会。
経済産業省（2017）ニュースリリース，『「全国航空機クラスター・ネットワーク」を構築します』，2017 年 9 月 25 日（http://www.meti.go.jp/press/2017/09/20170925001/20170925001.html）（2018 年 12 月 4 日閲覧）。
経済産業省近畿経済産業局（2009），『FLY! To the distance 地域中小企業の航空機市場参入動向等に関する調査～航空機産業参入事例集～』。
経済産業省自動車課・環境省企画課リサイクル推進室（2008），「資料 5　自動車リサイクル法のこれまでの取り組みと評価」（http://www.meti.go.jp/committee/materials/downloadfiles/g80711a05j.pdf）（2018 年 8 月 12 日閲覧）。
経済産業省自動車課・環境省リサイクル推進室（2012），「資料 3-1　自動車リサイクル法の施行状況」（http://www.env.go.jp/council/former2013/03haiki/y035-30/mat03_1.pdf）（2018 年 8 月 12 日閲覧）。
——（2016），「資料 4　自動車リサイクル法の施行状況」（http://www.meti.go.jp/committee/sankoushin/sangyougijutsu/haiki_recycle/car_wg/pdf/044_04_00.pdf）（2018 年 8 月 12 日閲覧）。
KPMG ジャパン統合報告センター・オブ・エクセレンス（2018），「日本企業の統合報告書に関する調査 2017」（https://assets.kpmg.com/content/dam/kpmg/jp/pdf/jp-integrated-reporting-20180323.pdf）（2018 年 11 月 30 日閲覧）。
建設副産物リサイクル広報推進会議編（2002），『（新訂）建設副産物適正処理推進要綱の解説』大成出版社。
剣持一巳（1986），『ハイテク災害』日本評論社。
小池弘晃（2015），「多摩川精機における宇宙事業のスタンスとビジネス化への取り組み」，日本航空宇宙工業会『航空と宇宙』（日本航空宇宙工業会会報）735 号，25-32 頁。
河野通博・加藤邦興編（1988），『阪神工業地帯—過去・現在・未来—』法律文化社。
広報企画室企画アーカイブグループ編（2016），『大和ハウス工業の 60 年』大和ハウス工業㈱。
工業統計調査。
古賀輝彦（1985），「トリクロロエチレン等の汚染経路と深井戸改修工事」『水道協会雑誌』第 54 巻 1 号。
小坂直人（2005），『公益と公共性』日本経済評論社。
小島紀徳・島田荘平・田村昌二・似田貝香門・寄本勝美編（2003），『ごみの百科事典』丸善。
小林寛（2014），「小型家電リサイクル法の今後の課題に関する考察—リサイクル関連法との比較に基づいて—」『長崎大学総合環境研究』第 17 巻第 1 号，1-10 頁。
近藤正恒・斉藤亨（1986），「最近の自動車用亜鉛メッキ鋼板及び高張力鋼板の抵抗スポット溶接」『溶接学会誌』第 55 巻第 3 号，46-54 頁。
在間敬子（2016），『中小企業の環境経営イノベーション』中央経済社。
——（2017），「中小企業の先進的環境経営の特徴と支援に関する考察」『商工金融』第 67 巻 1 号，8-30 頁。
齋藤優子・劉庭秀（2016），「日本における小型家電リサイクル政策の現状と課題—自治体および認定事業者の実態調査分析を中心に—」『MACRO REVIEW』Vol.28No.1，1-12 頁。

坂本清（1998），「生産システムの日本的展開と現代企業」『日本企業の生産システム』中央経済社，1-39 頁。
――（2005），『日本企業の生産システム革新』ミネルヴァ書房。
――（2009），「第 4 章　循環統合型生産システムの模索」浅野宗克・坂本清編『環境新時代と循環型社会』学文社，58-74 頁。
――（2016），『フォードシステムとものづくりの原理』学文社。
――（2017），『熟練・分業と生産システムの進化』文眞堂。
SACOM プロジェクトオフィサー（2015），「2015 縫製産業キャンペーン　中国国内ユニクロ下請け工場における労働環境調査報告書」（http://hrn.or.jp/activity2/ユニクロキャンペーン報告書%20 日本語 %20150113.pdf）（2018 年 11 月 30 日閲覧）。
佐々木晴夫・松本譽明・杉崎和人（2009），「せっこうボードのリサイクルの実態調査：その 1　割付方法の検討および実工事におけるリサイクル」『日本建築学会大会学術講演梗概集』，1141-1142 頁。
――（2010），「せっこうボードのリサイクルの実態調査：その 2　規格寸法とプレカット寸法の組み合わせによるロス率の低減」『日本建築学会大会学術講演梗概集』，559-560 頁。
佐藤工（2018），「『シュタットベルケ』のイノベーションと新ビジネス（ドイツ）」『海外電力』2018 年 7 月号，32-46 頁。
佐藤康一郎（2014），「食品廃棄物削減と食品リサイクルの現状と課題」専修大学社会科学研究所『社会科学年報』第 48 号，93-104 頁。
産業競争力懇談会（2013），『ことづくりからものづくりへ』。
産業構造審議会環境部会廃棄物・リサイクル小委員会自動車リサイクルワーキンググループ中央環境審議会廃棄物・リサイクル部会自動車リサイクル専門委員会（2018），「第 46 回合同会議　資料 3-2　次世代車の適正処理・再資源化の取組状況」（http://www.meti.go.jp/shingikai/sankoshin/sangyo_gijutsu/haikibutsu_recycle/jidosha_wg/pdf/046_03_02.pdf）（2018 年 11 月 7 日閲覧）。
産業構造審議会産業技術環境分科会廃棄物・リサイクル小委員会自動車リサイクルワーキンググループ中央環境審議会循環型社会部会自動車リサイクル専門委員会合同会議（2014），「自動車リサイクル制度の施行状況の評価・検討に関する報告書」（http://www.meti.go.jp/committee/sankoushin/sangyougijutsu/haiki_recycle/car_wg/pdf/report_01_01.pdf）（2018 年 11 月 12 日閲覧）。
JMC（2018），『2017 年度有価証券報告書』。
資源エネルギー庁（2018a），「エネルギー情勢懇談会提言―エネルギー転換のイニシアティブ―関連資料　平成 30年4月10日」（http://www.enecho.meti.go.jp/committee/studygroup/ene_situation/009/）（2018 年 11 月 25 日閲覧）。
――（2018b），「電力小売全面自由化の進捗状況　2018 年 5 月 18 日」（http://www.meti.go.jp/committee/sougouenergy/denryoku_gas/denryoku_gas_kihon/008_haifu.html）（2018 年 12 月 6 日閲覧）。
篠崎吉太郎（2009），『鍛造加工　基礎のきそ』日刊工業新聞社。
下畑浩二（2018），「航空機産業における企業の技術力とプレゼンス」経営行動研究学会第 28 回全国大会（2018 年 8 月 4 日，於日本大学経済学部）配付資料。
柴田洋一（1989），「溶接技術この 10 年の歩みと今後の展望　自動車」『溶接技術』第 37 巻第 11 号，83-86 頁。
志保谷孝雄（1999），「半導体産業における薬品の再生・再利用について」『ウルトラクリーンテクノロジー』第 11 巻第 4 号。
清水建設㈱（2003a），『清水建設二百年　経営編』清水建設㈱。

――（2003b），『清水建設二百年　生産編』清水建設㈱。
松竹冬樹（2017），「GA 中部におけるリサイクルの取り組み――セメント製造工程での再生石膏粉の利用拡大傾向に期待」『Indust』第 32 巻第 5 号，27-30 頁。
商業統計調査。
白井信雄（2018），『再生可能エネルギーによる地域づくり～自立・共生社会への転換の道行き』環境新聞社。
信州航空電子(株)ウェブページ，「会社案内　社長挨拶」（http://www.sae.jae.co.jp/company.html）（2018 年 12 月 2 日閲覧）。
――ウェブページ，「会社案内　沿革」）（http://www.sae.jae.co.jp/company.html）（2018 年 12 月 2 日閲覧 ）。
杉原弘康・岩井哲郎（1978），「自動車産業における資源リサイクルの今後の課題」『自動車技術』第 32 巻第 5 号，370-378 頁。
杉本裕明（1999），『官僚とダイオキシン』風媒社。
杉山忠義（2011），「リーテムの事例から学ぶ『小型家電リサイクル』の現状と今後」『いんだすと』Vol.26 No10，33-37 頁。
鈴木茂（1988），「熊本市における地下水汚染の現状」『産業経営研究』第 6 号。
生産システム研究会（2016），「循環統合型生産システムの構築に関する国際比較研究」長野県飯田市調査報告書。
(一社)石膏ボード工業会（2016），『石膏ボードハンドブック』一般社団法人石膏ボード工業会。
石膏ボードの歩み編集委員会（2009），『石膏ボードの歩み』社団法人石膏ボード工業会。
世良田浩二（2017），「完全リサイクル事業の深化――世界初の『100% ボード to ボード』へ」『Indust』第 32 巻第 5 号，24-26 頁。
全国航空機クラスター・ネットワーク　ウェブページ「エアロスペース飯田」（https://namac.jp/cluster/215）（2018 年 12 月 9 日閲覧）。
全国地球温暖化防止活動推進センター（2018），「日本の部門別二酸化炭素排出量の割合―各部門の直接排出量―」（http://www.jccca.org/chart/chart04_04.html）（2018 年 12 月 5 日閲覧）。
(特非)全日本自動車リサイクル事業連合（2010），『環境・自動車リサイクル辞典』日報出版㈱。
総合エネルギー統計（http://www.enecho.meti.go.jp/statistics/total_energy/results.html#headline7）。
総務省行政評価局（2017），『小型家電リサイクルの実施状況に関する実態調査結果報告書』。
曽根英二（1999），『ごみが降る島』日本経済新聞社。
大門直史・山岸壯吉・野崎征彦（1999），「半導体工場における薬品の有効活用と再資源化」『ウルトラクリーンテクノロジー』第 11 巻第 4 号。
高瀬公宥（1978），「自動車工業の省資材対策」『自動車技術』第 32 巻第 5 号，388-394 頁。
高田修（2016），『飯田下伊那地域における航空機産業分野の人材育成と技術開発力の強化広域連携事業』，関西☆しごと創生交流フォーラム（平成 28 年 6 月 2 日）。
髙橋一平（2018），「自動車メーカー設計者に訊く『自動車素材の現在と未来』自動車ボディにける素材と選択――材料置換の今後はどうなるのか？」『Motor Fan illustrated』第 138 巻，32-35 頁。
田口俊悦・山本伸夫・倉井秀樹（1998），「廃棄物低減への取組状況」『自動車技術』第 52 巻第 7 号，63-67 頁。
田口直樹（2011），『産業技術競争力と金型産業』ミネルヴァ書房。
田中彰・羅先坪（2018），「家電リサイクルシステムの原動力―協調と競争の多層的制度設計―」『産業学会研究年報』No.33，75-91 頁。
田中耕市（2008），「1990 年代の東京 23 区における都市密度変化と土地利用転換」『地学雑誌』第 117

巻第 2 号，479-490 頁。
田中太郎（2004），「ASR の再資源化を段階的に進め　リサイクル率 95% の達成を目指す」『日経エコロジー』1 月号，58-59 頁。
田中宣雄（2000），「半導体製造工場における廃水処理および水・薬品の再利用技術」『応用物理』第 69 巻第 3 号。
田中幹大（2009），「戦後復興期大阪における自転車産業と中小機械金属工業」『経営研究』第 59 巻第 4 号，43-78 頁。
田辺有輝（2018），「脱石炭火力に舵を切れるか」『世界 2018.4 別冊　No.907　再エネ革命　日本は変われるか？』岩波書店，111-119 頁。
袋布昌幹（2015），「廃石膏ボードリサイクル技術の現状と課題」『建設リサイクル』70 号，21-26 頁。
多摩川精機社史編纂委員会（1998），『多摩川精機 60 年史』。
丹下昭二・大庭敏之・三浦俊勝（1992），「自動車におけるリサイクリングの現状と展望」『自動車技術』第 46 巻第 1 号，39-46 頁。
中央日報オンライン。
朝鮮日報オンライン。
通商産業大臣官房調査統計部（1960），『機械統計年報（1960 年版）』㈳日本機械工業連合会。
――（1964），『機械統計年報（昭和 39 年版）』財団法人通商産業調査会。
――（1969），『昭和 43 年機械統計年報』財団法人通商産業調査会。
――（1974），『昭和 48 年機械統計年報』財団法人通商産業調査会。
――（1976），『昭和 50 年機械統計年報』財団法人通商産業調査会。
――（1979），『昭和 53 年機械統計年報』財団法人通商産業調査会。
――（1984），『昭和 58 年機械統計年報』財団法人通商産業調査会。
津川敬（2005），「鉄屋から最先端リサイクル業へ　リーテム東京工場始動」『いんだすと』Vol.20 No.11，60-64 頁。
露口泰昌（1998），「記者の窓　豊島をみてもらいたい」『自動車工業』第 32 巻 6 月号，21 頁。
㈱DNP 年史センター（2010），『吉野石膏百十年史』吉野石膏㈱。
寺園淳・小口正弘・中島謙一・吉田綾（2013），「事業者による使用済電気電子機器等の排出実態」『第 24 回廃棄物資源循環学会研究発表会講演論文集 2013』15-16 頁。
(一財)電力中央研究所（2005），「石膏ボード廃棄物のリサイクルに関する現状調査・分析――脱硫石膏需要に及ぼす今後の影響推定」電力中央研究所環境科学研究所編『電力中央研究所報告』財団法人電力中央研究所，1-23 頁。
東京電力株式会社（2002），『関東の電気事業と東京電力　電気事業の創始から東京電力 50 年への軌跡　資料編』。
外川健一（2002），「自動車とリサイクル　経済地理学から見た自動車産業の静脈部」『資源と素材』第 118 巻第 9 号，579-587 頁。
所伸之（2017），『環境経営とイノベーション　経済と環境の調和を求めて』文眞堂。
豊住朝子（2012），「自動車リサイクル法制定後の変遷と将来展望」『自動車技術』第 66 巻第 11 号，4-9 頁。
トヨタ自動車㈱（1987），『創造限りなく　トヨタ自動車 50 年史』トヨタ自動車㈱。
――（1998），『環境報告書 1998』（https://www.toyota.co.jp/jpn/sustainability/report/archive/er98/）（2018 年 9 月 16 日閲覧）トヨタ自動車㈱。
――（1999），『環境報告書 1999』（http://www.toyota.co.jp/jpn/sustainability/report/archive/er99/）（2018 年 5 月 8 日閲覧）トヨタ自動車㈱。
――（2007），『Sustainability Report 2007　人，社会，地球の新しい未来へ』（https://www.toyota.

co.jp/jpn/sustainability/report/archive/sr07/pdf/sustainability_report07.pdf)（2018 年 9 月 16 日閲覧）トヨタ自動車㈱。
——（2009),『Sustainability Report 2009』(https://www.toyota.co.jp/jpn/sustainability/report/archive/sr09/pdf/sustainability_report09.pdf)（2018 年 9 月 16 日閲覧）トヨタ自動車㈱。
——（2013),『トヨタ自動車 75 年史　もっといいクルマをつくろうよ』トヨタ自動車㈱。
——（2014),『地球環境に寄り添って——トヨタの環境取り組み——2014』(https://www.toyota.co.jp/jpn/sustainability/report/er/pdf/environmental_report14_fj.pdf)（2018 年 9 月 16 日閲覧）トヨタ自動車㈱。
——（2015),『地球環境に寄り添って——トヨタの環境取り組み——2015』(https://www.toyota.co.jp/jpn/sustainability/report/archive/er15/pdf/environmental_report15_fj.pdf)（2018 年 9 月 16 日閲覧）トヨタ自動車㈱。
内藤克彦（2018),『欧米の電力システム改革—基本となる哲学—』化学工業日報社。
中杉修身（1984),「有機塩素化合物による地下水汚染の実態」『季刊・環境研究』No.52。
中瀬哲史（2005),『日本電気事業経営史—9 電力体制—』日本経済評論社。
——（2016),『エッセンシャル経営史』中央経済社。
——（2017),「研究ノート　飯田市と環境統合型生産システム」『経営研究』第 68 巻第 1 号，55-71 頁。
——（2018a),「第 4 章　原発事故につながった東電の経営の歴史的な経緯」原発史研究会『日本における原子力発電のあゆみとフクシマ』晃洋書房，125-160 頁。
——（2018b),「公益性と経営学：公益事業の「変質」についての一考察」『同志社商学』第 69 巻第 5 号，695-725 頁。
永田勝也（1998),「使用済み自動車リサイクル・イニシアティブと今後の方向」『自動車工業』第 32 巻 2 月号，2-7 頁。
——・櫻井茂徳・丹下昭二・武智弘・林弘・斉藤貞夫（1992),「座談会　リサイクルと自動車用新材料」『自動車技術』第 46 巻第 1 号，8-15 頁。
中谷正博・植村浩（1998),「亜鉛スクラップ鋼板リサイクル用新誘導溶解システム」『富士時報』第 71 巻第 5 号，28-33 頁。
長野県産業労働部（2016),『長野県航空機産業振興ビジョン～アジアの航空機システムの拠点づくり～』(平成 28 年 5 月)。
NAGANO 航空宇宙プロジェクト　ウェブページ「プロジェクト活動」(https://www.tech.or.jp/nap/project/index.html)（2018 年 12 月 2 日閲覧)。
中村真悟（2014),「循環型素材産業における生産プロセス成立の技術的・経済的条件：汎用プラスチックの高品質リサイクルを事例に」『立命館経営学』第 52 巻 第 2・3 号，pp.453-467。
——（2018),「日本における PET ボトルのリサイクルシステムの成立と変容」『人間と環境』第 44 巻第 1 号，pp.13-35。
中村洋（2018),「産業社会とイノベーションの創造」松岡俊二編『社会イノベーションと地域の持続性』有斐閣。
中村紀之（1974),「省資源とコストダウン」『自動車技術』第 28 巻第 10 号，835-839 頁。
夏目光学㈱（2007),『“がむしゃら”から“極める”へ 夏目光学の 60 年』夏目光学㈱。
西美知男（2006),「セッコウボードのリサイクルの現状と課題」『Journal of the Society of Inorganic Materials, Japan』第 13 巻第 325 号，469-472 頁。
西岡正（1999a),「『環境対策が求められる自動車産業と部品メーカーへの影響』～『アルミ化』『樹脂化』の進展とリサイクル化対応を中心に～」『月刊自動車部品』第 45 巻第 2 号，4-21 頁。
——（1999b),「『環境対策が求められる自動車産業と部品メーカーへの影響』(その 2) ～『アルミ化』『樹脂化』の進展とリサイクル化対応を中心に～」『月刊自動車部品』第45巻第3号，11-24頁。
西城戸誠（2015），「長野県飯田市における市民出資型再生可能エネルギー事業の地域的展開」『人間環境論集』第15巻第2号，15-46頁。
日経産業新聞。
㈱日経BP社（1998），「自動車の世界標準樹脂を目指す　大胆な発想で樹脂7社をけん引」『日経メカニカル』第528号，76-79頁。
――（2000），「リサイクル性向上　物性が劣化しにくい材料への統合」『日経メカニカル』第551号，38-41頁。
――（2001），「強い“静脈”こそが勝ち残るカギだ」『日経ビジネス』8月27日号，33-34頁。
日産自動車㈱社史編纂委員会（1975），『日産自動車社史　1964-1973』日産自動車㈱。
日本化成肥料協会・日本焼石膏工業組合・社団法人石膏ボード工業会・渡辺忠明・勝村正子（1999），「セッコウ、石灰、セメントの平成10年度需給動向」『無機マテリアル』第6巻第282号，399-407頁。
日本経済新聞。
（一社）日本自動車工業会（2001），『2001日本の自動車工業』㈳日本自動車工業会。
（一財）日本原子力文化財団（2013），『2012年度　原子力利用の知識普及啓発に関する世論調査』（https://www.jaero.or.jp/data/01jigyou/tyousakenkyu24.html）（2018年12月5日閲覧）。
㈱日本能率協会総合研究所（2014），『平成25年度廃石膏ボードの再資源化促進方策検討業務調査報告書』㈱日本能率協会総合研究所。
日本労働組合総連合会（2015），「ワーカーズキャピタル責任投資ガイドライン（改訂版）」（https://www.jtuc-rengo.or.jp/activity/seisaku_jitsugen/data/20150910_workers_capital.pdf）（2018年11月30日閲覧）。
貫隆夫（2005），「環境問題に批判経営学はどう取り組むか」丸山惠也編著『批判経営学』新日本出版社，85-112頁。
Next Report（2015），「勃興する地域新電力　顧客基盤は『地元愛』」『Nikkei Energy Next』2015年5月号，12-17頁。
――（2016），「業種・電源・料金から読み解く　小売電気事業者の実像」『Nikkei Energy Next』2016年6月号，14-17頁。
萩本範文（1995），「地域経済の生きる道」南信州日報。
――（2016a），地域ぐるみ環境ISO研究会20周年記念イベント「「地域ぐるみ！次へ！」トーク 研究会代表 萩本範文」，於飯田人形劇場，2016年12月13日（http://www.f.waseda.jp/smatsu/project/iidaiso20161213.pdf）（2018年12月4日閲覧）。
――（2016b），「持続可能な地域づくりを受け継ぐ」『グローバルネット』1-9頁（https://www.city.iida.lg.jp/uploaded/attachment/28596.pdf/）（2018年12月1日閲覧）。
――（2017a），『航空機産業を核にした新しい産業づくりと地域づくり』全国イノベーション推進機関ネットワーク第6回地域産業支援プログラム表彰事業（イノベーションネットアワード2017）記念フォーラム講演資料2017年2月24日，配布資料2（http://www.innovation-network.jp/recent/2017030300015/file_contents/09hagimoto.pdf）（2018年7月14日閲覧）。
――（2017b），『飯田航空宇宙クラスター形成に向けて』経済産業省産業構造審議会地域経済産業分科会（第10回），2017年10月25日，配布資料6（http://www.meti.go.jp/committee/sankoushin/chiikikeizai/pdf/010_06_00.pdf）（2018年7月14日閲覧）。
――（2017c），「政策特集地域の未来vol.1【多摩川精機・萩本副会長インタビュー】新しい成長のカタチが見えてきた！「産業は回り舞台。危機感持って次の産業を」」『METI Journal』経済産業省ウェブサイト（https://meti-journal.jp/p/59/）（2018年12月4日閲覧）。
幡建樹（2001），「プレカット化の進行と木材流通」『林業経済研究』第47巻第3号，1-8頁。
羽田裕（2003），「家電リサイクルシステムの初年度の実態解明―2グループ形成とその構造比較―」『オイコノミカ』第40巻第1号，73-95頁。
平澤和人（2014），『化石燃料ゼロハウス　風の学舎発　持続可能な社会をめざして』オフィスエム。
廣田裕之（2016），『社会的連帯経済入門』集広舎。
フォスター，J. M.（2001），『破壊されゆく地球―エコロジーの経済史』こぶし書房。
フォルクスワーゲングループ東京代表部（1990），『フォルクスワーゲンのリサイクリング』フォルクスワーゲングループ東京代表部。
藤木寛人（2014），「協同組合による建設リサイクルのイノベーション」『経営研究』第65巻第2号，25-45頁。
――（2016），「建設業における資源循環と静脈ビジネス――廃棄物から資源への転換プロセスに着目して――」『産業学会研究年報』第31巻，77-87頁。
藤澤健一（2011），「Nadcap（ナドキャップ）を携えて航空産業へ」，検査技術編集委員会編『検査技術』16巻6号（2011年6月），pp.7-13。
藤本隆宏（2001），『マネジメント・テキスト　生産マネジメント入門［Ⅰ］――生産システム編――』㈱日本経済新聞出版社。
古澤健・澤部まどか（2014），「世界の電力事情…日本への教訓【ドイツ編】電力自由化と再エネ急拡大がもたらしたもの：日本はドイツの教訓を活かした議論を」『Business i. ENECO』第47巻第3号，32-35頁。
古山英二（2001），「EPRが当たり前となる時代の到来」『日本経営倫理学会誌』第8号，39-50頁。
裵淵弘（2012），『サムスン帝国の光と闇』旬報社。
ボーエン，H. R.（日本経済新聞社訳）（1960），『経済生活倫理叢書　ビジネスマンの社会的責任』日本経済新聞社。
ポーター，M. E.（2018），『競争戦略Ⅰ』ダイヤモンド社。
細田衛士（2015），『資源の循環利用とはなにか――バッズをグッズに変える新しい経済システム』㈱岩波書店。
本多淳裕・山田優（1994），『建設副産物・廃棄物のリサイクル』財団法人省エネルギーセンター。
牧良明（2013），「第7章 静脈産業におけるネットワーク形成の意義と限界―動脈流における生産システム進化への対応―」生産システム研究会編『循環統合型生産システムの構築に向けた理論的・実践的課題』科学研究費補助金・基盤研究B・課題番号22330119最終成果報告書，107-120頁。
牧野光朗編（2016），『円卓の地域主義―共創の場づくりから生まれる善い地域とは―』事業構想大学院大学出版部。
――（2018），『イノベーションが起こる地域社会創造を目指して―求められる共創の場づくり』，［牧野光朗飯田市長ヒアリング調査（2018年8月22日）時配布資料］。
増田郁夫（2003），「松澤太郎さんに聞く」『飯田市歴史研究所年報』第1巻：136-184頁。
松井洋一郎（2017），『まちゼミ―さあ、商いを楽しもう―』商業界。
（公財）南信州飯田産業センター，『航空宇宙産業クラスター拠点工場パンフレット』（http://www.isilip.com/wp/wp-content/uploads/2018/02/航空宇宙産業クラスター拠点工場パンフレット.pdf）（2018年7月13日閲覧）。
南信州新聞。
宮嵜晃臣（2014），「飯田市経済の現状と地域経済活性化政策」，『専修大学社会科学研究所月報2013年度春季実態調査（飯田市・阿智村特集合）2014年2月25日～27日，611・612号（2014年6

月 20 日)，24-42 頁。
宮本憲一（2007)，『環境経済学 新版』岩波書店。
メドウズ，D. H.，メドウズ，D. L.，ラーンダス，J.，ベアランズ三世，W. W.（大来佐武朗監訳）(1972)，『成長の限界：ローマ・クラブ「人類の危機」レポート』ダイヤモンド社。
諸富徹（2013)，「『エネルギー自治』による地方自治の涵養：長野県飯田市の事例を踏まえて」『地方自治』第 786 号，2-29 頁。
——（2015)，『「エネルギー自治」で地域再生を！—飯田モデルに学ぶ』岩波書店。
——（2018)，『人口減少時代の都市　成熟型のまちづくりへ』中公新書。
安江任（2000)，「セッコウ廃材の再資源化による循環型社会への挑戦」『Journal of the Society of Inorganic Materials, Japan』第 7 巻第 288 号，492-502 頁。
山岡淳一郎（2016)，『ものづくり最後の砦』，日本実業出版社。
山際康之（2012)，「製品開発における運用と将来の展開　組立性と分解性を両立させるコツ」『日経ものづくり』第 699 号，113-118 頁。
山口裕（1985)，「半導体用ガスの人体有害性と安全対策」『労働の化学』第 40 巻第 9 号。
山崎良一郎（2011)，「吉野石膏における石膏ボード廃材リサイクルの取り組み」『Indust』第 26 巻第 5 号，16-20 頁。
山田光（2015)，「欧州で始まった地殻変動　配電の ICT 化でパラダイムシフト」『Nikkei Energy Next』2015 年 8 月号，30-31 頁。
吉田文和（1976)，「不変資本充用上の節約」の位置と構成—資本の廃物に対する関係を中心に—」『経済論叢』第 117 巻第 5・6 号，402-421 頁。
——（1980)，『環境と技術の経済学—人間と自然の物質代謝の理論』青木書店。
——（1989)，『ハイテク汚染』岩波新書。
——（2001)，『IT 汚染』岩波新書。
——（2004)，『循環型社会』中公新書。
——（2017)，『スマートフォンの環境経済学』日本評論社。
吉村仁弾（1998)，『自然の理法　チヨダウーテ半世紀の歩み』チヨダウーテ㈱。
米谷秀子（2006)，「広域認定制度の活用によるメーカーリサイクルへの取組み」『建設リサイクル』Vol.37，9-13 ページ。
寄本勝美（1998)『政策の形成と市民—容器包装リサイクル法の制定過程』有斐閣。
李捷生（2013)，「第 2 章　鉄鋼産業における循環統合型生産の展開とステークホルダ」生産システム研究会編『循環統合型生産システムの構築に向けた理論的・実践的課題』科学研究費補助金・基盤研究 B・課題番号 22330119 最終成果報告書，23-39 頁。
——（2015)，「日本鉄鋼企業による食品リサイクル事業の展開と地域連携」大阪市立大学経済研究会誌『季刊経済研究』第 37 巻第 1・2 号，2015 年 9 月，55-66 頁。
渡邉満昭（2018)，「わが街づくり『日本版シュタットベルケ』の実現に向けたエネルギー地産地消都市みやま：エネルギーとしあわせの見えるまちを目指して」『都市環境エネルギー』第 120 号，25-29 頁。

外国語文献

Beall C, Bender, T. J, Cheng, H, Herrick, R, Kahn A, Matthews R, Sathiakumar N, Schymura, M, Stewart, J, Delzell E (2005), *Mortality Among Semiconductor and Storage Device-Manufacturing Workers.* Journal of Occupational and Environmental Medicine. 47: 996-1014.
BP (2018), *BP Statistical Review of World Energy June 2018.* 〈https://www.bp.com/content/dam/bp/pdf/energy-economics/statistical-review-2018/bp-statistical-review-of-world-energy-

2018-full-report.pdf〉(2018年11月30日閲覧)。

Business and Sustainable Development Commission (2017), *BETTER BUSINESS BETTER WORLD*. 〈http://report.businesscommission.org/uploads/BetterBiz-BetterWorld_170215_012417.pdf〉(2018年11月30日閲覧)。

Chiu WA., Jinot J, Scott C. S, Makris S. L, Cooper G. S, Dzubow R. C, Bale A. S, Evans M. V, Guyton K. Z, Keshava N, Lipscomb J. C, Barone Jr S, Fox J. F, Gwinn M. R, Schaum J, Caldwell J. C (2013), *Human Health Effects of Trichloroethylene: Key Findings and Scientific Issues*, Environmental Health Perspective, 121, (3), 303-311.

Clapp RW, Rebecca A, Johnson (2006), *Mortality among U. S. employees of a large computer manufacturing company: 1969-2001*. Environmental Health: A Global Access Science Source. 5: 30. 1-10.

Correa A, Gray R. H, Cohen R, Rothman N, Shah F, Seacat H, Com M (1996), *Ethylene glycol ethers and risks of spontaneous abortion and subfertility*. American Journal of Epidemiology. 143: 707-717.

Forand S. P, Lewis-Michl E. L, Gomez M. I (2012), *Adverse Birth Outcomes and Maternal Exposure to Trichloroethylene and Tetrachloroethylene through Soil Vapor Intrusion in New York State*, Environmental Health Perspective, 120 (2), 616-621.

General Headquarters, the Supreme Commander for the Allied Powers, *SCAPIN-301: COMMERCIAL AND CIVIL AVIATION 1945/11/18*, 国立国会図書館デジタルコレクション (http://dl.ndl.go.jp/info:ndljp/pid/9885365) (2018年12月13日閲覧)。

GSIA (2017), *2016 Global Sustainable Investment Review*. 〈http://www.gsi-alliance.org/wp-content/uploads/2017/03/GSIR_Review2016.F.pdf〉(2018年11月30日閲覧)。

Hughes, T. P (1993) *Networks of Power: Electrification in Western Society, 1880-1930*, Johns Hopkins Univ Pr. (市場泰男訳『電力の歴史』平凡社, 1996年)

IIRC (2013), *THE INTERNATIONAL <IR> FRAMEWORK*. 〈http://integratedreporting.org/wp-content/uploads/2015/03/13-12-08-THE-INTERNATIONAL-IR-FRAMEWORK-2-1.pdf〉(2018年11月30日閲覧)。

International Aero Engines webpage *Company Overview* (2018年12月13日閲覧)。

International Aero Engines webpage *History* (2018年12月13日閲覧)。

Kim I, Kim H. J, Lim S. Y, Kongyoo J (2012), *Leukemia and Non-Hodgkin Lymphoma in Semiconductor Industry Workers in Korea*, International Journal og Occupational and Environmental Health, 18 (2), 147-153.

Kim M. H, Kim H, and Paek D (2014), *The health impacts of semiconductor production: an epidemiologic review*, International Journal of Occupation and Environmental Health. 20 (2): 95-114.

Lin C. C, Wang J. D, Hsieh G. Y, Chang Y. Y, Chen P. C. (2008), *Increased risk of death with congenital anomalies in the offspring of male semiconductor workers*, International Journal of Occupational and Environmental Health. 14: 112-116.

Pastides H, Calabrese E. J, Hosmer D. W, Harris D. R (1988), *Spontaneous Abortion and General Illness Symptoms Among Semiconductor Manufacturers*. Journal of Occupational Medicine. 30: 543-551.

Ruggie, J. (2011), *Guiding Principles on Business and Human Rights: Implementing the United Nations "Protect, Respect and Remedy" Framework*. 〈https://www2.ohchr.org/english/bodies/hrcouncil/docs/17session/A.HRC.17.31_en.pdf〉(2018年11月30日閲覧)。

Seliger G., Hentschel C., Kriwet A. (1997), "Recycling and Disassembly — Legal Burden or Strategic Opportunity?", Shimokawa K., Jürgens U., Fujimoto T. (eds) *Transforming Automobile Assembly*, pp.380-394, Springer, Berlin, Heidelberg.

Sung T. I, Wang J. D, Chen P. C (2007), *Increased Risk of Cancer in the Offspring of Female Electronics Workers*. Reprod Toxicol 25: 115-119.

Sung T. I, Wang J. D, Chen P. C (2008), *Increased Risk of Cancer in the Offspring of Female Electronics Workers*. Reproductive Toxicology. 25: 115-119.

Sung T. I, Wang J. D, Chen P. C (2009), *Increased Risk of Infant Mortality and of Deaths Due to Congenital Malformation in the Offspring of Male Electronics Workers*. Birth Defects Research A Clinical and Molacular Teratology. 85 (2): 119-24.

The World Bank (2018), *Regional aggregation using 2011 PPP and $1.9/day poverty line*. 〈http://iresearch.worldbank.org/PovcalNet/povDuplicateWB.aspx〉(2018年11月30日閲覧)。

Thomas T. L, Stolley P. D, Stemhagen A, Fontham E. T, Bleecker M. L, stewart P. A, Hoover R. N (1987), *Brain Tumor Mortality Risk Among Men with Electrical and Electronics Jobs*. Journal of the National Cancer Institute. 79 (2): 233-238.

UNPRI (2016), *PRINCIPLES FOR RESPONSIBLE INVESTMENT*. 〈https://www.unpri.org/download?ac=1534〉(2018年11月30日閲覧)。

Vågerö D, Olin R (1983), *Incidence of cancer in the electronics industry: using the new Swedish Cancer Environment Registry as a screening instrument*. British Journal of Industrial Medicine. 40: 188-192.

執筆者紹介（執筆順）

中瀬哲史（なかせ・あきふみ）　はしがき，第5章
　大阪市立大学大学院経営学研究科教授

田口直樹（たぐち・なおき）　第1章，あとがき
　大阪市立大学大学院経営学研究科教授

牧　良明（まき・よしあき）　第2章，第9章
　茨城大学人文社会科学部准教授

橋本　理（はしもと・さとる）　第3章
　関西大学社会学部教授

金　恵珍（きむ・へいちん）　第4章
　大阪経済法科大学アジア研究所研究員

李　捷生（り・しょうせい）　第6章
　大阪市立大学大学院経営学研究科教授

上田智久（うえだ・ともひさ）　第7章
　東京農業大学生物産業学部准教授

宇山　通（うやま・みちる）　第8章
　九州産業大学商学部准教授

中村真悟（なかむら・しんご）　第10章
　立命館大学経営学部准教授

藤木寛人（ふじき・ひろと）　第11章
　高千穂大学経営学部准教授

粂野博行（くめの・ひろゆき）　第12章
　大阪商業大学総合経営学部教授

宮﨑崇将（みやざき・たかまさ）　第12章
　追手門学院大学経営学部講師

下畑浩二（しもはた・こうじ）　第13章
　四国大学経営情報学部講師

小田利広（おだ・としひろ）　第14章
　関西中小工業協議会事務局員
　（大阪市立大学大学院創造都市研究科後期
　博士課程単位取得退学）

山口祐司（やまぐち・ゆうじ）　第14章
　鹿児島県立短期大学商経学科講師

編著者紹介

中瀬哲史（なかせ・あきふみ）

大阪市立大学大学院経営学研究科教授　博士（商学）

1963 年大阪府東大阪市生まれ

大阪市立大学大学院経営学研究科後期博士課程修了

高知大学人文学部講師，助教授，大阪市立大学大学院経営学研究科助教授，同准教授を経て現職

主要業績

『日本電気事業経営史―9 電力体制の時代』（単著）日本経済評論社，2005 年。

『エッセンシャル経営史：生産システムの歴史的分析』（単著）中央経済社，2016 年。

『日本における原子力発電のあゆみとフクシマ』（共著）晃洋書房，2018 年。

田口直樹（たぐち・なおき）

大阪市立大学大学院経営学研究科教授　博士（商学）

1968 年岐阜県中津川市生まれ

大阪市立大学大学院経営学研究科後期博士課程単位取得退学

金沢大学経済学部講師，助教授，大阪市立大学大学院経営学研究科准教授を経て現職

主要業績

『産業技術競争力と金型産業』（単著）ミネルヴァ書房，2011 年。

『アスベスト公害の技術論』（共編著）ミネルヴァ書房，2016 年。

『変革期のモノづくり革新：工業経営研究の課題』（共著）中央経済社，2017 年。

環境統合型生産システムと地域創生

2019 年 3 月 31 日　第 1 版第 1 刷発行　　検印省略

編著者　中瀬哲史
　　　　田口直樹

発行者　前野隆

東京都新宿区早稲田鶴巻町 533

発行所　株式会社　文眞堂

電話 03（3202）8480

FAX 03（3203）2638

http://www.bunshin-do.co.jp

郵便番号（162-0041）振替00120-2-96437

製作・モリモト印刷

定価はカバー裏に表示してあります

ISBN978-4-8309-5025-4 C3033